はじめに

Microsoft Excelは、やさしい操作性と優れた機能を兼ね備えた表計算ソフトです。
本書は、Excelのプログラミング言語「VBA」の基本機能をマスターされている方を対象に、VBAを利用した簡単なシステム作成のための技術を習得していただくことを目的としています。
本書は、経験豊富なインストラクターが、日頃のノウハウをもとに作成しており、講習会や授業の教材としてご利用いただくほか、自己学習の教材としても最適なテキストとなっております。
本書を通して、Excelの知識を深め、実務にいかしていただければ幸いです。

なお、基本機能の習得には、次のテキストをご利用ください。
●「よくわかる Microsoft Excel 2019/2016/2013 マクロ/VBA」（FPT1910）

本書を購入される前に必ずご一読ください
本書は、2020年2月現在のExcel 2019（16.0.10352.20042）、Excel 2016（16.0.4549.1000）、Excel 2013（15.0.5197.1000）に基づいて解説しています。本書発行後のWindowsやOfficeのアップデートによって機能が更新された場合には、本書の記載のとおりに操作できなくなる可能性があります。あらかじめご了承のうえ、ご購入・ご利用ください。

2020年4月2日
FOM出版

◆Microsoft、Excel、Windowsは、米国Microsoft Corporationの米国およびその他の国における登録商標または商標です。
◆その他、記載されている会社および製品などの名称は、各社の登録商標または商標です。
◆本文中では、TMや®は省略しています。
◆本文中のスクリーンショットは、マイクロソフトの許可を得て使用しています。
◆本文およびデータファイルで題材として使用している個人名、団体名、商品名、ロゴ、連絡先、メールアドレス、場所、出来事などは、すべて架空のものです。実在するものとは一切関係ありません。
◆本書に掲載されているホームページは、2020年2月現在のもので、予告なく変更される可能性があります。

目次

■ **ショートカットキー一覧**

■ **本書をご利用いただく前に** --- 1

■ **第1章　VBAの基礎** -- 6

Step1　VBAの基本用語を確認する ……………………………… 7
- ●1　VBA …………………………………………………………… 7
- ●2　VBE …………………………………………………………… 7
- ●3　モジュール …………………………………………………… 8
- ●4　プロシージャ ………………………………………………… 8
- ●5　オブジェクトとコレクション ……………………………… 9
- ●6　プロパティ …………………………………………………… 9
- ●7　特定のオブジェクトを返すプロパティ …………………… 10
- ●8　メソッド ……………………………………………………… 11

Step2　変数と定数を利用する ……………………………………… 12
- ●1　変数 …………………………………………………………… 12
- ●2　有効範囲と有効期間 ………………………………………… 13
- ●3　オブジェクト変数 …………………………………………… 16
- ●4　定数 …………………………………………………………… 18

Step3　制御構造を利用する ………………………………………… 20
- ●1　基本的な制御構造 …………………………………………… 20
- ●2　For Each～Nextステートメント ………………………… 23

Step4　配列を利用する ……………………………………………… 26
- ●1　配列 …………………………………………………………… 26

Step5　サブルーチンを利用する …………………………………… 28
- ●1　サブルーチン ………………………………………………… 28
- ●2　引数付きサブルーチン ……………………………………… 29

■第2章　オブジェクトの利用------------------------------------32

Step1　セルを操作する ………………………………… 33
- ●1　セルの書式 ………………………………………… 33
- ●2　値や書式のクリア ………………………………… 36
- ●3　コピーと貼り付け ………………………………… 37
- ●4　セル範囲のサイズ変更 …………………………… 39
- ●5　行や列の取得 ……………………………………… 40
- ●6　データの並べ替え ………………………………… 44
- ●7　データの抽出 ……………………………………… 45
- ●8　データの検索 ……………………………………… 47

Step2　ワークシートを操作する ……………………… 50
- ●1　ワークシートの追加 ……………………………… 50
- ●2　ワークシートのコピー・移動 …………………… 52
- ●3　ワークシートの保護 ……………………………… 54
- ●4　印刷範囲の設定 …………………………………… 56
- ●5　改ページの追加 …………………………………… 59

Step3　ブックを操作する ……………………………… 61
- ●1　ブックを開く ……………………………………… 61
- ●2　ブックの保存 ……………………………………… 65
- ●3　ブックを閉じる …………………………………… 66

■第3章　関数の利用------------------------------------68

Step1　関数の基本を確認する ………………………… 69
- ●1　関数 ………………………………………………… 69
- ●2　関数の種類 ………………………………………… 69
- ●3　関数の戻り値 ……………………………………… 69

Step2　文字列操作関数を利用する …………………… 70
- ●1　文字列の検索・置換、一部を取り出す関数 …… 70
- ●2　文字列を変換、スペースを削除する関数 ……… 73

Step3　日付関数を利用する …………………………… 76
- ●1　現在の日付・時刻を求める関数 ………………… 76
- ●2　日付から年月日を取り出す関数 ………………… 78

Step4　その他の関数を利用する ……………………… 81
- ●1　値をチェックする関数 …………………………… 81
- ●2　配列に関する関数 ………………………………… 83

Step5　ワークシート関数を利用する ………………… 85
- ●1　ワークシート関数の利用 ………………………… 85

練習問題 ………………………………………………… 87

■第4章　イベントの利用---88

Step1　イベントの基本を確認する……………………………… 89
- ●1　イベントとイベントプロシージャ ……………………………… 89
- ●2　イベントプロシージャの作成場所 ……………………………… 89
- ●3　イベントプロシージャの作成 …………………………………… 90

Step2　シートのイベントを利用する ………………………………… 93
- ●1　シートのイベント ………………………………………………… 93
- ●2　選択範囲を変更したときの処理 ………………………………… 93
- ●3　セルの値を変更したときの処理 ………………………………… 96
- ●4　セルをダブルクリックしたときの処理 ………………………… 98
- ●5　セルを右クリックしたときの処理 …………………………… 100

Step3　ブックのイベントを利用する ……………………………… 102
- ●1　ブックのイベント ……………………………………………… 102
- ●2　ブックを開いたときの処理 …………………………………… 102
- ●3　ブックを閉じる前の処理 ……………………………………… 104
- ●4　シートを作成したときの処理…………………………………… 107

■第5章　ユーザーフォームの利用 ------------------------------- 110

Step1　ユーザーフォームの基本を確認する ……………………… 111
- ●1　ユーザーフォーム ……………………………………………… 111
- ●2　作成するユーザーフォームの確認…………………………… 111
- ●3　ユーザーフォームの作成手順 ………………………………… 113

Step2　ユーザーフォームを追加する……………………………… 114
- ●1　ユーザーフォームの追加 ……………………………………… 114
- ●2　プロパティの設定 ……………………………………………… 115

Step3　コントロールを追加する…………………………………… 119
- ●1　コントロールの追加 …………………………………………… 119
- ●2　コマンドボタンの追加………………………………………… 119
- ●3　ラベルの追加 …………………………………………………… 122
- ●4　テキストボックスの追加……………………………………… 123
- ●5　オプションボタンの追加……………………………………… 124
- ●6　チェックボックスの追加……………………………………… 126
- ●7　リストボックスの追加………………………………………… 128
- ●8　コンボボックスの追加 ………………………………………… 130

Step4　ユーザーフォームの外観を整える ………………………… 131
- ●1　コントロールのサイズ変更 …………………………………… 131
- ●2　タブオーダーの設定 …………………………………………… 133

Step5　プロシージャを作成する…………………………………… 134
- ●1　ユーザーフォームの操作 ……………………………………… 134
- ●2　ユーザーフォームを表示するプロシージャの作成 ………… 141

■第6章　ファイルシステムオブジェクトの利用 ---------------------- 142

Step1　ファイルシステムオブジェクトの基本を確認する ‥‥‥‥ 143
- ●1　ファイルシステムオブジェクト ‥‥‥‥‥‥‥‥‥‥‥‥ 143
- ●2　Microsoft Scripting Runtimeへの参照設定 ‥‥‥‥‥‥ 144
- ●3　インスタンスの生成 ‥‥‥‥‥‥‥‥‥‥‥‥‥‥‥‥ 145

Step2　FSOを使ってフォルダーやファイルを操作する ‥‥‥‥‥ 147
- ●1　フォルダーの操作 ‥‥‥‥‥‥‥‥‥‥‥‥‥‥‥‥‥ 147
- ●2　ファイルの操作 ‥‥‥‥‥‥‥‥‥‥‥‥‥‥‥‥‥‥ 149

Step3　FSOを使ってテキストファイルを操作する ‥‥‥‥‥‥‥ 151
- ●1　テキストファイルの取得 ‥‥‥‥‥‥‥‥‥‥‥‥‥‥ 151
- ●2　テキストファイルの読み込み・書き込み ‥‥‥‥‥‥‥ 153
- ●3　CSVファイルの読み込み・書き込み‥‥‥‥‥‥‥‥‥‥ 158

練習問題 ‥‥‥‥‥‥‥‥‥‥‥‥‥‥‥‥‥‥‥‥‥‥‥‥‥ 165

■第7章　エラー処理とデバッグ --------------------------------- 166

Step1　実行時エラーを処理する ‥‥‥‥‥‥‥‥‥‥‥‥‥‥ 167
- ●1　実行時エラー ‥‥‥‥‥‥‥‥‥‥‥‥‥‥‥‥‥‥‥ 167
- ●2　エラートラップ‥‥‥‥‥‥‥‥‥‥‥‥‥‥‥‥‥‥‥ 168
- ●3　プロシージャの確認 ‥‥‥‥‥‥‥‥‥‥‥‥‥‥‥‥ 168
- ●4　On Error Resume Nextステートメント‥‥‥‥‥‥‥‥‥ 170
- ●5　On Error GoTo 0ステートメント ‥‥‥‥‥‥‥‥‥‥‥ 171
- ●6　On Error GoToステートメント ‥‥‥‥‥‥‥‥‥‥‥‥ 172
- ●7　Resumeステートメント ‥‥‥‥‥‥‥‥‥‥‥‥‥‥‥ 175
- ●8　Resume Nextステートメント ‥‥‥‥‥‥‥‥‥‥‥‥‥ 176

Step2　デバッグ機能を利用する ‥‥‥‥‥‥‥‥‥‥‥‥‥‥ 178
- ●1　イミディエイトウィンドウ ‥‥‥‥‥‥‥‥‥‥‥‥‥ 178
- ●2　ウォッチウィンドウ ‥‥‥‥‥‥‥‥‥‥‥‥‥‥‥‥ 181

iv

■第8章　商品売上システムの作成-------------------------------- 184

Step1　商品売上システムの概要を確認する ………………… 185
- ●1　システム作成の手順 ……………………………… 185
- ●2　商品売上システムの概要 ………………………… 186
- ●3　商品売上システムの処理の検討 ………………… 188
- ●4　商品売上システムの設計 ………………………… 190
- ●5　商品売上システムの確認 ………………………… 191
- ●6　次のStepから作成するプロシージャ ……………… 194

Step2　マスタ登録処理を作成する ……………………………… 195
- ●1　マスタ登録処理 …………………………………… 195
- ●2　ワークシート「マスタ登録」の確認 ……………… 195
- ●3　マスタ登録用のサブルーチンの作成 …………… 199
- ●4　分類マスタの登録 ………………………………… 207
- ●5　商品マスタ・取引先マスタの登録 ……………… 209
- ●6　オブジェクトの表示・非表示 …………………… 213

Step3　売上データ入力処理を作成する ……………………… 215
- ●1　売上データ入力処理 ……………………………… 215
- ●2　ワークシート「売上データ」の確認 ……………… 215
- ●3　ユーザーフォーム「売上入力」の確認 …………… 216
- ●4　ユーザーフォーム「売上入力」の処理の流れ …… 219
- ●5　ユーザーフォーム「売上入力」の初期化 ………… 220
- ●6　「年」「月」「日」スピンボタンの設定 ……………… 222
- ●7　「金額」テキストボックスの設定 ………………… 227
- ●8　ワークシートへの転記 …………………………… 230
- ●9　売上データの入力 ………………………………… 232
- ●10　売上データの並べ替え ………………………… 233
- ●11　売上データの削除 ……………………………… 235

Step4　請求書発行処理を作成する …………………………… 238
- ●1　請求書発行処理 …………………………………… 238
- ●2　ワークシート「請求書」の確認 …………………… 238
- ●3　ユーザーフォーム「請求書」の確認 ……………… 239
- ●4　ユーザーフォーム「請求書」の処理の流れ ……… 241
- ●5　ユーザーフォーム「請求書」の初期化 …………… 242
- ●6　ワークシートへの転記 …………………………… 243
- ●7　請求書の印刷 ……………………………………… 247

Step5　システムを仕上げる …………………………………… 251
- ●1　商品売上システムの仕上げ ……………………… 251
- ●2　画面設定に関するプロシージャの作成 ………… 252
- ●3　システムの起動に関するプロシージャの作成 … 260
- ●4　システムの終了に関するプロシージャの作成 … 261
- ●5　商品売上システムを開く ………………………… 265

■総合問題 --- 266

総合問題1	267
総合問題2	269
総合問題3	271
総合問題4	274

■付録 --- 276

Step1	ステートメント一覧	277
Step2	プロパティ一覧	279
Step3	メソッド一覧	282
Step4	関数一覧	285
Step5	イベント一覧	287

■索引 --- 288

練習問題・総合問題の解答は、FOM出版のホームページで提供しています。P.3「4　学習ファイルと解答の提供について」を参照してください。

本書をご利用いただく前に

本書で学習を進める前に、ご一読ください。

1 本書の記述について

操作の説明のために使用している記号には、次のような意味があります。

記述	意味	例
▭	キーボード上のキーを示します。	[Ctrl] [F8]
▭ + ▭	複数のキーを押す操作を示します。	[Alt]+[F11] ([Alt]を押しながら[F11]を押す)
《　》	ダイアログボックス名やタブ名、項目名など画面の表示を示します。	《ツール》をクリックします。 《開発》タブを選択します。
「　」	重要な語句や機能名、画面の表示、入力する文字列などを示します。	「プロシージャ」といいます。 「10」と入力します。

 学習の前に開くファイル

 知っておくべき重要な内容

 知っていると便利な内容

※ 補足的な内容や注意すべき内容

Let's Try 学習した内容の確認問題

 確認問題の答え

 問題を解くためのヒント

2 製品名の記載について

本書では、次の名称を使用しています。

正式名称	本書で使用している名称
Windows 10	Windows 10 または Windows
Microsoft Excel 2019	Excel 2019 または Excel
Microsoft Excel 2016	Excel 2016 または Excel
Microsoft Excel 2013	Excel 2013 または Excel

1

3 学習環境について

本書を学習するには、次のソフトウェアが必要です。

●Excel 2019 または Excel 2016 または Excel 2013

本書を開発した環境は、次のとおりです。
・OS：Windows 10（ビルド18363.535）
・アプリケーションソフト：Microsoft Office Professional Plus 2019
　　　　　　　　　　　　　Microsoft Excel 2019（16.0.10352.20042）
・ディスプレイ：画面解像度　1024×768ピクセル

※インターネットに接続できる環境で学習することを前提に記述しています。
※環境によっては、画面の表示が異なる場合や記載の機能が操作できない場合があります。

◆画面解像度の設定

画面解像度を本書と同様に設定する方法は、次のとおりです。
①デスクトップの空き領域を右クリックします。
②《ディスプレイ設定》をクリックします。
③《ディスプレイの解像度》の ✓ をクリックし、一覧から《1024×768》を選択します。
※確認メッセージが表示される場合は、《変更の維持》をクリックします。

◆ボタンの形状

Excelのバージョンやディスプレイの画面解像度、ウィンドウのサイズなど、お使いの環境によって、ボタンの形状やサイズが異なる場合があります。ボタンの操作は、ポップヒントに表示されるボタン名を確認してください。
※本書に掲載しているボタンは、ディスプレイの画面解像度を「1024×768ピクセル」、ウィンドウを最大化した環境を基準にしています。

POINT　Office製品の種類

Microsoftが提供するOfficeには「Officeボリュームライセンス」「プレインストール版」「パッケージ版」「Office365」などがあり、種類によってアップデートの時期や画面が異なることがあります。
※本書は、Officeボリュームライセンスをもとに開発しています。

●Office365版で《開発》タブを選択した状態（2020年2月現在）

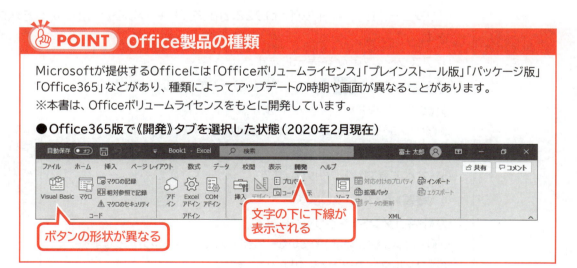

4 学習ファイルと解答の提供について

本書で使用する学習ファイルと解答は、FOM出版のホームページで提供しています。

ホームページ・アドレス

https://www.fom.fujitsu.com/goods/

ホームページ検索用キーワード

FOM出版

1 学習ファイル

学習ファイルはダウンロードしてご利用ください。

◆ダウンロード

学習ファイルをダウンロードする方法は、次のとおりです。

①ブラウザーを起動し、FOM出版のホームページを表示します。

※アドレスを直接入力するか、キーワードでホームページを検索します。

②《ダウンロード》をクリックします。

③《アプリケーション》の《Excel》をクリックします。

④《Excel 2019/2016/2013 VBAプログラミング実践　FPT1922》をクリックします。

⑤「fpt1922.zip」をクリックします。

⑥ダウンロードが完了したら、ブラウザーを終了します。

※ダウンロードしたファイルは、パソコン内のフォルダー《ダウンロード》に保存されます。

◆ダウンロードしたファイルの解凍

ダウンロードしたファイルは圧縮されているので、解凍（展開）します。

ダウンロードしたファイル「**fpt1922.zip**」を《ドキュメント》に解凍する方法は、次のとおりです。

①デスクトップ画面を表示します。

②タスクバーの ■ （エクスプローラー）をクリックします。

③《ダウンロード》をクリックします。

※《ダウンロード》が表示されていない場合は、《PC》をダブルクリックします。

④ファイル「**fpt1922**」を右クリックします。

⑤《すべて展開》をクリックします。

⑥《参照》をクリックします。

⑦《ドキュメント》をクリックします。

※《ドキュメント》が表示されていない場合は、《PC》をダブルクリックします。

⑧《フォルダーの選択》をクリックします。

⑨《ファイルを下のフォルダーに展開する》が「**C:¥Users¥（ユーザー名）¥Documents**」に変更されます。

⑩《完了時に展開されたファイルを表示する》を☑にします。

⑪《展開》をクリックします。

⑫ファイルが解凍され、《ドキュメント》が開かれます。

⑬フォルダー「Excel2019／2016／2013VBAプログラミング実践」が表示されていることを確認します。

※すべてのウィンドウを閉じておきましょう。

◆学習ファイルの一覧

フォルダー「Excel2019／2016／2013VBAプログラミング実践」には、学習ファイルが入っています。タスクバーの ▣ （エクスプローラー）→《PC》→《ドキュメント》をクリックし、一覧からフォルダーを開いて確認してください。

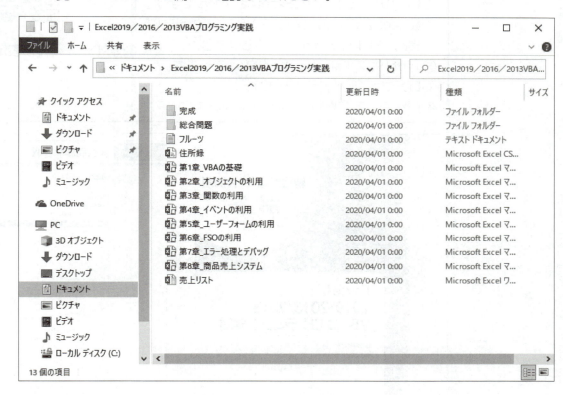

◆学習ファイルの場所

本書では、学習ファイルの場所を《ドキュメント》内のフォルダー「Excel2019／2016／2013VBAプログラミング実践」としています。《ドキュメント》以外の場所に解凍した場合は、フォルダーを読み替えてください。

◆学習ファイル利用時の注意事項

ダウンロードした学習ファイルを開く際、そのファイルが安全かどうかを確認するメッセージが表示される場合があります。学習ファイルは安全なので、《編集を有効にする》をクリックして、編集可能な状態にしてください。

2 練習問題・総合問題の解答

練習問題・総合問題の標準的な解答を記載したPDFファイルを提供しています。PDFファイルを表示してご利用ください。

パソコンで表示する場合

①ブラウザーを起動し、FOM出版のホームページを表示します。
※アドレスを直接入力するか、キーワードでホームページを検索します。
②《ダウンロード》をクリックします。
③《アプリケーション》の《Excel》をクリックします。
④《Excel 2019/2016/2013 VBAプログラミング実践　FPT1922》をクリックします。
⑤「fpt1922_kaitou.pdf」をクリックします。
⑥PDFファイルが表示されます。
※必要に応じて、印刷または保存してご利用ください。

スマートフォン・タブレットで表示する場合

①スマートフォン・タブレットで下のQRコードを読み取ります。

②PDFファイルが表示されます。

5　本書の最新情報について

本書に関する最新のQ＆A情報や訂正情報、重要なお知らせなどについては、FOM出版のホームページでご確認ください。

ホームページ・アドレス

https://www.fom.fujitsu.com/goods/

ホームページ検索用キーワード

FOM出版

第1章

VBAの基礎

Step1	VBAの基本用語を確認する	7
Step2	変数と定数を利用する	12
Step3	制御構造を利用する	20
Step4	配列を利用する	26
Step5	サブルーチンを利用する	28

Step 1 VBAの基本用語を確認する

1 VBA

Excelには、「VBA（Visual Basic for Applications）」というプログラミング言語が備わっています。VBAを使うと、複雑な操作を正確に処理するプログラムを作成したり、データを効率よく入力する**「ユーザーフォーム」**を利用したりできます。また、VBAを利用して簡単なシステムを作成することもできます。

※ユーザーフォームについては、P.110「第5章　ユーザーフォームの利用」で学習します。

2 VBE

「VBE（Visual Basic Editor）」は、VBAを操作してプログラムの作成や修正を行うための専用アプリケーションソフトです。VBEの画面構成は次のとおりです。

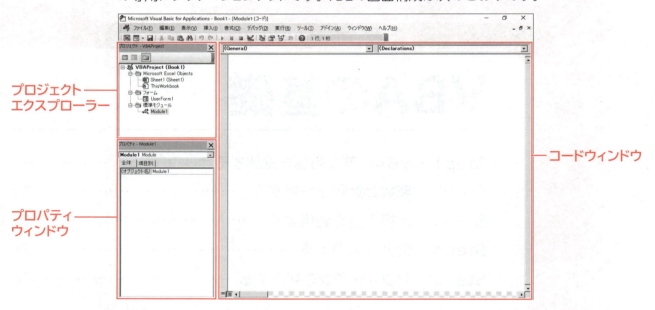

※プロジェクトエクスプローラーが表示されていない場合は、《表示》→《プロジェクトエクスプローラー》をクリックします。
※プロパティウィンドウが表示されていない場合は、《表示》→《プロパティウィンドウ》をクリックします。

STEP UP VBEの起動

VBEの起動はExcelを起動してから操作します。
VBEを起動する方法は、次のとおりです。
◆ [Alt]+[F11]
◆《開発》タブ→《コード》グループの (Visual Basic)

STEP UP 《開発》タブの表示

《開発》タブには、マクロやVBAに関する機能がまとめられています。《開発》タブは一度表示すると常に表示されるため、マクロやVBAに関する操作が終了したら、《開発》タブを非表示にしましょう。
《開発》タブを表示する方法は、次のとおりです。
◆《ファイル》タブ→《オプション》→左側の一覧から《リボンのユーザー設定》を選択→《☑開発》

3 モジュール

「モジュール」とは、プログラムを記述するためのシートです。ひとつのモジュールには複数のプログラムを記述できます。
モジュールには主に3つの種類があり、それぞれ記述できるプログラムが異なります。
ブック内のモジュールは「**プロジェクトエクスプローラー**」で確認できます。
プロジェクトエクスプローラーの各モジュールをダブルクリックすると、そのモジュールの内容が「**コードウィンドウ**」に表示されます。

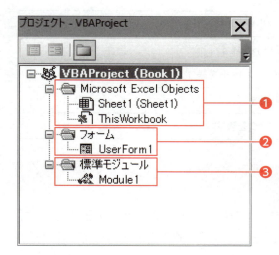

❶オブジェクトモジュール
シートやブックの操作に伴って実行させるプログラムを記述します。

❷ユーザーフォームモジュール
ユーザーフォームを作成したり、ユーザーフォームの操作に伴って実行させるプログラムを記述したりします。

❸標準モジュール
シートやブック、ユーザーフォームの操作とは直接関連しないプログラムを記述します。記述したプログラムは、別のモジュールのプログラムから呼び出して実行できます。

> **POINT　プロジェクト**
>
> 作成したモジュールは「プロジェクト」という単位でまとめて管理されます。ひとつのブックにひとつのプロジェクトが用意されており、ブックを保存するとプロジェクトも一緒に保存されます。

4 プロシージャ

VBAでは、プログラムのことを「**プロシージャ**」といいます。また、プロシージャに記述するひとつひとつの命令文のことを「**ステートメント**」といいます。プロシージャは、VBEの「**コードウィンドウ**」を使って各モジュール内に記述します。
プロシージャには大きく分けて、処理を実行する「**Subプロシージャ**」と処理を実行したあとに値を返す「**Functionプロシージャ**」の2つがあります。

※SubプロシージャとFunctionプロシージャのほかに特定のイベントが発生したときに自動的に実行される「イベントプロシージャ」があります。イベントとイベントプロシージャについては、P.88「第4章　イベントの利用」で学習します。

5 オブジェクトとコレクション

VBAでは、セルやシートなどの操作の対象を「**オブジェクト**」といいます。
また、同じ種類のオブジェクトの集合体を「**コレクション**」といいます。コレクションを利用することで、同一種のオブジェクトをまとめて操作できます。

●主なオブジェクトとコレクション

オブジェクトとコレクション	内容
Rangeオブジェクト	セルを表す
Rangeコレクション	複数のセルやセル範囲を表す
Worksheetオブジェクト	ワークシートを表す
Worksheetsコレクション	複数のワークシートを表す
Workbookオブジェクト	ブックを表す
Workbooksコレクション	複数のブックを表す

6 プロパティ

オブジェクトが持つ特徴を「**プロパティ**」といいます。プロパティに値を代入することで、オブジェクトの色やサイズなどを設定できます。また、プロパティの値を取得して、オブジェクトの状態を調べることもできます。

●プロパティの値を設定する

構 文	オブジェクト.プロパティ ＝ 設定値

●プロパティの値を取得して変数に代入する

構 文	変数 ＝ オブジェクト.プロパティ

●主なプロパティ

プロパティ	内容
Colorプロパティ	オブジェクトの色を設定・取得する
Countプロパティ	オブジェクトの数を取得する
Valueプロパティ	オブジェクトの値を設定・取得する
Visibleプロパティ	オブジェクトの表示・非表示の状態を設定・取得する

STEP UP 代入演算子

プロパティの値を設定したり、変数に値を代入したりするときに使われる「＝」を「代入演算子」といいます。

STEP UP 変数

「変数」とは、文字列や数値などの変化する値を格納する箱のようなものです。変数を使うと、プロパティの値を設定・取得できます。

STEP UP 取得専用のプロパティ

プロパティの中には、値の取得だけを行うプロパティもあります。例えば、Countプロパティは値の取得はできますが、値の設定はできません。

7 特定のオブジェクトを返すプロパティ

プロパティの中には、特定のオブジェクトを返すものがあります。例えば、Rangeプロパティや Cellsプロパティを使うと、Rangeオブジェクトを取得できます。オブジェクトを返すプロパティ を使って目的のオブジェクトを取得することが、VBAプログラミングの第一歩となります。

●Rangeオブジェクトの取得方法

目的のセルを取得するには、「**Rangeプロパティ**」や「**Cellsプロパティ**」などを使います。

プロパティの例	内容
Range ("B5")	セル【B5】を返す
Range ("A1 : C3")	セル範囲【A1 : C3】を返す
Range ("A2, C5")	セル【A2】とセル【C5】を返す
Range ("商品リスト")	「商品リスト」という名前のセル範囲を返す
Range ("A1 : C3, D4 : F6")	セル範囲【A1 : C3】とセル範囲【D4 : F6】を返す
Range ("A1", "F6")	セル範囲【A1 : F6】を返す
Cells (3, 1)	3行1列目のセル【A3】を返す
Cells	すべてのセルを返す
ActiveCell	アクティブセルを返す
Range (Cells (1, 1), Cells (3, 2))	セル範囲【A1 : B3】を返す
Range (Rows (1), Rows (3))	1行目から3行目までの範囲を返す
Range (Columns (1), Columns (3))	1列目から3列目までの範囲を返す
Range ("B2").CurrentRegion	セル【B2】を含む連続するセル範囲を返す ※連続するセル範囲とは、空白行と空白列で囲まれたセル範囲のことです。
Range ("A1").Offset (1, 2)	セル【A1】の1行下、2列右のセル (セル【C2】) を返す
Range ("B2").End (xlDown)	セル【B2】のデータの下端セルを返す

●Worksheetオブジェクトの取得方法

目的のシートを取得するには、「**Worksheetsプロパティ**」や「**ActiveSheetプロパティ**」などを使います。

プロパティの例	内容
Worksheets ("売上表")	ワークシート「売上表」を返す
Worksheets (3)	左から3番目のワークシートを返す
ActiveSheet	アクティブシートを返す
Worksheets	すべてのワークシートを返す

●Workbookオブジェクトの取得方法

目的のブックを取得するには、「**Workbooksプロパティ**」や「**ActiveWorkbookプロパティ**」などを使います。

プロパティの例	内容
Workbooks ("商品一覧.xlsm")	ブック「商品一覧.xlsm」を返す
ActiveWorkbook	アクティブブックを返す
ThisWorkbook	実行中のプロシージャが記述されているブックを返す

8 メソッド

オブジェクトに対する操作を「**メソッド**」といいます。メソッドを使うと、移動や削除などのようにオブジェクトを直接操作できます。また、操作を細かく指定するための「**引数**」を持つメソッドもあります。

●メソッドを実行する

構　文	オブジェクト.メソッド

●引数を指定してメソッドを実行する

構　文	オブジェクト.メソッド　引数

●主なメソッド

メソッド	内容
Selectメソッド	オブジェクトを選択する
Activateメソッド	オブジェクトをアクティブにする
Deleteメソッド	オブジェクトを削除する
Addメソッド	新しいオブジェクトを追加する
PrintOutメソッド	オブジェクトを印刷する
Quitメソッド	アプリケーションソフトを終了する

STEP UP SelectメソッドとActivateメソッド

Selectメソッドを使うと、ひとつまたは複数のオブジェクトを選択できます。
Activateメソッドを使うと、ひとつのオブジェクトをアクティブにしたり、選択している複数のオブジェクトの中からひとつのオブジェクトをアクティブにしたりできます。
また、ブックを選択する場合はActivateメソッドを使って、目的のブックをアクティブにします。Excelでは複数のブックを選択することができないため、複数のオブジェクトを選択できるSelectメソッドを使うことはできません。

👆POINT コンテナの概念

Excelの各オブジェクトは、それぞれ親子関係を持っています。例えば、セルの「親」はワークシートで、ワークシートの「親」はブックになります。このような親オブジェクトのことを「コンテナ」といいます。コンテナの概念を利用すると、目的のオブジェクトを直接指定できるので、効率的にステートメントを記述できます。

例：ブック「商品一覧.xlsm」のワークシート「商品名」のセル【B3】に「パソコン」と入力する

コンテナを利用しない場合

```
Workbooks("商品一覧.xlsm").Activate
Worksheets("商品名").Select
Range("B3").Value = "パソコン"
```

コンテナを利用した場合

```
Workbooks("商品一覧.xlsm").Worksheets("商品名").Range("B3").Value = "パソコン"
```

※コンテナの記述は省略できます。省略すると、アクティブなオブジェクトが親オブジェクトとして認識されます。

Step 2 変数と定数を利用する

1 変数

「変数」とは、文字列や数値などの変化する値を格納する箱のようなものです。通常、変数は「**Dimステートメント**」を使って明示的に宣言した上で使います。変数を宣言することで、変数名の入力ミスを防げます。

■Dimステートメント

変数を宣言し、データ型を指定します。

構 文	Dim 変数名 As データ型

変数の宣言が強制されるようにVBEの設定を変更しましょう。

Excelを起動し、ブック「第1章_VBAの基礎」を開いて、VBEに切り替えておきましょう。

※ブックを開く前に、《ファイル》タブ→《オプション》→左側の一覧から《セキュリティセンター》を選択→《セキュリティセンターの設定》→左側の一覧から《マクロの設定》を選択→《警告を表示してすべてのマクロを無効にする》が ⦿ になっていることを確認しておきましょう。
※VBEに切り替えるには Alt + F11 を押すと効率的です。

①《ツール》をクリックします。
②《オプション》をクリックします。

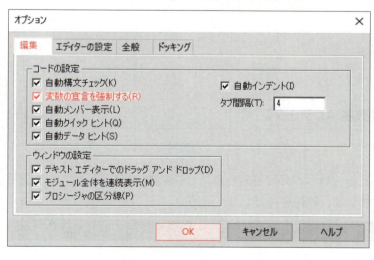

《オプション》ダイアログボックスが表示されます。
③《編集》タブを選択します。
④《変数の宣言を強制する》を ☑ にします。
⑤《OK》をクリックします。

👆POINT Option Explicitステートメント

変数の宣言を強制する設定にすると、新規作成したモジュールの宣言セクションに、「Option Explicitステートメント」が自動的に記述されます。この記述があるモジュールでは、宣言していない変数は使えないようになります。

2 有効範囲と有効期間

変数は、宣言する場所によって「**有効範囲**」と「**有効期間**」が異なります。有効範囲とは変数を使える範囲のことで、有効期間とは変数に代入した値が保持される期間のことです。
プロシージャ内で宣言した変数は「**プロシージャレベル変数**」となり、そのプロシージャ内だけで使えます。また、プロシージャの終了とともに値は破棄されます。
一方、各モジュールの宣言セクションで宣言した変数は「**モジュールレベル変数**」となり、そのモジュールのすべてのプロシージャで使えます。プロシージャが終了しても値は保持され、ブックが閉じられたときに値が破棄されます。
さらに、宣言セクションに「**Publicステートメント**」を使って宣言した変数は「**パブリック変数**」となり、すべてのモジュールで使えます。プロシージャが終了しても値は保持され、ブックが閉じられたときに値が破棄されます。

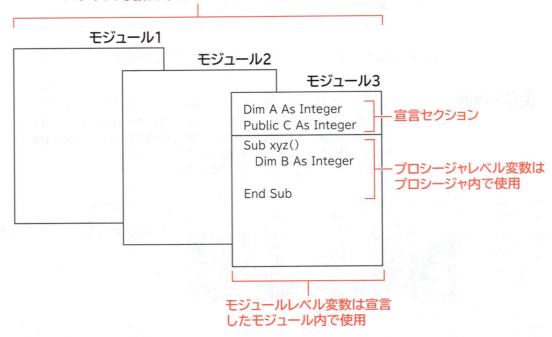

■Publicステートメント

パブリック変数を宣言します。

構文	Public 変数名 As データ型

モジュールレベル変数Aとプロシージャレベル変数Bを宣言し、変数の有効範囲と有効期間を確認するプロシージャを作成して、動作を確認しましょう。

■モジュールレベル変数Aの宣言（宣言セクションに記述）

Dim A As Integer ── モジュールレベル変数Aの宣言

■宣言の意味

整数型のモジュールレベル変数Aを宣言

■「有効範囲と有効期間」プロシージャ

```
1. Sub 有効範囲と有効期間()
2.     Dim B As Integer   ── プロシージャレベル変数Bの宣言
3.     A = A + 5
4.     B = B + 5
5.     Range("F7").Value = A
6.     Range("F8").Value = B
7. End Sub
```

■プロシージャの意味

1. 「有効範囲と有効期間」プロシージャ開始
2. 　　整数型のプロシージャレベル変数Bを使用することを宣言
3. 　　変数Aに変数A＋5の結果を代入
4. 　　変数Bに変数B＋5の結果を代入
5. 　　セル【F7】に変数Aを入力
6. 　　セル【F8】に変数Bを入力
7. プロシージャ終了

新しい標準モジュールを作成します。
①《挿入》をクリックします。
②《標準モジュール》をクリックします。

標準モジュール「**Module1**」が作成されます。
③モジュールレベル変数Aの宣言と「**有効範囲と有効期間**」プロシージャを入力します。
※コンパイルし、上書き保存しておきましょう。
※コンパイルは、《デバッグ》→《VBAProjectのコンパイル》をクリックします。

プロシージャの動作を確認します。
④Excelに切り替えます。
※ Alt + F11 を押すと、Excelに切り替えられます。
⑤ワークシート「**変数と定数**」を選択します。
⑥「**有効範囲と有効期間**」ボタンをクリックします。
※作成したプロシージャを実行するように、あらかじめ登録されています。

セル【F7】に「5」、セル【F8】に「5」が入力されます。

※エラーが発生しないので、モジュールレベル変数およびプロシージャレベル変数ともに有効範囲であることが確認できます。

再度、「有効範囲と有効期間」プロシージャを実行します。

⑦「有効範囲と有効期間」ボタンをクリックします。

セル【F7】に「10」、セル【F8】に「5」が入力されます。

モジュールレベル変数Aは前回の値を保持しているため「10」となり、プロシージャレベル変数Bは前回の値が破棄されているため「5」になります。

POINT 各変数の変動

モジュールレベル変数Aとプロシージャレベル変数Bの値は、次のように変動します。

プロシージャ	1回目			2回目		
	実行前	実行中	実行後	実行前	実行中	実行後
変数Aの値	0	5	5	5	10	10
変数Bの値	0	5	0	0	5	0

STEP UP 変数の値の破棄

モジュールレベル変数は「Endステートメント」を実行して値を破棄することもできます。また、Endステートメントはプロシージャを終了させるので、プロシージャレベル変数の値も破棄されます。

■Endステートメント

プロシージャを終了させ、同時にすべてのモジュールレベル変数とプロシージャレベル変数を初期化します。

構文	End

例：変数Aの値が100以上になった場合は、プロシージャを終了し変数を初期化する

```
Dim A As Integer        ──モジュールレベル変数A
Sub 有効範囲と有効期間()
    A = A + 5
    If A >= 100 Then End
    Range("F7").Value = A
End Sub
```

※If～Thenステートメントは、条件が成立した場合に処理を実行します。

3 オブジェクト変数

「**オブジェクト変数**」は、オブジェクトを参照できる変数です。オブジェクト変数は、オブジェクトと同じようにプロパティやメソッドが使えます。

オブジェクト変数には、「**総称オブジェクト型変数**」と「**固有オブジェクト型変数**」があります。総称オブジェクト型変数は、あらゆる種類のオブジェクトを参照できます。一方、固有オブジェクト型変数は、特定のオブジェクトだけを参照できます。固有オブジェクト型変数には、自動メンバーが表示される、実行速度が向上するなどのメリットがあるので、オブジェクトの種類があらかじめわかっている場合は、固有オブジェクト型変数を使うとよいでしょう。

■総称オブジェクト型変数の宣言

総称オブジェクト型を使って変数を宣言します。

構 文	Dim 変数名 As Object

例：総称オブジェクト型変数「Myobject」を宣言

```
Dim Myobject As Object
```

■固有オブジェクト型変数の宣言

固有オブジェクト型を使って変数を宣言します。

構 文	Dim 変数名 As 固有オブジェクト名

例：固有オブジェクト型（Range型）変数「Myrange」を宣言

```
Dim Myrange As Range
```

※Range型で宣言したオブジェクト変数は、Rangeオブジェクトだけを参照できます。

オブジェクト変数にオブジェクトへの参照を代入するには、「**Setステートメント**」を使います。

■Setステートメント

オブジェクト変数にオブジェクトへの参照を代入します。

構 文	Set オブジェクト変数 ＝ オブジェクト

例：オブジェクト変数「Myrange」にセル範囲【A1：C3】への参照を代入する

```
Set Myrange = Range("A1:C3")
```

16

オブジェクトへの参照を解除して、オブジェクト変数を初期化するには、オブジェクト変数に「**Nothingキーワード**」を代入します。通常、プロシージャの終了とともにオブジェクトへの参照は自動的に解除されますが、オブジェクト変数を初期化したことを明らかにするために、Nothingキーワードを使って明示的に解除するようにします。

■Nothingキーワード

オブジェクトへの参照を解除して、オブジェクト変数を初期化します。

構 文	Set オブジェクト変数 = Nothing

固有オブジェクト型変数を宣言し、背景色を水色（vbCyan）に設定するプロシージャを作成して、動作を確認しましょう。
※VBEに切り替えておきましょう。

■「固有オブジェクト型変数」プロシージャ

1. Sub 固有オブジェクト型変数()
2. 　　Dim Myrange As Range
3. 　　Set Myrange = Range("C14")
4. 　　Myrange.Interior.Color = vbCyan
5. 　　Set Myrange = Nothing
6. End Sub

■プロシージャの意味

1. 「固有オブジェクト型変数」プロシージャ開始
2. 　　固有オブジェクト型（Range型）のオブジェクト変数Myrangeを使用することを宣言
3. 　　オブジェクト変数Myrangeにセル【C14】への参照を代入
4. 　　オブジェクト変数Myrangeを使って、背景色を水色に設定
5. 　　オブジェクト変数Myrangeを初期化
6. プロシージャ終了

①「**固有オブジェクト型変数**」プロシージャを入力します。
※コンパイルし、上書き保存しておきましょう。

プロシージャの動作を確認します。
②**Excel**に切り替えます。
③「**固有オブジェクト型変数**」ボタンをクリックします。
※作成したプロシージャを実行するように、あらかじめ登録されています。

セル【C14】が水色で塗りつぶされます。

4 定数

文字列や数値などの値に、名前を付けてプロシージャで使えるようにしたものを「**定数**」といいます。定数は、「**Constステートメント**」を使って宣言します。特定の文字列や数値の代わりに定数を使うことで、わかりやすく修正しやすいプロシージャを作成できます。

■Constステートメント

定数を宣言し、データ型と値を指定します。

構　文	Const 定数名 As データ型 ＝ 値

例：通貨型の定数Syouhizeiを宣言し、数値「0.1」を指定する

```
Const Syouhizei As Currency = 0.1
```

定数を使って消費税（10%）を計算するプロシージャを作成して、動作を確認しましょう。定数は宣言セクションに宣言し、モジュール内のすべてのプロシージャで使用できるようにします。

※VBEに切り替えておきましょう。

■定数Syouhizeiの宣言（宣言セクションに記述）

```
Const Syouhizei As Currency = 0.1
```

■宣言の意味

通貨型の定数Syouhizeiを宣言し、値に「0.1」を指定

■「定数の利用」プロシージャ

```
1. Sub 定数の利用()
2.     Range("E21").Value = Range("D21").Value * Syouhizei
3. End Sub
```

■プロシージャの意味

```
1. 「定数の利用」プロシージャ開始
2.     セル【E21】に「セル【D21】の値 × 定数Syouhizei」の結果を入力
3. プロシージャ終了
```

18

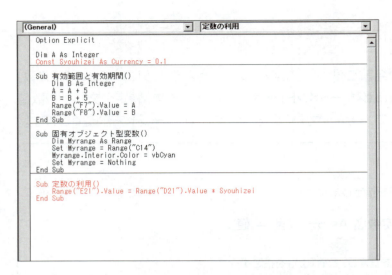

①定数Syouhizeiの宣言と**「定数の利用」**プロシージャを入力します。

※コンパイルし、上書き保存しておきましょう。

プロシージャの動作を確認します。

②Excelに切り替えます。

③**「定数の利用」**ボタンをクリックします。

※作成したプロシージャを実行するように、あらかじめ登録されています。

セル【E21】に消費税が入力されます。

POINT 定数の値の変更

定数の値を変更するには、宣言した値を直接変更します。例えば、消費税率が変更されたときは、定数Syouhizeiの値を1か所だけ変更します。

POINT Publicステートメント

すべてのモジュールのプロシージャで定数を使うには、「Publicステートメント」を使います。

| 構文 | Public Const 定数名 As データ型 = 値 |

例：整数型の定数A＝10をすべてのモジュールで使える定数として宣言

Public Const A As Integer = 10

STEP UP 通貨型

通貨型（Currency）は4桁までの小数部分を持つデータ型で、単精度浮動小数点数型（Single）や倍精度浮動小数点数型（Double）に比べて誤差がなく、金額の計算などのデータ型として使われます。

Step3 制御構造を利用する

1 基本的な制御構造

「制御構造」を使うと、条件によって処理を分岐したり、同じ処理を繰り返したりできます。

● 条件の成立・不成立に応じて処理を分岐する

■If〜Thenステートメント

条件が成立した場合に処理を実行します。

構 文	If 条件 Then
	　　　条件が成立した場合の処理
	End If

※条件が成立した場合の処理が1つの場合、End Ifを省略して「If　条件　Then　条件が成立した場合の処理」と1行で記述できます。

■If〜Then〜Elseステートメント

条件が成立した場合としなかった場合で別の処理を実行します。

構 文	If 条件 Then
	　　　条件が成立した場合の処理
	Else
	　　　条件が成立しなかった場合の処理
	End If

■If〜Then〜ElseIfステートメント

条件が複数ある場合に、それぞれの条件に応じて別の処理を実行します。

構 文	If 条件1 Then
	　　　条件1が成立した場合の処理
	ElseIf 条件2 Then
	　　　条件2が成立した場合の処理
	　　　　　　⋮
	Else
	　　　いずれの条件も成立しなかった場合の処理
	End If

20

POINT 比較演算子

制御構造で条件を指定するには、「比較演算子」を使って左辺と右辺を比較します。

演算子	意味	例
=	等しい	A = 10
>	より大きい	A > 10
<	より小さい	A < 10
>=	以上	A >= 10
<=	以下	A <= 10
<>	等しくない	A <> 10

POINT 論理演算子

「論理演算子」は、2つ以上の条件を組み合わせるときに使う演算子です。論理演算子を使い複数の条件を組み合わせることで、より複雑な条件判断が可能になります。

演算子	意味	例
And	～かつ～	A > 10 And B > 20
Or	～または～	A > 10 Or B > 20
Not	～でない	Not A = 10

●条件の値に応じて処理を分岐する

■Select Caseステートメント

ひとつの条件をチェックして、その値に応じた処理を実行します。

構文	

	Select Case 条件
	    Case 条件A
	        条件の値が条件Aを満たしている場合の処理
	    Case 条件B
	        条件の値が条件Bを満たしている場合の処理
	            ：
	    Case Else
	        どの条件にも一致しなかった場合の処理
	End Select

● 指定した回数だけ処理を繰り返す

■For～Nextステートメント

カウンタ変数に初期値から最終値までが代入される間、処理を繰り返し実行します。増減値によってカウンタ変数の値が変化し、最終値を超えると処理が終了します。

構　文	For カウンタ変数 ＝ 初期値 To 最終値［Step 増減値］ 　　　　処理 Next［カウンタ変数］

※［ ］は省略できることを意味します。

● 条件が成立している間は処理を繰り返す

■Do While～Loopステートメント

条件が成立している間、処理を繰り返します。最初に条件を判断します。

構　文	Do While 条件 　　　　処理 Loop

■Do～Loop Whileステートメント

条件が成立している間、処理を繰り返します。最後に条件を判断するため、処理は最低1回実行されます。

構　文	Do 　　　　処理 Loop While 条件

● 条件が成立するまで処理を繰り返す

■Do Until～Loopステートメント

条件が成立するまで、処理を繰り返します。最初に条件を判断します。

構　文	Do Until 条件 　　　　処理 Loop

■Do～Loop Untilステートメント

条件が成立するまで、処理を繰り返します。最後に条件を判断するため、処理は最低1回実行されます。

構　文	Do 　　　　処理 Loop Until 条件

2 For Each～Nextステートメント

「For Each～Nextステートメント」を使うと、コレクション内のすべてのオブジェクトを順番にオブジェクト変数に代入して処理できます。各オブジェクトへの参照を順番に代入するためのオブジェクト変数が必要ですが、代入は自動的に行われるので、Setステートメントを使う必要はありません。

●コレクション内のすべてのオブジェクトに対して処理を繰り返す

■For Each～Nextステートメント

コレクション内のすべてのオブジェクトに対して処理を繰り返します。

構　文	For Each オブジェクト変数 In コレクション 　　オブジェクトに対する処理 Next［オブジェクト変数］

For Each～Nextステートメントを利用し、セルの値が30より小さい場合は背景色をピンク（vbMagenta）に設定するプロシージャを作成して、動作を確認しましょう。
※VBEに切り替えておきましょう。

■「全要素に処理を行う」プロシージャ

```
 1. Sub 全要素に処理を行う()
 2.     Dim Myrange As Range
 3.     For Each Myrange In Range("D9:H12")
 4.         If Myrange.Value < 30 Then
 5.             Myrange.Interior.Color = vbMagenta
 6.         Else
 7.             Myrange.Interior.ColorIndex = xlNone
 8.         End If
 9.     Next Myrange
10. End Sub
```

■プロシージャの意味

```
 1. 「全要素に処理を行う」プロシージャ開始
 2.     Range型のオブジェクト変数Myrangeを使用することを宣言
 3.     セル範囲【D9:H12】のすべてのセルに対して処理を繰り返す
 4.         セルの値が30より小さい場合は
 5.             セルの背景色をピンクに設定
 6.         それ以外の場合は
 7.             セルの背景色を塗りつぶしなしに設定
 8.         Ifステートメント終了
 9.     オブジェクト変数Myrangeに次のセルへの参照を代入し、3行目に戻る
10. プロシージャ終了
```

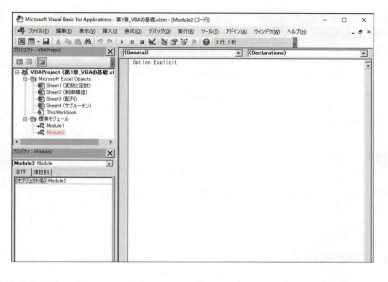

①新しい標準モジュール「**Module2**」を作成します。

②「**全要素に処理を行う**」プロシージャを入力します。
※コンパイルし、上書き保存しておきましょう。

プロシージャの動作を確認します。
③Excelに切り替えます。
④ワークシート「**制御構造**」を選択します。
⑤「**全要素に処理を行う**」ボタンをクリックします。
※作成したプロシージャを実行するように、あらかじめ登録されています。

セル範囲【D9：H12】で値が「30」より小さいセルがピンクに塗りつぶされます。
※セル範囲のひとつひとつのセルを処理できることが確認できます。

POINT 処理される順番

このプロシージャでは、セル範囲【D9：H12】のすべてのセルに対して処理を繰り返しています。最初にセル範囲の左上端のセル【D9】が処理され、次にセル【E9】、セル【F9】、・・・のように右方向へ処理されます。セル【H9】まで処理するとセル【D10】が処理され、また右方向へ処理が進みます。最後に、セル範囲の右下端のセル【H12】が処理されると、For Each～Nextステートメントが終了します。

24

👆 POINT　Exitステートメント

制御構造の処理の途中で抜け出す場合には、「Exitステートメント」を使います。

■Exitステートメント

For～Nextステートメントを抜け出します。

構 文	Exit For

例：i行1列目のセルの値が空文字（「""」）の場合は、For～Nextステートメントを抜け出す

```
For i = 1 To 10
    If Cells(i, 1).Value = "" Then Exit For
    Cells(i, 1).Interior.Color = vbRed
Next
```

Do～Loopステートメントを抜け出します。

構 文	Exit Do

例：アクティブセルの値が「STOP」の場合は、Do～Loopステートメントを抜け出す

```
Do While ActiveCell.Value <> ""
    If ActiveCell.Value = "STOP" Then Exit Do
    ActiveCell.Interior.Color = vbRed
    ActiveCell.Offset(1).Select
Loop
```

Subプロシージャを抜け出します。

構 文	Exit Sub

例：アクティブシートの名前が「東京」でない場合は、Subプロシージャを抜け出す

```
Sub 東京売上()
    If ActiveSheet.Name <> "東京" Then Exit Sub
    Range("A1").Value = "商品売上表(東京)"
                ⋮
End Sub
```

👆 POINT　Offsetプロパティの引数の省略

Offsetプロパティは、引数に行数や列数を指定して相対的な位置のセルを返すプロパティです。引数を省略した場合、基準のセルと同じ行や列のセルを返します。

例：セル【B2】の2行下のセル（セル【B4】）を返す

```
Range("B2").Offset(2)
```

例：セル【B2】の1列右のセル（セル【C2】）を返す

```
Range("B2").Offset(, 1)
```

Step4 配列を利用する

1 配列

同じデータ型の変数を複数利用する場合は、**「配列変数」**を使います。例えば、文字列型の配列変数を5つ用意するには次のように記述します。

```
Dim B(4) As String
```

必要とする配列変数の数（**「要素数」**）を、配列変数の宣言時に記述するので、1回の宣言で複数の変数を用意できます。
また、このとき用意される配列変数は、B(0)、B(1)、B(2)、B(3)、B(4)の5つです。それぞれの配列変数は、配列の位置を指定する番号（**「インデックス」**）を()内に記述して指定します。インデックスは**「0」**から始まります。したがって、要素数より1少ない値を配列変数の宣言時に指定します。
配列変数を使うと、それぞれの値を順番に処理したり、複数の値を一度に処理したりできます。配列変数を利用することで、効率的で柔軟なプロシージャを作成できます。

> ■配列変数の宣言
>
> 配列変数を宣言し、データ型と要素数を指定します。
>
> | 構　文 | Dim 変数名(要素数－1) As データ型 |
> |---|---|

通常の変数

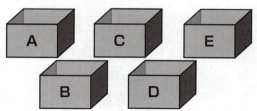

配列変数

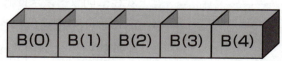

配列変数を利用し、「**春の七草**」を入力するプロシージャを作成して、動作を確認しましょう。

※VBEに切り替えておきましょう。

■「配列変数」プロシージャ

```
1. Sub 配列変数()
2.     Dim Nanakusa(6) As String
3.     Dim i As Integer
4.     Nanakusa(0) = "せり"
5.     Nanakusa(1) = "なずな"
6.     Nanakusa(2) = "ごぎょう"
7.     Nanakusa(3) = "はこべら"
8.     Nanakusa(4) = "ほとけのざ"
9.     Nanakusa(5) = "すずな"
10.    Nanakusa(6) = "すずしろ"
11.    For i = 0 To 6
12.        Cells(8 + i, 3).Value = Nanakusa(i)
13.    Next i
14. End Sub
```

列

■プロシージャの意味

1. 「配列変数」プロシージャ開始
2.   文字列型の配列変数Nanakusaを7要素使用することを宣言
3.   整数型の変数iを使用することを宣言
4.   配列変数Nanakusa(0)に「せり」を代入
5.   配列変数Nanakusa(1)に「なずな」を代入
6.   配列変数Nanakusa(2)に「ごぎょう」を代入
7.   配列変数Nanakusa(3)に「はこべら」を代入
8.   配列変数Nanakusa(4)に「ほとけのざ」を代入
9.   配列変数Nanakusa(5)に「すずな」を代入
10.   配列変数Nanakusa(6)に「すずしろ」を代入
11.   変数iが0から6になるまで処理を繰り返す
12.   8＋i行3列目のセルに配列変数Nanakusa(i)の値を入力
13.   変数iにi＋1を代入し、11行目に戻る
14. プロシージャ終了

① 新しい標準モジュール「**Module3**」を作成します。

② 「**配列変数**」プロシージャを入力します。

※コンパイルし、上書き保存しておきましょう。

プロシージャの動作を確認します。

③ Excelに切り替えます。

④ ワークシート「**配列**」を選択します。

⑤ 「**配列変数**」ボタンをクリックします。

※作成したプロシージャを実行するように、あらかじめ登録されています。

セル【**C8**】からセル【**C14**】までの各セルに、配列変数Ｎａｎａｋｕｓａ（0）から配列変数Ｎａｎａｋｕｓａ（6）までの値が入力されます。

Step5 サブルーチンを利用する

1 サブルーチン

プロシージャは、ほかのプロシージャから呼び出して実行できます。呼び出されるプロシージャを「**サブルーチン**」といい、サブルーチンを呼び出すプロシージャを「**親プロシージャ**」といいます。サブルーチンを呼び出すには、親プロシージャ内にサブルーチン名（呼び出すプロシージャ名）を記述します。

サブルーチンは、並べ替えをするサブルーチン、印刷をするサブルーチンのように特定の機能ごとに作成します。特定の機能を持つサブルーチンを様々なプロシージャで共有することで、次のようなメリットがあります。

- ●同じようなコードを書く手間が省ける
- ●機能の変更があった場合でも、サブルーチンを書き換えるだけで済む
- ●コードが読みやすくなり、処理の流れがわかりやすくなる

■サブルーチンを呼び出す

サブルーチンを呼び出し、実行します。

構 文	サブルーチン名

構 文	Call サブルーチン名

※Callステートメントは、ほかのプロシージャを呼び出していることを明確にしたい場合に記述することがあります。

サブルーチンは、標準モジュール内に記述します。標準モジュールに記述したサブルーチンは、すべてのモジュールのすべてのプロシージャで呼び出して使えます。

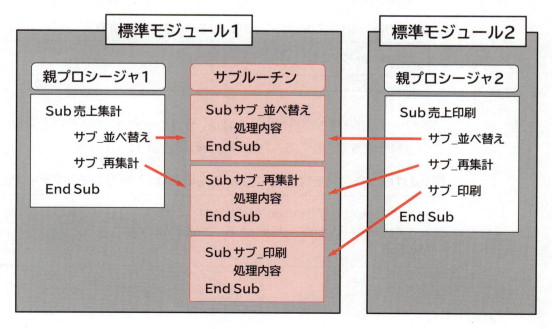

2 引数付きサブルーチン

親プロシージャで処理した文字列や数値などの値をサブルーチンに渡すことで、サブルーチンはその値に応じた処理を実行できます。親プロシージャからサブルーチンに値を渡すためには、値を受け取るための変数がサブルーチン側に必要です。値を受け取るための変数を**「引数」**といい、引数を持つサブルーチンを**「引数付きサブルーチン」**といいます。
引数付きサブルーチンでは、引数の名前やデータ型をサブルーチン名の後ろにある「( )」内で指定します。

■引数付きサブルーチン

引数付きサブルーチンを作成します。

構 文	Sub サブルーチン名(引数名1 As データ型1, 引数名2 As データ型2, …) 　　サブルーチンの処理内容 End Sub

例：文字列型の引数「Namae」を持つサブルーチン「サブ_メッセージ」を作成する

```
Sub サブ_メッセージ(Namae As String)
    サブルーチンの処理
End Sub
```

引数付きサブルーチンに値を渡して実行するには、サブルーチン名と半角スペースに続けて、渡す文字列や数値、変数などを記述します。複数の引数に値を渡すには「,」で区切って記述します。

■引数付きサブルーチンに値を渡して実行する

引数付きサブルーチンに値を渡して、サブルーチンの処理を実行します。

構 文	サブルーチン名　値1, 値2, …

例：サブルーチン「サブ_メッセージ」に「山田」の値を渡して実行する

```
サブ_メッセージ "山田"
```

引数付きサブルーチンが受け取った値は、サブルーチンのそれぞれの引数に代入されます。この引数を使って、値に応じた処理を実行できます。

例：受け取った名前を文字列「さん、こんにちは」と結合してアクティブセルに入力する

```
Sub サブ_メッセージ(Namae As String)
    ActiveCell.Value = Namae & "さん、こんにちは"
End Sub
```

メッセージを表示するサブルーチンと合格判定をするサブルーチンとサブルーチンを呼び出してメッセージと合格判定を入力するプロシージャを作成して、動作を確認しましょう。
※VBEに切り替えておきましょう。

■「サブ_メッセージ」プロシージャ

```
1. Sub サブ_メッセージ(Namae As String)
2.     ActiveCell.Value = Namae & "さん、こんにちは"
3. End Sub
```

※&演算子は文字列を連結する演算子です。「引数」と「&」との間には半角スペースを入力する必要があります。

■プロシージャの意味

```
1.「サブ_メッセージ(文字列型の引数Namae)」プロシージャ開始
2.     アクティブセルに「引数Namaeさん、こんにちは」を入力
3. プロシージャ終了
```

■「サブ_合格判定」プロシージャ

```
1. Sub サブ_合格判定(Tensu As Integer)
2.     If Tensu >= 70 Then
3.         ActiveCell.Value = "合格です"
4.     Else
5.         ActiveCell.Value = "不合格です"
6.     End If
7. End Sub
```

■プロシージャの意味

```
1.「サブ_合格判定(整数型の引数Tensu)」プロシージャ開始
2.     引数Tensuの値が70以上の場合は
3.         アクティブセルに「合格です」を入力
4.     それ以外の場合は
5.         アクティブセルに「不合格です」を入力
6.     Ifステートメント終了
7. プロシージャ終了
```

■「サブルーチン利用」プロシージャ

```
1. Sub サブルーチン利用()
2.     Range("B8").Select
3.     サブ_メッセージ "山田"
4.     ActiveCell.Offset(1).Select
5.     サブ_合格判定 70
6. End Sub
```

■プロシージャの意味

```
1.「サブルーチン」プロシージャ開始
2.     セル【B8】を選択
3.     引数に「山田」を指定して、サブルーチン「サブ_メッセージ」の処理を実行
4.     アクティブセルの1行下のセルを選択
5.     引数に「70」を指定して、サブルーチン「サブ_合格判定」の処理を実行
6. プロシージャ終了
```

30

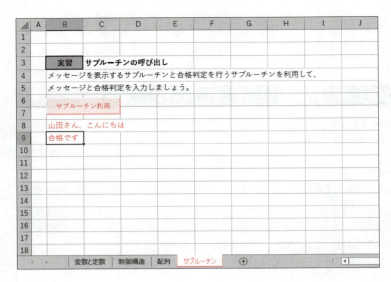

①新しい標準モジュール「Module4」を作成します。
②「サブ_メッセージ」プロシージャと「サブ_合格判定」プロシージャと「サブルーチン利用」プロシージャを入力します。
※コンパイルし、上書き保存しておきましょう。
プロシージャの動作を確認します。
③Excelに切り替えます。
④ワークシート「サブルーチン」を選択します。
⑤「サブルーチン利用」ボタンをクリックします。
※作成したプロシージャを実行するように、あらかじめ登録されています。
メッセージと合格判定が入力されます。
※ブックを上書き保存し、閉じておきましょう。

STEP UP サブルーチンの自動クイックヒントの表示

サブルーチン名に続けて半角スペースを入力すると、引数名とデータ型が自動クイックヒントとして表示されます。

```
Sub サブルーチン利用()
    Range("B8").Select
    サブ_メッセージ |
End  サブ_メッセージ(Namae As String)
```

STEP UP セキュリティの警告

初期の設定では、プロシージャ(マクロ)を含むブックを開くと、マクロは無効になっています。セキュリティの警告に関するメッセージが表示されるので、ブックの発行元が信頼できることを確認してマクロを有効にします。
ブックの発行元が信頼できるなど、安全であることがわかっている場合は、《セキュリティの警告》メッセージバーの《コンテンツの有効化》をクリックします。
マクロの有効・無効を設定する方法は、次のとおりです。
◆《ファイル》タブ→《オプション》→左側の一覧から《セキュリティセンター》を選択→《セキュリティセンターの設定》→左側の一覧から《マクロの設定》を選択→《マクロの設定》

STEP UP 信頼できる場所の追加

ブックを信頼できる場所に保存すると、セキュリティの警告を表示せずにマクロを有効にしてブックを開くことができます。
Excelにはあらかじめ信頼できる場所が作成されていますが、任意のフォルダーを信頼できる場所に設定することもできます。任意のフォルダーを信頼できる場所に設定する方法は、次のとおりです。
◆《ファイル》タブ→《オプション》→左側の一覧から《セキュリティセンター》を選択→《セキュリティセンターの設定》→左側の一覧から《信頼できる場所》を選択→《新しい場所の追加》

第2章

オブジェクトの利用

Step1	セルを操作する	33
Step2	ワークシートを操作する	50
Step3	ブックを操作する	61

Step 1 セルを操作する

1 セルの書式

セル（Rangeオブジェクト）は、表示形式やフォント、塗りつぶしなどの様々な書式を持っています。各プロパティに値を設定することで、セルの書式を自由に変更できます。

1 セルの表示形式

セルの表示形式を設定するには、「**NumberFormatプロパティ**」を使います。

> **■NumberFormatプロパティ**
>
> セルの表示形式を設定・取得します。
>
> | 構文 | Rangeオブジェクト.NumberFormat |
>
> 例：セル【A1】の表示形式を「#,###」に設定する
>
> ```
> Range("A1").NumberFormat = "#,###"
> ```

●主な表示形式

表示形式	意味
#	1桁の数字を表示 （桁数に満たない0は表示しない）
0	1桁の数字を表示 （桁数に満たない0も表示する）
#,###	3桁ごとに「,」を表示

表示形式	意味
yyyy	西暦を4桁で表示
ee	和暦を2桁で表示
m	月を表示
d	日を表示
aaa	曜日を1文字で表示

NumberFormatプロパティを利用し、「1日（月）」と表示されるように日付の表示形式を設定するプロシージャを作成して、動作を確認しましょう。

ブック「第2章_オブジェクトの利用」を開いて、VBEに切り替えておきましょう。

> **■「表示形式」プロシージャ**
>
> 1. Sub 表示形式()
> 2. 　　Range(Range("B4"), Range("B4").End(xlDown)).NumberFormat = "d日(aaa)"
> 3. End Sub

> **■プロシージャの意味**
>
> 1.「表示形式」プロシージャ開始
> 2.　　セル【B4】からセル【B4】の下端セルまでのセル範囲の表示形式を「d日(aaa)」に設定
> 3. プロシージャ終了

POINT 終端セルの設定

終端セルを設定するには、「Endプロパティ」を使います。

■Endプロパティ

終端のセルを返します。[Ctrl]を押して[↑][↓][→][←]を押す操作に相当します。
方向は、組み込み定数を使って設定します。

構文	Rangeオブジェクト.End(方向)

組み込み定数	方向	組み込み定数	方向
xlUp	上端	xlToRight	右端
xlDown	下端	xlToLeft	左端

① 新しい標準モジュール「**Module1**」を作成します。
② 「**表示形式**」プロシージャを入力します。
※ コンパイルし、上書き保存しておきましょう。
プロシージャの動作を確認します。
③ Excelに切り替えます。
④ ワークシート「**6月**」を選択します。
⑤ 「**表示形式**」ボタンをクリックします。
※ 作成したプロシージャを実行するように、あらかじめ登録されています。
日付が「**1日(月)**」の表示形式で表示されます。

2 フォントの設定

セルのフォントを設定するには、「**Fontプロパティ**」を使って、Fontオブジェクトを取得します。Fontオブジェクトは、フォント設定を表すオブジェクトで、フォントの色を設定する「**Colorプロパティ**」「**ColorIndexプロパティ**」などを設定できます。

■Fontプロパティ

Fontオブジェクトを取得します。

構文	Rangeオブジェクト.Font

■Colorプロパティ

オブジェクトの色をRGB値または組み込み定数で設定・取得します。

構文	Rangeオブジェクト.Color

例：セル【A1】のフォントの色を赤（組み込み定数vbRed）に設定する

Range("A1").Font.Color = vbRed

■ColorIndexプロパティ

オブジェクトの色をExcel既定のカラーパレットのインデックス番号（1～56）で設定・取得します。

構文	Rangeオブジェクト.ColorIndex

例：セル【A1】のフォントの色を赤（インデックス番号3）に設定する

```
Range("A1").Font.ColorIndex = 3
```

カレンダー全体のフォントの色を変更する**「フォントの色の設定」**プロシージャを作成して、動作を確認しましょう。フォントの色はセル【F11】の値で指定します。
※VBEに切り替えておきましょう。

■「フォントの色の設定」プロシージャ

1. Sub フォントの色の設定()
2. 　　Range("B3").CurrentRegion.Font.ColorIndex = Range("F11").Value
3. End Sub

■プロシージャの意味

1. 「フォントの色の設定」プロシージャ開始
2. 　　セル【B3】を含む連続するセル範囲にセル【F11】の値のフォントの色を設定
3. プロシージャ終了

POINT 連続するセルの選択

アクティブセルから、上下左右に連続するセルすべてを選択するには、「CurrentRegionプロパティ」を使います。

■CurrentRegionプロパティ

アクティブセルから、上下左右に連続するセルすべてを返します。Ctrl + Shift + * を押す操作に相当します。

構文	Rangeオブジェクト.CurrentRegion

①「フォントの色の設定」プロシージャを入力します。
※コンパイルし、上書き保存しておきましょう。
プロシージャの動作を確認します。
②Excelに切り替えます。
③セル【F11】の右にあるスピンボタンをクリックします。
※作成したプロシージャを実行するように、あらかじめ登録されています。
カレンダー全体のフォントの色が変更されます。
※次の操作のために、フォントの色を黒（セル【F11】の値を「1」）にしておきましょう。

第2章　オブジェクトの利用

35

2 値や書式のクリア

セルの値をクリアするには「**ClearContentsメソッド**」を、セルの書式をクリアするには「**ClearFormatsメソッド**」を使います。また、セルの値や書式などをすべてクリアするには「**Clearメソッド**」を使います。

■ClearContentsメソッド

セルの値をクリアします。

構 文	Rangeオブジェクト.ClearContents

■ClearFormatsメソッド

セルの書式をクリアします。

構 文	Rangeオブジェクト.ClearFormats

■Clearメソッド

セルの値や書式などをすべてクリアします。

構 文	Rangeオブジェクト.Clear

ClearContentsメソッドを利用し、予定に入力された値をクリアするプロシージャを作成して、動作を確認しましょう。
※VBEに切り替えておきましょう。

■「データクリア」プロシージャ

```
1. Sub データクリア()
2.     Range(Range("B4"), Range("B4").End(xlDown)).Offset(, 2).ClearContents
3. End Sub
```

■プロシージャの意味

```
1.「データクリア」プロシージャ開始
2.     セル【B4】からセル【B4】の下端セルまでのセル範囲の2列右のセル範囲の値をクリア
3. プロシージャ終了
```

① 「**データクリア**」プロシージャを入力します。

※コンパイルし、上書き保存しておきましょう。

プロシージャの動作を確認します。

② Excelに切り替えます。

③ 「**データクリア**」ボタンをクリックします。

※作成したプロシージャを実行するように、あらかじめ登録されています。

予定に入力されていた値がクリアされます。

36

3 コピーと貼り付け

セルをコピーするには「**Copyメソッド**」を使います。コピーしたセルを貼り付けるには「**PasteSpecialメソッド**」を使います。また、PasteSpecialメソッドの引数を指定することで、値や書式だけを貼り付けることができます。

■Copyメソッド

指定したセルをコピーします。

構 文	Rangeオブジェクト.Copy

■PasteSpecialメソッド

指定したセルにコピーしたセルを貼り付けます。引数Pasteで貼り付ける内容を指定します。

構 文	Rangeオブジェクト.PasteSpecial([Paste])

※本書では、よく使う引数だけを記載しています。そのほかの引数を確認する場合は、ヘルプを利用してください。

●引数Pasteに指定できる主な定数

定数	内容
xlPasteAll	すべてを貼り付ける
xlPasteFormats	書式だけを貼り付ける
xlPasteValues	値だけを貼り付ける

※引数Pasteを省略した場合は、定数xlPasteAllが指定されます。

例：セル【A1】に値だけを貼り付ける

```
Range("A1").PasteSpecial Paste:=xlPasteValues
```

※プロシージャ内のメソッドは、名前付き引数を使って記述しています。

Excelでセルをコピーすると、コピー元のセル範囲に点滅する枠線が表示されます。この状態を「**コピーモード**」といいます。同様に、VBAでもRangeオブジェクトに対してCopyメソッドを使うとコピーモードになります。コピーモードを解除するには、「**CutCopyModeプロパティ**」にFalseを代入します。

■CutCopyModeプロパティ

コピーモードの状態を設定・取得します。Falseを設定するとコピーモードが解除されます。このプロパティは、Applicationオブジェクトに対して使います。

構 文	Applicationオブジェクト.CutCopyMode

CopyメソッドとPasteSpecialメソッドを利用し、ワークシート「**6月元**」のカレンダーの書式をワークシート「**6月**」に貼り付けるプロシージャを作成して、動作を確認しましょう。
※VBEに切り替えておきましょう。

■「書式コピー」プロシージャ

1. Sub 書式コピー()
2. 　　Worksheets("6月元").Range("B3").CurrentRegion.Copy
3. 　　Range("B3").PasteSpecial Paste:=xlPasteFormats
4. 　　Application.CutCopyMode = False
5. End Sub

■プロシージャの意味

1. 「書式コピー」プロシージャ開始
2. 　　ワークシート「6月元」のセル【B3】を含む連続するセル範囲をコピー
3. 　　セル【B3】に書式だけを貼り付ける
4. 　　コピーモードを解除
5. プロシージャ終了

①「書式コピー」プロシージャを入力します。
※コンパイルし、上書き保存しておきましょう。
プロシージャの動作を確認します。
②Excelに切り替えます。
③「書式コピー」ボタンをクリックします。
※作成したプロシージャを実行するように、あらかじめ登録されています。
ワークシート「**6月元**」のカレンダーの書式だけが貼り付けられます。

👉 POINT　名前付き引数

「名前付き引数」とは、引数名のあとに「：＝設定値」を入力して引数を指定することです。複数の名前付き引数を指定する場合は間を「,」で区切ります。順不同に入力してもかまいません。

構　文	オブジェクト．メソッド　A：＝ 設定値 , B：＝ 設定値 , ･･･

例：引数A、B、C、D、Eのあるメソッドで引数Bに「20」、引数Dに「50」を設定する

　　オブジェクト．メソッド　　B：＝20 , D：＝50

名前付き引数を使わない場合は、引数の設定値は決められた順番通りに入力します。引数を省略するときは、「,」で区切ります。

　　オブジェクト．メソッド　　,20,,50

4 セル範囲のサイズ変更

取得したセル範囲のサイズを変更するには「**Resizeプロパティ**」を使います。Resizeプロパティは、現在取得しているセル範囲の左上端のセルを基準にして、行数と列数を変更したセル範囲を返します。

■Resizeプロパティ

取得したセル範囲のサイズを変更します。引数RowSize、引数ColumnSizeにサイズ変更後の行数と列数を指定します。
※引数に「0」を指定するとエラーになります。

| 構文 | Rangeオブジェクト.Resize(RowSize, ColumnSize) |

例：セル【B1】を基準として3行4列のセル範囲を取得する

```
Range("B1").Resize(3, 4)
```

Resizeプロパティを利用し、セル【B3】を基準として指定した行数と列数のセル範囲を選択するプロシージャを作成して、動作を確認しましょう。
※VBEに切り替えておきましょう。

■「セル範囲のサイズ変更」プロシージャ

```
1. Sub セル範囲のサイズ変更()
2.     Dim Gyou As Integer
3.     Dim Retu As Integer
4.     Gyou = Range("F6").Value
5.     Retu = Range("H6").Value
6.     Range("B3").Resize(Gyou, Retu).Select
7. End Sub
```

■プロシージャの意味

1. 「セル範囲のサイズ変更」プロシージャ開始
2. 整数型の変数Gyouを使用することを宣言
3. 整数型の変数Retuを使用することを宣言
4. 変数Gyouにセル【F6】の値を代入
5. 変数Retuにセル【H6】の値を代入
6. セル【B3】を基準として、変数Gyou分の行数、変数Retu分の列数のセル範囲を選択
7. プロシージャ終了

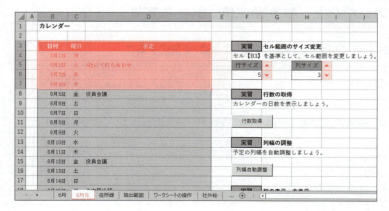

①「セル範囲のサイズ変更」プロシージャを入力します。
※コンパイルし、上書き保存しておきましょう。
プロシージャの動作を確認します。
②Excelに切り替えます。
③ワークシート「6月元」を選択します。
④セル【F6】またはセル【H6】の右にあるスピンボタンをクリックします。
※作成したプロシージャを実行するように、あらかじめ登録されています。
セル【B3】を基準としたセル範囲が選択されます。

5 行や列の取得

行を取得するには「Rowsプロパティ」を、列を取得するには「Columnsプロパティ」を使います。

■Rowsプロパティ

行を表すRangeオブジェクトを取得します。

構 文	Rows(行番号)

例：行1～行5を取得する

```
Rows("1:5")
```

例：すべての行を取得する

```
Rows
```

指定したセル範囲の行範囲を取得します。

構 文	Rangeオブジェクト.Rows(行番号)

例：セル範囲【A1：D5】の3行目（セル範囲【A3：D3】）を取得する

```
Range("A1:D5").Rows(3)
```

■Columnsプロパティ

列を表すRangeオブジェクトを取得します。

構 文	Columns(列番号)

例：列A～列Eを取得する

```
Columns("A:E")
```

例：すべての列を取得する

```
Columns
```

指定したセル範囲の列範囲を取得します。

構 文	Rangeオブジェクト.Columns(列番号)

例：セル範囲【A1：D5】の3列目（セル範囲【C1：C5】）を取得する

```
Range("A1:D5").Columns(3)
```

1 行数の取得

Rowsプロパティを利用し、カレンダーのセル範囲の行数から日数を取得するプロシージャを作成して、動作を確認しましょう。

※VBEに切り替えておきましょう。

■「行数取得」プロシージャ

```
1. Sub 行数取得()
2.     Dim Nissu As Integer
3.     Nissu = Range("B3").CurrentRegion.Rows.Count - 1
4.     MsgBox "カレンダーの日数は " & Nissu & "日です。"
5. End Sub
```

■プロシージャの意味

1. 「行数取得」プロシージャ開始
2. 整数型の変数Nissuを使用することを宣言
3. 変数Nissuに、セル【B3】を含む連続するセル範囲の行数から1を引いた値を代入
4. 変数Nissuと他の文字列を連結してメッセージを表示
5. プロシージャ終了

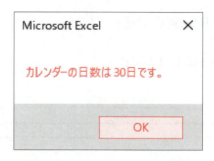

① 「**行数取得**」プロシージャを入力します。
※コンパイルし、上書き保存しておきましょう。
プロシージャの動作を確認します。
② Excelに切り替えます。
③ 「**行数取得**」ボタンをクリックします。
※作成したプロシージャを実行するように、あらかじめ登録されています。
カレンダーの日数がメッセージボックスで表示されます。
④ 《OK》をクリックします。

POINT 文字列連結演算子

&演算子は「文字列連結演算子」といい、文字列と文字列を連結する役割を持っています。文字列と変数、文字列とセルの値なども連結できます。
「変数」と「&」の間のスペースは自動的に入力されません。この場合は、スペースを直接入力する必要があります。

POINT Countプロパティ

Countプロパティは、オブジェクトの数を取得するプロパティです。行を表すRangeオブジェクトに対して使うと、行数を取得できます。

2 列幅の調整

「**AutoFitメソッド**」を使うと、行高や列幅を自動調整できます。
※VBEに切り替えておきましょう。

■AutoFitメソッド

行高や列幅を内容に合わせて自動調整します。RowsプロパティやColumnsプロパティを使って取得した、行や列を表すRangeオブジェクト専用のメソッドです。

構 文	行や列を表すRangeオブジェクト.AutoFit

例：行1～行5の高さを自動調整する

```
Rows("1:5").AutoFit
```

AutoFitメソッドを利用し、予定の列（D列）の列幅を自動的に調整するプロシージャを作成して、動作を確認しましょう。

■「列幅自動調整」プロシージャ

1. Sub 列幅自動調整()
2. 　　　Columns(4).AutoFit
3. End Sub

■プロシージャの意味

1. 「列幅自動調整」プロシージャ開始
2. 　　　D列の幅を自動調整
3. プロシージャ終了

① **「列幅自動調整」** プロシージャを入力します。
※コンパイルし、上書き保存しておきましょう。
プロシージャの動作を確認します。
② Excelに切り替えます。
③ **「列幅自動調整」** ボタンをクリックします。
※作成したプロシージャを実行するように、あらかじめ登録されています。
D列の幅が自動調整されます。

3 行や列の表示・非表示

「Hiddenプロパティ」を使うと、行や列を表示したり非表示にしたりできます。
※VBEに切り替えておきましょう。

■Hiddenプロパティ

行や列の表示・非表示の状態を設定・取得します。Trueを設定すると非表示に、Falseを設定すると表示になります。RowsプロパティやColumnsプロパティを使って取得した、行や列を表すRangeオブジェクト専用のプロパティです。

構　文	行や列を表すRangeオブジェクト.Hidden

例：1行目を非表示にする

```
Rows(1).Hidden = True
```

「Not演算子」を使うと「Not True」→「False」、「Not False」→「True」のように値を反転できます。これを利用して、TrueかFalseを設定するプロパティでNot演算子を使うと、現在の設定値の逆の値を設定できます。

例：1行目が表示されていれば非表示に、表示されていなければ表示する

```
Rows(1).Hidden = Not Rows(1).Hidden
```

Hiddenプロパティを利用し、曜日の列（C列）の表示と非表示を切り替えるプロシージャを作成して、動作を確認しましょう。

■「列表示切替」プロシージャ

1. Sub 列表示切替()
2. 　　Columns(3).Hidden = Not Columns(3).Hidden
3. End Sub

■プロシージャの意味

1. 「列表示切替」プロシージャ開始
2. 　　C列が表示されていれば非表示に、表示されていなければ表示
3. プロシージャ終了

① 「列表示切替」プロシージャを入力します。
※コンパイルし、上書き保存しておきましょう。
プロシージャの動作を確認します。
② Excelに切り替えます。
③ 「列表示切替」ボタンをクリックします。
※作成したプロシージャを実行するように、あらかじめ登録されています。
C列が非表示になります。
※再度「列表示切替」ボタンをクリックして、列の表示と非表示が切り替わることを確認しておきましょう。

6 データの並べ替え

セルに入力されたデータを並べ替えるには、「Sortメソッド」を使います。

■Sortメソッド

指定したセル範囲を並べ替えます。

構文	Rangeオブジェクト.Sort([Key1][, Order1][, Key2][, Order2][, Key3][, Order3][, Header])

引数	内容	省略
Key1〜Key3	並べ替えフィールドとなるセルをRangeオブジェクトで指定	省略できる ※省略した場合は選択されているセルを並べ替えフィールドとします。
Order1〜Order3	昇順で並べ替えるには定数xlAscendingを、降順で並べ替えるには定数xlDescendingを指定	省略できる ※省略した場合は昇順で並べ替えます。
Header	先頭行が見出しの場合は定数xlYesを、見出しでない場合は定数xlNoを指定	省略できる ※省略した場合は定数xlNoが指定されます。

Sortメソッドを利用し、氏名の昇順で住所録を並べ替えるプロシージャを作成して、動作を確認しましょう。

※VBEに切り替えておきましょう。

■「並べ替え昇順」プロシージャ

```
1. Sub 並べ替え昇順()
2.     Range("B3").Sort Key1:=Range("C3"), Order1:=xlAscending, Header:=xlYes
3. End Sub
```

■プロシージャの意味

1. 「並べ替え昇順」プロシージャ開始
2. セル【B3】を含む連続するセル範囲を並べ替え（並べ替えフィールドはセル【C3】、昇順、先頭行を見出しとする）
3. プロシージャ終了

① 「並べ替え昇順」プロシージャを入力します。
※コンパイルし、上書き保存しておきましょう。
プロシージャの動作を確認します。
② Excelに切り替えます。
③ ワークシート「**住所録**」を選択します。
④ 「**並べ替え昇順**」ボタンをクリックします。
※作成したプロシージャを実行するように、あらかじめ登録されています。
住所録が氏名の昇順で並び替わります。

STEP UP 並べ替えの範囲

セル範囲に対してSortメソッドを使うと、そのセル範囲が並び替わります。単一セルに対してSortメソッドを使うと、そのセルを含む連続するセル範囲が並び替わります。

44

7 データの抽出

「AdvancedFilterメソッド」を使うと、条件に合うデータだけを抽出できます。

■AdvancedFilterメソッド

指定したセル範囲からデータを抽出します。

構 文	Rangeオブジェクト.AdvancedFilter(Action [, CriteriaRange][, CopyToRange][, Unique])

引数	内容	省略
Action	抽出結果をどこに表示するかを指定	省略できない
CriteriaRange	検索条件が入力されたセル範囲を指定 ※項目名と条件を入力したセル範囲を指定します。	省略できる ※省略した場合は検索条件なしで抽出されます。
CopyToRange	抽出結果の抽出場所を指定	省略できる ※引数Actionに定数xlFilterCopyを指定した場合は省略できません。
Unique	重複データの抽出を指定 ※Trueを指定すると重複するデータを抽出せず、Falseを指定すると重複するデータを含めて抽出します。	省略できる ※省略した場合はFalseが指定されます。

● 引数Actionに指定できる定数

定数	内容
xlFilterInPlace	抽出を実行したセル範囲に抽出結果を表示
xlFilterCopy	抽出結果を別の場所に取り出す

AdvancedFilterメソッドを利用し、検索条件に合うデータをワークシート「**抽出範囲**」に抽出するプロシージャを作成して、動作を確認しましょう。
※VBEに切り替えておきましょう。

■「データ抽出」プロシージャ

```
1. Sub データ抽出()
2.     Range("B3").CurrentRegion.AdvancedFilter _
3.         Action:=xlFilterCopy, CriteriaRange:=Range("J10:J11"), _
4.         CopyToRange:=Worksheets("抽出範囲").Range("B3:D3")
5.     Worksheets("抽出範囲").Select
6. End Sub
```

※2行目、3行目はコードが長いので、行継続文字「_（半角スペース＋半角アンダースコア）」を使って行を複数に分割しています。行継続文字を使わずに1行で記述してもかまいません。

■プロシージャの意味

1. 「データ抽出」プロシージャ開始
2. セル【B3】を含む連続するセル範囲から抽出
3. 抽出結果は別の場所に抽出、検索条件はセル範囲【J10:J11】
4. 抽出場所はワークシート「抽出範囲」のセル範囲【B3:D3】
5. ワークシート「抽出範囲」を選択
6. プロシージャ終了

①「**データ抽出**」プロシージャを入力します。

※コンパイルし、上書き保存しておきましょう。

プロシージャの動作を確認します。

②Excelに切り替えます。

③検索条件としてセル【J11】に「**神奈川**」と入力します。

④「**データ抽出**」ボタンをクリックします。

※作成したプロシージャを実行するように、あらかじめ登録されています。

ワークシート「**抽出範囲**」に条件に合うデータが抽出されます。

※次の操作のために、ワークシート「住所録」を選択しておきましょう。

👆 **POINT** 検索条件の指定

AdvancedFilterメソッドを使う場合は、引数CriteriaRangeに指定するための検索条件範囲をあらかじめ用意しておく必要があります。検索条件範囲には、抽出元の表の項目名と検索条件を入力しておきます。

👆 **POINT** 抽出する項目の選択

抽出場所に項目名を入力しておくと、その項目のデータだけを抽出できます。例えば、この実習では「番号」「氏名」「住所」を入力したセル範囲を引数CopyToRangeに指定しているので、「番号」「氏名」「住所」のデータだけが抽出されます。項目名が入力されていない単一セルを指定した場合、すべての項目のデータが項目名を含めて抽出されます。

46

8 データの検索

「Findメソッド」を使うと、指定したセル範囲から条件に合うセルを検索できます。
同じ条件で次を検索するには、Findメソッドに続けて「**FindNextメソッド**」を使います。
FindNextメソッドを繰り返し使うと、データを次々と検索できます。

■Findメソッド

セル範囲からデータを検索します。検索して最初に見つかったセル（Rangeオブジェクト）を返します。条件に合うセルが見つからなかった場合はNothingを返します。

構　文	Rangeオブジェクト.Find(What[, LookIn][, LookAt][, MatchByte])

引数	内容	省略
What	検索する文字列を指定	省略できない
LookIn	数式を検索対象にするには定数xlFormulasを、値を検索対象にするには定数xlValuesを、コメントを検索対象にするには定数xlCommentsを指定	省略できる ※省略した場合は定数xlFormulasまたは前回指定した内容で検索されます。
LookAt	完全に一致するセルを検索するには定数xlWholeを、一部が一致するセルを検索するには定数xlPartを指定	省略できる ※省略した場合は定数xlPartまたは前回指定した内容で検索されます。
MatchByte	半角と全角を区別する場合はTrueを、半角と全角を区別しない場合はFalseを指定	省略できる ※省略した場合はFalseまたは前回指定した内容で検索されます。

■FindNextメソッド

前回と同じ条件で次のデータを検索します。引数Afterに指定したセルの次から検索を開始するため、引数Afterには、前回の検索で見つかったセルを指定します。条件に合うセルが見つからなかった場合はNothingを返します。

構　文	Rangeオブジェクト.FindNext(After)

セル番地を取得するには「**Addressプロパティ**」を使います。Addressプロパティは値の設定ができない取得専用のプロパティです。

■Addressプロパティ

セル番地を取得します。引数RowAbsolute、引数ColumnAbsoluteにTrueを指定すると絶対参照、Falseを指定すると相対参照で返されます。

構　文	Rangeオブジェクト.Address(RowAbsolute,ColumnAbsolute)

※引数RowAbsolute、引数ColumnAbsoluteを省略するとTrueが指定されます。

FindメソッドとFindNextメソッドを利用し、特定の文字列を含むセルを検索し、背景色を
ピンク（vbMagenta）に設定するプロシージャを作成して、動作を確認しましょう。
※VBEに切り替えておきましょう。

■「データ検索」プロシージャ

```
 1. Sub データ検索()
 2.     Dim Myrange As Range
 3.     Dim Hakken As Range
 4.     Dim Banti As String
 5.     Set Myrange = Range("B3").CurrentRegion
 6.     Myrange.Offset(1).Interior.ColorIndex = xlNone
 7.     Set Hakken = Myrange.Find(What:=Range("J16").Value, LookIn:=xlValues, _
 8.                             LookAt:=xlPart, MatchByte:=False)
 9.     If Not Hakken Is Nothing Then
10.         Banti = Hakken.Address
11.         Do
12.             Hakken.Interior.Color = vbMagenta
13.             Set Hakken = Myrange.FindNext(Hakken)
14.         Loop Until Hakken.Address = Banti
15.     End If
16.     Set Myrange = Nothing
17.     Set Hakken = Nothing
18. End Sub
```

※7行目や13行目の引数を囲んでいる()は戻り値を取得する場合に記述します。
※7行目はコードが長いので、行継続文字「 _（半角スペース＋半角アンダースコア）」を使って行を複数に分割
　しています。行継続文字を使わずに1行で記述してもかまいません。

■プロシージャの意味

1. 「データ検索」プロシージャ開始
2. 　Range型のオブジェクト変数Myrangeを使用することを宣言
3. 　Range型のオブジェクト変数Hakkenを使用することを宣言
4. 　文字列型の変数Bantiを使用することを宣言
5. 　オブジェクト変数Myrangeにセル【B3】を含む連続するセル範囲への参照を代入
6. 　オブジェクト変数Myrangeの1行下のセル範囲の塗りつぶしをなしにする（セル範囲の初期化）
7. 　オブジェクト変数Hakkenに、オブジェクト変数Myrange内で検索を実行して最初に見つかった
　　　セルへの参照を代入（検索文字列はセル【J16】、検索対象は値、
8. 　　　　　　　　　　　　　一部が一致するセルを検索、半角・全角は区別しない）
9. 　オブジェクト変数HakkenがNothingでない場合（条件に合うセルが見つかった場合）は
10. 　　　変数Bantiにオブジェクト変数Hakkenのセル番地を代入
11. 　　　次の行以降の処理を繰り返す
12. 　　　　　オブジェクト変数Hakkenの背景色をピンクに設定
13. 　　　　　オブジェクト変数Myrange内で前回と同じ検索を実行し、見つかったセルをオ
　　　　　ブジェクト変数Hakkenに代入（オブジェクト変数Hakkenの次から検索を実行）
14. 　　　　　オブジェクト変数Hakkenのセル番地が変数Bantiと一致するまで処理を繰り返す
15. 　　　Ifステートメント終了
16. 　　　オブジェクト変数Myrangeを初期化
17. 　　　オブジェクト変数Hakkenを初期化
18. 　プロシージャ終了

👆POINT　検索の終了

FindNextメソッドが検索対象とするセルは、最後まで検索したあと最初のセルに戻ります。同じセル範
囲を重複して検索しないようにするには、最初に見つかったセルのセル番地を変数に代入しておき、
次のセルが見つかるたびにそのセル番地と変数の値を比較し、一致した時点で検索が終了するように
します。

① 「データ検索」プロシージャを入力します。
※コンパイルし、上書き保存しておきましょう。
プロシージャの動作を確認します。
② Excelに切り替えます。
③ 検索する文字列としてセル【J16】に「東京」と入力します。
④ 「データ検索」ボタンをクリックします。
※作成したプロシージャを実行するように、あらかじめ登録されています。
「東京」を含むセルの背景色がピンクに塗りつぶされます。

POINT　Is演算子

オブジェクト変数を比較するには、「Is演算子」を使います。実習では、条件に合うセルが見つかったかどうかを判断するために、Is演算子を用いて「Not Hakken Is Nothing」といった条件を使用します。セルが見つかった場合はTrueを、見つからなかった場合はFlaseを返します。

POINT　データの置換

文字列を別の文字列に置換するには、「Replaceメソッド」を使います。

■Replaceメソッド

データを置換します。

| 構文 | Rangeオブジェクト.Replace(What, Replacement [, LookAt][, MatchByte]) |

引数	内容	省略
What	検索する文字列を指定	省略できない
Replacement	置換後の文字列を指定	省略できない
LookAt	完全に一致するセルを検索するには定数xlWholeを、一部が一致するセルを検索するには定数xlPartを指定	省略できる ※省略した場合は定数xlPartまたは前回指定した内容で検索されます。
MatchByte	半角と全角を区別する場合はTrueを、半角と全角を区別しない場合はFalseを指定	省略できる ※省略した場合はFalseまたは前回指定した内容で検索されます。

例：セル範囲【A1:C10】の「Excel」を「エクセル」に置換する（文字列の一部が一致するセルを検索、半角と全角を区別しない）

```
Range("A1:C10").Replace What:="Excel", Replacement:="エクセル", _
                        LookAt:=xlPart, MatchByte:=False
```

Step2 ワークシートを操作する

1 ワークシートの追加

Worksheetsコレクションに対して**「Addメソッド」**を使うと、新しいワークシートを追加できます。

> **■Addメソッド**
>
> ワークシートを追加します。
>
> | 構　文 | Worksheetsコレクション.Add([Before][, After][, Count]) |
> |---|---|
>
> | 引数 | 内容 | 省略 |
> |---|---|---|
> | Before | ワークシートを追加する位置をWorksheetオブジェクトで指定
指定したワークシートの直前にワークシートが追加される | 省略できる
※省略した場合はアクティブシートの直前に追加されます。 |
> | After | ワークシートを追加する位置をWorksheetオブジェクトで指定
指定したワークシートの直後にワークシートが追加される | 省略できる
※省略した場合はアクティブシートの直前に追加されます。 |
> | Count | 追加するワークシートの数を指定 | 省略できる
※省略した場合は1枚追加されます。 |
>
> ※追加する位置は、引数Beforeか引数Afterのどちらかで指定します。両方を指定することはできません。
>
> 例：ワークシートを先頭（1番目のワークシートの前）に1枚追加する
>
> Worksheets.Add Before:=Worksheets(1)

Addメソッドを利用し、ワークシート**「ワークシートの操作」**の直後にワークシートを3枚追加するプロシージャを作成して、動作を確認しましょう。
※VBEに切り替えておきましょう。

> **■「ワークシート追加」プロシージャ**
>
> 1. Sub ワークシート追加()
> 2. 　　Worksheets.Add After:=Worksheets("ワークシートの操作"), Count:=3
> 3. End Sub

> **■プロシージャの意味**
>
> 1.「ワークシート追加」プロシージャ開始
> 2. 　　ワークシート「ワークシートの操作」の直後（右）に3枚のワークシートを追加
> 3. プロシージャ終了

50

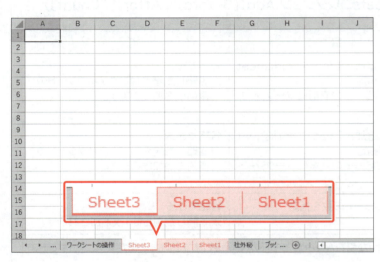

①新しい標準モジュール「**Module2**」を作成します。
②**「ワークシート追加」**プロシージャを入力します。
※コンパイルし、上書き保存しておきましょう。

プロシージャの動作を確認します。
③Excelに切り替えます。
④ワークシート**「ワークシートの操作」**を選択します。
⑤**「ワークシート追加」**ボタンをクリックします。
※作成したプロシージャを実行するように、あらかじめ登録されています。

ワークシート**「ワークシートの操作」**の後ろに新しいワークシートが3枚追加されます。
※次の操作のために、追加した3枚のワークシートを削除し、ワークシート「ワークシートの操作」を選択しておきましょう。

🚩 STEP UP　Addメソッド

Addメソッドは、指定したコレクションに新たなオブジェクトを追加するメソッドです。例えば、Worksheetsコレクション（すべてのワークシート）に対してAddメソッドを実行すると、Worksheetオブジェクト（ワークシート）が追加されます。また、対象となるコレクションによって、Addメソッドに指定できる引数が異なります。

🚩 STEP UP　選択されるワークシート

Addメソッドを使ってワークシートを追加すると、追加したワークシートが選択されます。複数のワークシートを一度に追加した場合、追加したワークシートの一番左のワークシートがアクティブになります。

2 ワークシートのコピー・移動

ワークシートをコピーするには「Copyメソッド」を、ワークシートを移動するには「Moveメソッド」を使います。CopyメソッドとMoveメソッドは同じ引数を持ち、それぞれコピー先や移動先を指定できます。

■Copyメソッド

ワークシートをコピーします。

構 文	Worksheetオブジェクト.Copy([Before][, After])

引数	内容	省略
Before	ワークシートをコピーする位置をWorksheetオブジェクトで指定 指定したワークシートの直前にワークシートがコピーされる	省略できる ※省略した場合は新しいブックが自動的に作成され、そのブックにワークシートがコピーされます。
After	ワークシートをコピーする位置をWorksheetオブジェクトで指定 指定したワークシートの直後にワークシートがコピーされる	省略できる ※省略した場合は新しいブックが自動的に作成され、そのブックにワークシートがコピーされます。

※コピーする位置は、引数Beforeか引数Afterのどちらかで指定します。両方を指定することはできません。

例：ワークシート「売上表」を先頭（1番目のワークシートの直前）にコピーする

```
Worksheets("売上表").Copy Before:=Worksheets(1)
```

■Moveメソッド

ワークシートを移動します。

構 文	Worksheetオブジェクト.Move([Before][, After])

引数	内容	省略
Before	ワークシートを移動する位置をWorksheetオブジェクトで指定 指定したワークシートの直前にワークシートが移動される	省略できる ※省略した場合は新しいブックが自動的に作成され、そのブックにワークシートが移動されます。
After	ワークシートを移動する位置をWorksheetオブジェクトで指定 指定したワークシートの直後にワークシートが移動される	省略できる ※省略した場合は新しいブックが自動的に作成され、そのブックにワークシートが移動されます。

※移動する位置は、引数Beforeか引数Afterのどちらかで指定します。両方を指定することはできません。

例：ワークシート「売上表」を2番目（1番目のワークシートの直後）に移動する

```
Worksheets("売上表").Move After:=Worksheets(1)
```

ワークシートの名前を設定・取得するには、「Nameプロパティ」を使います。

■Nameプロパティ

ワークシートの名前を設定・取得します。

構文	Worksheetオブジェクト.Name

例：アクティブシートの名前を「4月」に変更する

```
ActiveSheet.Name = "4月"
```

Copyメソッドを利用し、ワークシート「**社外秘**」をアクティブシートの直前にコピーしたあと名前を変更するプロシージャを作成して、動作を確認しましょう。

※VBEに切り替えておきましょう。

■「ワークシートコピー」プロシージャ

1. Sub ワークシートコピー()
2. 　　Worksheets("社外秘").Copy Before:=ActiveSheet
3. 　　ActiveSheet.Name = "社員名簿"
4. End Sub

■プロシージャの意味

1. 「ワークシートコピー」プロシージャ開始
2. 　　ワークシート「社外秘」をアクティブシートの直前(左)にコピー
3. 　　アクティブシート(ワークシート「社外秘」のコピー)の名前を「社員名簿」に変更
4. プロシージャ終了

①「**ワークシートコピー**」プロシージャを入力します。
※コンパイルし、上書き保存しておきましょう。
プロシージャの動作を確認します。
②Excelに切り替えます。
③「**ワークシートコピー**」ボタンをクリックします。
※作成したプロシージャを実行するように、あらかじめ登録されています。
ワークシート「**社外秘**」がアクティブシート(ワークシート「**ワークシートの操作**」)の前にコピーされ、ワークシートの名前が「**社員名簿**」になります。
※次の操作のために、ワークシート「ワークシートの操作」を選択しておきましょう。

 コピー・移動後にアクティブになるワークシート

Copyメソッド・Moveメソッドを使うと、コピー・移動したワークシートがアクティブになります。

 コピーしたワークシートの名前

コピーしたワークシートの名前は「元の名前(連番)」のようになります。例えば、ワークシート「売上表」をコピーするとコピー後の名前は「売上表(2)」となり、ワークシート「売上表(2)」が存在する場合は「売上表(3)」となります。

3 ワークシートの保護

Worksheetオブジェクトに対して「**Protectメソッド**」を使うと、ワークシートを保護できます。ワークシートを保護すると、セルに設定した数式などが誤って削除されるのを防ぎます。Protectメソッドの引数にパスワードを設定すると、ワークシート保護を解除する際にパスワードの入力が求められます。

■Protectメソッド

ワークシートを保護します。

構文	Worksheetオブジェクト.Protect([Password])

引数Passwordには、ワークシートを保護する際のパスワードを設定します。引数Passwordは省略できます。引数Passwordに指定するパスワードは、大文字・小文字を区別します。

Protectメソッドを利用し、パスワード付きでアクティブシートを保護するプロシージャを作成して、動作を確認しましょう。パスワードは「**Abc**」とします。

※VBEに切り替えておきましょう。

■「ワークシート保護」プロシージャ

```
1. Sub ワークシート保護()
2.      ActiveSheet.Protect "Abc"
3. End Sub
```

■プロシージャの意味

```
1.「ワークシート保護」プロシージャ開始
2.      パスワードに「Abc」を設定してアクティブシートを保護
3. プロシージャ終了
```

① 「**ワークシート保護**」プロシージャを入力します。

※コンパイルし、上書き保存しておきましょう。

プロシージャの動作を確認します。

② Excelに切り替えます。

③ 「**ワークシート保護**」ボタンをクリックします。

※作成したプロシージャを実行するように、あらかじめ登録されています。

ワークシートが保護されたことを確認します。

④ 任意のセルをダブルクリックします。

警告のメッセージが表示されます。

※お使いの環境によっては、メッセージ内容が異なる場合があります。

⑤ 《**OK**》をクリックします。

54

POINT　ワークシートの保護の解除

ワークシートの保護を解除するには「Unprotectメソッド」を使います。パスワードの設定されたワークシート保護を解除するには、Unprotectメソッドの引数に解除のためのパスワードを指定します。

■Unprotectメソッド

ワークシートの保護を解除します。

構　文	Worksheetオブジェクト.Unprotect([Password])

引数Passwordには、ワークシートの保護を解除する際のパスワードを指定します。
※Unprotectメソッドに指定したパスワードがProtectメソッドに指定したパスワードと異なると、ワークシートの保護を解除できなくなります。

STEP UP　ブックの保護

Workbookオブジェクトに対してProtectメソッドを使うと、ブックを保護できます。ブックを保護すると、ワークシートの追加・削除など、シート構成を変更できなくなります。また、Unprotectメソッドを使うと、ブックの保護を解除できます。ワークシートの保護と同じようにパスワードを指定することもできます。

STEP UP　ワークシートの表示・非表示

ワークシートを非表示にすることで、ワークシートの内容を保護する方法もあります。ワークシートの表示・非表示を設定するには、「Visibleプロパティ」を使います。

■Visibleプロパティ

ワークシートの表示・非表示の状態を設定・取得します。

構　文	Worksheetオブジェクト.Visible

●Visibleプロパティに指定できる定数

定数	内容
xlSheetVisible（またはTrue）	ワークシートを表示する
xlSheetHidden（またはFalse）	ワークシートを非表示にする
xlSheetVeryHidden	ワークシートを非表示にする

定数xlSheetVeryHiddenを設定すると、ワークシートのシート見出しを右クリック→《再表示》から再表示できなくなります。定数xlSheetVeryHiddenを設定したワークシートを表示させるには、定数xlSheetVisibleを設定します。

例：ワークシート「社外秘」を非表示にする

```
Worksheets("社外秘").Visible = xlSheetHidden
```

4 印刷範囲の設定

ワークシートの印刷範囲を設定するには、PageSetupオブジェクトの「**PrintAreaプロパティ**」を使います。通常は値が入力されたセル範囲すべてが印刷されますが、印刷範囲を設定するとそのセル範囲だけを印刷できます。
PageSetupオブジェクトはページ設定を表すオブジェクトで、用紙サイズや印刷の向きなどすべてのページ設定に関するプロパティを設定できます。

■PrintAreaプロパティ

ページ設定の印刷範囲を設定・取得します。印刷する範囲はセル番地で指定します。

構 文	Worksheetオブジェクト.PageSetupオブジェクト.PrintArea

例：アクティブシートの印刷範囲をセル範囲【B3：G20】に設定する

```
ActiveSheet.PageSetup.PrintArea = "B3:G20"
```

ページ設定の行タイトルを設定するには、PageSetupオブジェクトの「**PrintTitleRowsプロパティ**」を使います。行タイトルを設定すると、すべての印刷ページに指定した行が印刷されます。複数のページにまたがる住所録などを印刷する場合でも、すべてのページに項目名が印刷されるので便利です。

■PrintTitleRowsプロパティ

ページ設定の行タイトルを設定・取得します。行タイトルはセル番地で指定します。

構 文	Worksheetオブジェクト.PageSetupオブジェクト. PrintTitleRows

例：アクティブシートの行タイトルを行3〜行5に設定する

```
ActiveSheet.PageSetup.PrintTitleRows = Rows("3:5").Address
```

PrintAreaプロパティとPrintTitleRowsプロパティを利用し、社員名簿のセル範囲を印刷範囲とし、1行目から3行目を行タイトルに設定するプロシージャを作成して、動作を確認しましょう。

※VBEに切り替えておきましょう。

■「印刷範囲設定」プロシージャ

1. Sub 印刷範囲設定()
2. 　　With ActiveSheet.PageSetup
3. 　　　　.PrintArea = Range("B1").CurrentRegion.Address
4. 　　　　.PrintTitleRows = Rows("1:3").Address
5. 　　End With
6. End Sub

■プロシージャの意味

1. 「印刷範囲設定」プロシージャ開始
2. 　　アクティブシートのページ設定を以下のように指定
3. 　　　　印刷範囲に、セル【B1】を含む連続する範囲のセル番地を設定
4. 　　　　行タイトルに、行1～行3を設定
5. 　　Withステートメント終了
6. プロシージャ終了

① 「印刷範囲設定」プロシージャを入力します。
※コンパイルし、上書き保存しておきましょう。
プロシージャの動作を確認します。
② Excelに切り替えます。
③ ワークシート「社外秘」を選択します。
④ 「印刷範囲設定」ボタンをクリックします。
※作成したプロシージャを実行するように、あらかじめ登録されています。

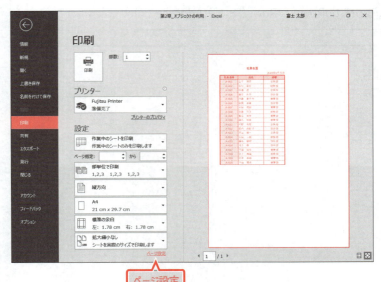

印刷範囲が設定されたことを確認します。
⑤《ファイル》タブを選択します。
⑥《印刷》をクリックします。
印刷イメージが表示されます。
⑦《ページ設定》をクリックします。
※表示されていない場合はスクロールして調整します。

⑧《シート》タブを選択します。

⑨《印刷範囲》と《タイトル行》が設定されていることを確認します。

※《ページ設定》ダイアログボックスを閉じておきましょう。

※結果を確認後、次の操作のために ⬅ をクリックしておきましょう。

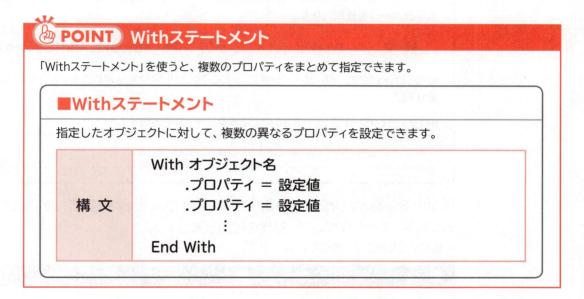

POINT Withステートメント

「Withステートメント」を使うと、複数のプロパティをまとめて指定できます。

■Withステートメント

指定したオブジェクトに対して、複数の異なるプロパティを設定できます。

| 構 文 | With オブジェクト名
　.プロパティ ＝ 設定値
　.プロパティ ＝ 設定値
　　　　　⋮
End With |

STEP UP 印刷範囲の解除

PrintAreaプロパティに空文字(「"")を指定すると、印刷範囲が解除されます。同じように、PrintTitleRowsプロパティに空文字(「"")を指定すると、行タイトルが解除されます。

58

5 改ページの追加

改ページには、横方向にページを分割する水平改ページと、縦方向にページを分割する垂直改ページがあります。

ワークシート内のすべての水平改ページは、「**HPageBreaksコレクション**」で表されます。HPageBreaksコレクションは「**HPageBreaksプロパティ**」で取得できます。HPageBreaksコレクションに対してAddメソッドを使うと、水平改ページを追加できます。Addメソッドの引数で、水平改ページを追加する場所を指定します。

■HPageBreaksプロパティ

ワークシートのすべての水平改ページ（HPageBreaksコレクション）を取得します。

構 文	Worksheetオブジェクト.HPageBreaks

■Addメソッド

水平改ページを追加します。

構 文	Worksheetオブジェクト.HPageBreaks.Add(Before)

引数Beforeには、水平改ページを追加する下のセル範囲を指定します。引数Beforeは省略できません。

例：アクティブシートのセル【B10】の上に水平改ページを追加する

```
ActiveSheet.HPageBreaks.Add Before:=Range("B10")
```

HPageBreaksプロパティとAddメソッドを利用し、社員名簿に5行ずつ改ページを追加するプロシージャを作成して、動作を確認しましょう。

※VBEに切り替えておきましょう。

■「改ページ追加」プロシージャ

```
1.Sub 改ページ追加()
2.    Range("B4").Select
3.    ActiveCell.Offset(5).Select
4.    Do While ActiveCell.Value <> ""
5.        ActiveSheet.HPageBreaks.Add Before:=ActiveCell
6.        ActiveCell.Offset(5).Select
7.    Loop
8.End Sub
```

■プロシージャの意味

```
1.「改ページ追加」プロシージャ開始
2.    セル【B4】を選択
3.    アクティブセルの5行下のセルを選択
4.    アクティブセルの値が空文字（「""」）でない間は処理を繰り返す
5.        アクティブセルの直前(上)に水平改ページを追加
6.        アクティブセルの5行下のセルを選択
7.    4行目に戻る
8.プロシージャ終了
```

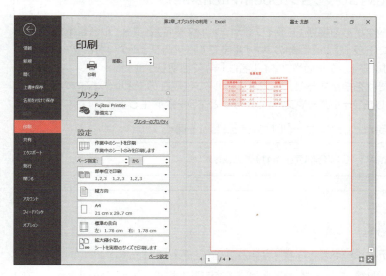

①「改ページ追加」プロシージャを入力します。
※コンパイルし、上書き保存しておきましょう。
プロシージャの動作を確認します。
②Excelに切り替えます。
③「改ページ追加」ボタンをクリックします。
※作成したプロシージャを実行するように、あらかじめ登録されています。

改ページが追加されたことを確認します。
④《ファイル》タブを選択します。
⑤《印刷》をクリックします。
印刷イメージが表示されます。
※ ▶ （次のページ）をクリックして、社員5名ごとに、水平改ページが追加されていることを確認します。
※ ▶ （次のページ）をクリックして、印刷範囲の設定で実習した行タイトルが表示されていることを確認しましょう。
※結果を確認後、次の操作のために ← をクリックしておきましょう。

POINT 改ページの解除

ワークシート上のすべての改ページを解除するには、「ResetAllPageBreaksメソッド」を使います。水平・垂直改ページがすべて解除されます。

■ResetAllPageBreaksメソッド

ワークシート上のすべての水平・垂直改ページを解除します。

構文	Worksheetオブジェクト.ResetAllPageBreaks

STEP UP 垂直改ページの設定

垂直改ページを設定するには、「VPageBreaksプロパティ」を使います。

■VPageBreaksプロパティ

ワークシートのすべての垂直改ページ（VPageBreaksコレクション）を取得します。

構文	Worksheetオブジェクト.VPageBreaks

60

Step3 ブックを操作する

第2章 オブジェクトの利用

1 ブックを開く

Workbooksコレクションに対して「**Openメソッド**」を使うと、既存のブックを開くことができます。Openメソッドの引数に、開くブックの場所（ドライブ名やフォルダー名）とファイル名を指定します。

■Openメソッド

ブックを開きます。

構 文	Workbooksコレクション.Open(Filename)

引数Filenameには、開くブックがある場所（ドライブ名やフォルダー名）とファイル名を絶対パスで指定します。絶対パスとは、ドライブから目的のファイルまですべてのフォルダー名とファイル名を階層順に指定する方法です。フォルダー名やファイル名は「¥」で区切ります。
引数Filenameにファイル名だけを指定すると、カレントフォルダー（現在のフォルダー）内のファイルが開かれます。また、指定したフォルダーやファイルがないとエラーが発生します。

例：Cドライブのフォルダー「年間売上」から、ファイル「4月売上.xlsx」を開く

```
Workbooks.Open Filename:="C:¥年間売上¥4月売上.xlsx"
```

1 指定のブックを開く

「**ThisWorkbookプロパティ**」を使うと、実行中のプロシージャが記述されているブック（Workbookオブジェクト）を取得できます。例えばこの実習の場合、ThisWorkbookプロパティはブック「**第2章_オブジェクトの利用**」を返します。
また、「**Pathプロパティ**」を使うと、指定したブックが保存されているフォルダーの絶対パスを取得できます。

■ThisWorkbookプロパティ

実行中のプロシージャが記述されているブックを取得します。

構 文	ThisWorkbook

■Pathプロパティ

ブックが保存されているフォルダーの絶対パスを取得します。

構 文	Workbookオブジェクト.Path

例：実行中のプロシージャが記述されたブックが保存されているフォルダーの絶対パスを取得する

```
ThisWorkbook.Path
```

Openメソッドを利用し、ブック**「第2章_オブジェクトの利用」**と同じフォルダー内にあるブック**「売上リスト.xlsx」**を開くプロシージャを作成して、動作を確認しましょう。

※VBEに切り替えておきましょう。

■「ブックを開く」プロシージャ

```
1. Sub ブックを開く()
2.     Workbooks.Open Filename:=ThisWorkbook.Path & "¥売上リスト.xlsx"
3. End Sub
```

■プロシージャの意味

1. 「ブックを開く」プロシージャ開始
2. 実行中のプロシージャが記述されたブックと同じフォルダー内のブック「売上リスト.xlsx」を開く
3. プロシージャ終了

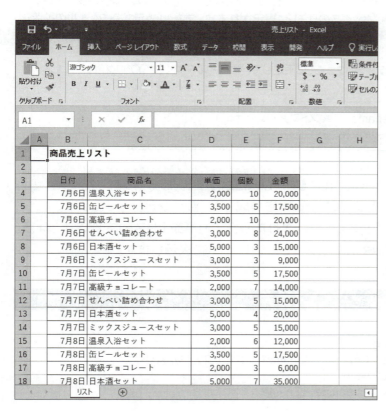

①新しい標準モジュール**「Module3」**を作成します。

②**「ブックを開く」**プロシージャを入力します。
※コンパイルし、上書き保存しておきましょう。
プロシージャの動作を確認します。

③Excelに切り替えます。

④ワークシート**「ブックの操作」**を選択します。

⑤**「ブックを開く」**ボタンをクリックします。
※作成したプロシージャを実行するように、あらかじめ登録されています。
ブック**「売上リスト」**が開きます。
※次の操作のために、ブック「売上リスト」を閉じておきましょう。

👉 POINT ThisWorkbook.Path

Pathプロパティでは、ブックが保存されているフォルダーまでの絶対パスを取得します。フォルダーの中のブックを指定するには、ブック名の先頭に「¥」が必要です。

ThisWorkbook.Path & "¥売上リスト.xlsx"

¥が必要
C:¥(ユーザー名)¥Documents¥Excel2019／2016／2013VBAプログラミング実践

62

2 選択したファイルの絶対パスの取得

「GetOpenFilenameメソッド」を使うと、《ファイルを開く》ダイアログボックスを表示して、選択したファイルの絶対パスを取得できます。《ファイルを開く》ダイアログボックスの操作がキャンセルされるとFalseを返します。

■GetOpenFilenameメソッド

《ファイルを開く》ダイアログボックスを表示して、選択したファイルの絶対パスを取得します。このメソッドは、Applicationオブジェクトに対して使用します。

構　文	Applicationオブジェクト.GetOpenFilename([FileFilter])

引数FileFilterで、《ファイルを開く》ダイアログボックスに表示するファイルの種類を指定できます。ファイルの種類は「ファイルの種類を表す任意の文字列」と「表示するファイルの拡張子」を「,」で区切って指定します。「ファイルの種類を表す任意の文字列」は、《ファイルを開く》ダイアログボックス内の《ファイルの種類》ボックスのリストに表示されます。また、「表示するファイルの拡張子」はワイルドカードを使って指定します。省略した場合は、すべてのファイルが表示されます。

例：表示するファイルの種類をテキストファイルに限定して、《ファイルを開く》ダイアログボックスを表示する

Application.GetOpenFilename("テキストファイル,*.txt")

GetOpenFilenameメソッドを利用し、《ファイルを開く》ダイアログボックス（ファイルの種類「エクセルファイル」）を表示するプロシージャを作成して、動作を確認しましょう。
《ファイルを開く》ダイアログボックスが表示されたら、ブック「売上リスト」を開きましょう。
その後、選択したファイルの絶対パスをメッセージボックスに表示します。
※VBEに切り替えておきましょう。

■「ファイル指定」プロシージャ

```
1. Sub ファイル指定()
2.     Dim Fname As String
3.     Fname = Application.GetOpenFilename("エクセルファイル,*.xlsx")
4.     If Fname <> "False" Then
5.         Workbooks.Open Filename:=Fname
6.     End If
7.     MsgBox Fname
8. End Sub
```

■プロシージャの意味

1. 「ファイル指定」プロシージャ開始
2. 　　文字列型の変数Fnameを使用することを宣言
3. 　　表示するファイルの種類をエクセルファイルに限定して、《ファイルを開く》ダイアログボックスを表示する絶対パスを変数Fnameに代入
4. 　　変数FnameがFalseでない場合（ファイルが選択されている場合）は
5. 　　　　変数Fnameに代入されたブックを開く
6. 　　Ifステートメント終了
7. 　　変数Fnameの内容をメッセージに表示
8. プロシージャ終了

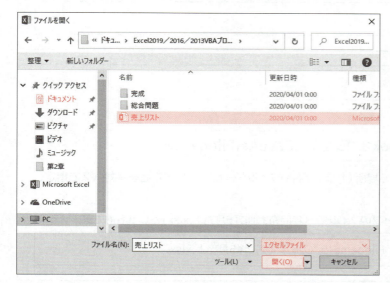

① 「ファイル指定」プロシージャを入力します。
※コンパイルし、上書き保存しておきましょう。
プロシージャの動作を確認します。
② Excelに切り替えます。
③ 「ファイル指定」ボタンをクリックします。
※作成したプロシージャを実行するように、あらかじめ登録されています。

《ファイルを開く》ダイアログボックスが表示され、ファイルの種類が「エクセルファイル」になっていることを確認します。
ブック「売上リスト」を開きます。
④ 左側の一覧から《ドキュメント》を選択します。
⑤ 右側の一覧から《Excel2019／2016／2013VBAプログラミング実践》を選択します。
⑥ 《開く》をクリックします。
⑦ 一覧から「売上リスト」を選択します。
⑧ 《開く》をクリックします。

ブック「売上リスト」が開きます。
メッセージボックスにブック「売上リスト」の絶対パスが表示されます。
⑨ 《OK》をクリックします。
※次の操作のために、ブック「第2章_オブジェクトの利用」に切り替えておきましょう。ブック「売上リスト」は開いたままにしておきましょう。

POINT 文字列型の変数の比較

条件に文字列型の変数を使うときは、文字列同士で比較する必要があります。変数Fnameは文字列型の変数なので、Falseを「"」で囲んで比較しています。条件に使用する文字列は、大文字と小文字が区別されます。

2 ブックの保存

ブックを保存する方法には、「**上書き保存**」と「**名前を付けて保存**」の2種類があります。ブックを上書き保存するには「**Saveメソッド**」を、名前を付けて保存するには「**SaveAsメソッド**」を使います。

■Saveメソッド

ブックを上書き保存します。

構 文	Workbookオブジェクト.Save

例：実行中のプロシージャが記述されたブックを上書き保存する

```
ThisWorkbook.Save
```

■SaveAsメソッド

ブックを別名で保存します。

構 文	Workbookオブジェクト.SaveAs(Filename)

引数Filenameには、保存する場所（ドライブ名やフォルダー名）とファイル名を絶対パスで指定します。

例：アクティブブックを、Cドライブのフォルダー「年間売上」に「5月売上.xlsx」という名前で保存する

```
ActiveWorkbook.SaveAs Filename:="C:¥年間売上¥5月売上.xlsx"
```

SaveAsメソッドを利用し、新しく作成したブックに「**新規.xlsx**」という名前を付けて、現在のフォルダーに保存するプロシージャを作成し、動作を確認しましょう。
※VBEに切り替えておきましょう。

■「別名で保存」プロシージャ

```
1. Sub 別名で保存()
2.      Workbooks.Add
3.      ActiveWorkbook.SaveAs Filename:=ThisWorkbook.Path & "¥新規.xlsx"
4. End Sub
```

■プロシージャの意味

1. 「別名で保存」プロシージャ開始
2. 　　　新しいブックを追加
3. 　　　アクティブブックを、実行中のプロシージャが記述されたブックと同じフォルダー内に「新規.xlsx」
　　　という名前で保存
4. プロシージャ終了

POINT ブックの新規作成

Workbooksコレクションに対してAddメソッドを使うと、新しいブックを追加できます。ブックを追加すると、新しいブックがアクティブになります。

■Addメソッド

ブックを追加します。

構文	Workbooksコレクション.Add

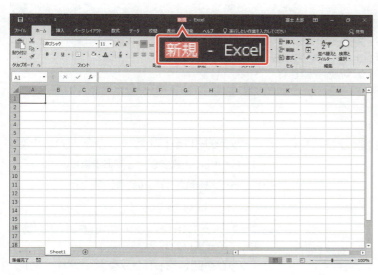

①「別名で保存」プロシージャを入力します。
※コンパイルし、上書き保存しておきましょう。
プロシージャの動作を確認します。
②Excelに切り替えます。
③「別名で保存」ボタンをクリックします。
※作成したプロシージャを実行するように、あらかじめ登録されています。

新しいブックが追加され、「新規」という名前で保存されます。
※ブック「新規」がフォルダー「Excel2019／2016／2013VBAプログラミング実践」に保存されていることを確認しましょう。
※次の操作のために、ブック「第2章_オブジェクトの利用」に切り替えておきましょう。ブック「新規」は開いたままにしておきましょう。

3 ブックを閉じる

Workbookオブジェクトに対して「Closeメソッド」を使うと、指定したブックを閉じることができます。Closeメソッドの引数を使って、ブックを閉じる際に保存するかどうかを指定できます。

■Closeメソッド

ブックを閉じます。

構文	Workbookオブジェクト.Close([SaveChanges])

引数SaveChangesには、ブックを閉じる際に保存するかどうかを指定します。引数SaveChangesにTrueを指定するとブックを保存して閉じ、Falseを指定するとブックを保存せずに閉じます。

※ブックが保存されていない状態で引数SaveChangesを省略すると、ブックを保存するかどうかのメッセージボックスが表示されます。

Closeメソッドを利用し、ブック「**売上リスト.xlsx**」とブック「**新規.xlsx**」を閉じるプロシージャを作成して、動作を確認しましょう。
ブック「**売上リスト**」は変更を保存し、ブック「**新規**」は変更を保存せずに閉じます。
※VBEに切り替えておきましょう。

■「ブックを閉じる」プロシージャ

1. Sub ブックを閉じる()
2. 　　Workbooks("売上リスト.xlsx").Close SaveChanges:=True
3. 　　Workbooks("新規.xlsx").Close SaveChanges:=False
4. End Sub

■プロシージャの意味

1. 「ブックを閉じる」プロシージャ開始
2. 　　変更を保存してブック「売上リスト」を閉じる
3. 　　変更を保存しないでブック「新規」を閉じる
4. プロシージャ終了

①「**ブックを閉じる**」プロシージャを入力します。
※コンパイルし、上書き保存しておきましょう。
プロシージャの動作を確認します。
②Excelに切り替えます。
※ブック「売上リスト」とブック「新規」をあらかじめ変更しておきましょう。
③「**ブックを閉じる**」ボタンをクリックします。
※作成したプロシージャを実行するように、あらかじめ登録されています。
ブック「**売上リスト**」とブック「**新規**」が閉じます。
※ブック「売上リスト」は変更が保存され、ブック「新規」は変更が保存されていないことを確認しておきましょう。
※ブックを上書き保存し、閉じておきましょう。

STEP UP すべてのブックを閉じる

Closeメソッドは、Workbooksコレクション（すべてのブック）に対しても使うことができます。この場合、開いているすべてのブックを閉じることができます。また、Workbooksコレクションでは引数SaveChangesは指定できないので、それぞれのブックに対して保存するかどうかのメッセージボックスが表示されます。

■**Closeメソッド**

すべてのブックを閉じます。

| 構文 | Workbooksコレクション.Close |

第**3**章

関数の利用

Step1	関数の基本を確認する	69
Step2	文字列操作関数を利用する	70
Step3	日付関数を利用する	76
Step4	その他の関数を利用する	81
Step5	ワークシート関数を利用する	85
練習問題		87

Step 1 関数の基本を確認する

第3章 関数の利用

1 関数

「関数」とは、特定の処理をするために用意された命令です。関数を使うと、文字列から空白を取り除いて表示したり、日付や時刻を求めたりできます。VBAには、多くの関数が用意されています。

2 関数の種類

VBAにあらかじめ用意されている関数を「**VBA関数**」といいます。VBA関数は、プロシージャ内に関数名を記述して使います。関数をネスト（入れ子）して使うこともできます。これに対し、ワークシート上で使う関数を「**ワークシート関数**」といいます。一部のワークシート関数もプロシージャ内で使えます。

また、Functionプロシージャを利用すると、「**ユーザー定義関数**」というユーザー独自の関数を作成できます。ユーザー定義関数は、プロシージャ内でもワークシート上でも使えます。

※ワークシート関数をプロシージャ内で使う方法については、P.85「Step5　ワークシート関数を利用する」で学習します。

3 関数の戻り値

関数は、引数として渡された文字列や数値などの値を演算して、その結果を「**戻り値**」として返します。戻り値は、変数などに代入して取得します。

■関数の戻り値

関数の戻り値を変数に代入します。

構　文	変数 ＝ 関数名(引数1, 引数2, …)

👆 POINT　引数を( )で囲む

関数の戻り値を取得するには、引数を( )で囲む必要があります。逆に、戻り値を取得しない場合は、引数を( )で囲む必要はありません。

●戻り値を取得する

例：メッセージボックスでクリックされたボタンの種類を変数Botanに代入する

```
Botan = MsgBox("今日はよい天気ですか？", vbYesNo)
```

●戻り値を取得しない

例：メッセージボックスを表示する

```
MsgBox "今日はよい天気です。"
```

Step2 文字列操作関数を利用する

1 文字列の検索・置換、一部を取り出す関数

指定した文字列の中から、特定の文字列を検索するには「InStr関数」を使います。InStr関数は、見つかった文字列の位置（先頭からの文字数）を返します。

指定した文字列の中の特定の文字列を、別の文字列に置換するには「Replace関数」を使います。Replace関数は、置換後の文字列を返します。

■InStr関数

特定の文字列を検索して、その位置を返します。

構 文	InStr([Start], String1, String2)

引数	内容	省略
Start	検索の開始位置を指定	省略できる ※省略した場合は先頭から検索されます。
String1	検索の対象となる文字列を指定	省略できない
String2	検索する文字列を指定	省略できない

※検索する文字列が見つからなかった場合、「0」を返します。

例：文字列「ExcelVBAプログラミング」から文字列「V」を検索し、その位置を返す

```
InStr(1,"ExcelVBAプログラミング","V")  →6
```

■Replace関数

特定の文字列を別の文字列に置換します。

構 文	Replace(Expression, Find, Replace)

引数	内容	省略
Expression	置換の対象となる文字列を指定	省略できない
Find	検索する文字列を指定	省略できない
Replace	置換後の文字列を指定	省略できない

例：文字列「Excelマクロ」内の文字列「マクロ」を文字列「VBA」に置換する

```
Replace("Excelマクロ","マクロ","VBA")  →ExcelVBA
```

70

文字列の一部を取り出すには、「**Left関数**」「**Right関数**」「**Mid関数**」を使います。Left関数は左端から、Right関数は右端から、Mid関数は任意の位置から文字列を取り出します。

■Left関数

指定した文字数分の文字列を左端から取り出します。

構　文	Left(String, Length)

引数	内容	省略
String	取り出す文字を含む文字列を指定	省略できない
Length	取り出す文字数を指定	省略できない ※0を指定すると、長さ0の文字列("")が返されます。文字列の文字数以上の文字数を指定した場合は、文字列全体が返されます。

例：文字列「ExcelVBAプログラミング」の左端から5文字を取り出す

Left("ExcelVBAプログラミング",5)　→Excel

■Right関数

指定した文字数分の文字列を右端から取り出します。

構　文	Right(String, Length)

引数	内容	省略
String	取り出す文字を含む文字列を指定	省略できない
Length	取り出す文字数を指定	省略できない ※0を指定すると、長さ0の文字列("")が返されます。文字列の文字数以上の文字数を指定した場合は、文字列全体が返されます。

例：文字列「ExcelVBAプログラミング」の右端から7文字を取り出す

Right("ExcelVBAプログラミング",7)　→プログラミング

■Mid関数

指定した文字数分の文字列を指定した位置から取り出します。

構　文	Mid(String, Start[, Length])

引数	内容	省略
String	取り出す文字を含む文字列を指定	省略できない
Start	開始位置を指定	省略できない
Length	取り出す文字数を指定	省略できる ※省略した場合は、引数Startで指定した位置から右側のすべての文字列が返されます。

例：文字列「ExcelVBAプログラミング」の6文字目から3文字を取り出す

Mid("ExcelVBAプログラミング",6,3)　→VBA

InStr関数、Left関数、Mid関数、Replace関数を利用し、次のようなプロシージャを作成して、動作を確認しましょう。

●「氏名」の全角スペースの位置を調べて、「姓」と「名」を取り出す
●「氏名」の全角スペースを「・」に置換する

InStr関数、Left関数、Mid関数を組み合わせれば、見つかった文字列の位置を利用して文字列の一部を取り出せます。

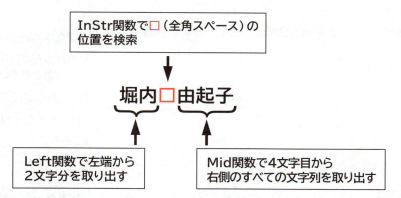

 ブック「第3章_関数の利用」を開いて、VBEに切り替えておきましょう。

■「文字列検索と置換」プロシージャ

1. Sub 文字列検索と置換()
2.   Dim Myrange As Range
3.   Dim Iti As Integer
4.   For Each Myrange In Range("C4:C13")
5.   Iti = InStr(1, Myrange.Value, "　")
6.   Myrange.Offset(, 1).Value = Left(Myrange.Value, Iti - 1)
7.   Myrange.Offset(, 2).Value = Mid(Myrange.Value, Iti + 1)
8.   Myrange.Offset(, 3).Value = Replace(Myrange.Value, "　", "・")
9.   Next Myrange
10. End Sub

※InStr関数やReplace関数は半角と全角を区別するので、プロシージャを記述する際には注意しましょう。この実習では「姓」と「名」の間は全角スペースで区切ってあるので全角スペースを指定しています。

■プロシージャの意味

1. 「文字列検索と置換」プロシージャ開始
2.   Range型のオブジェクト変数Myrangeを使用することを宣言
3.   整数型の変数Itiを使用することを宣言
4.   セル範囲【C4:C13】のすべてのセルに対して処理を繰り返す
5.   変数Itiに、セルの文字列から検索した全角スペースの位置を代入
6.   1列右のセルに、セルの文字列から変数Iti-1文字分を左端から取り出し入力
7.   2列右のセルに、セルの文字列から変数Iti+1文字目から右側のすべての文字列を取り出し入力
8.   3列右のセルに、セルの文字列から全角スペースを「・」に置換した文字列を入力
9.   オブジェクト変数Myrangeに次のセルへの参照を代入し、4行目に戻る
10. プロシージャ終了

①新しい標準モジュール「**Module1**」を作成します。
②「**文字列検索と置換**」プロシージャを入力します。
※コンパイルし、上書き保存しておきましょう。
プロシージャの動作を確認します。
③Excelに切り替えます。
④ワークシート「**住所録**」を選択します。
⑤「**文字列検索と置換**」ボタンをクリックします。
※作成したプロシージャを実行するように、あらかじめ登録されています。

姓と名が入力されます。また、氏名の全角スペースを「・」に置換した文字列が入力されます。

2　文字列を変換、スペースを削除する関数

文字列の大文字・小文字やひらがな・カタカナを変換するには「**StrConv関数**」を使います。StrConv関数は、指定した種類に変換した文字列を返します。

■StrConv関数

文字列を指定した種類に変換します。

構文	StrConv(String, Conversion)

引数	内容	省略
String	変換する文字列を指定	省略できない
Conversion	変換の種類を指定	省略できない

●引数Conversionに指定できる主な定数

定数	内容
vbUpperCase	文字列内の英字を大文字に変換
vbLowerCase	文字列内の英字を小文字に変換
vbProperCase	文字列内の各単語の先頭を大文字に変換
vbWide	文字列内の数字・英字・カタカナを全角に変換
vbNarrow	文字列内の数字・英字・カタカナを半角に変換
vbKatakana	文字列内のひらがなをカタカナに変換
vbHiragana	文字列内のカタカナをひらがなに変換

文字列の前後にある余分なスペースを削除するには、「**LTrim関数**」「**RTrim関数**」「**Trim関数**」を使います。半角スペース・全角スペースにかかわらず削除します。

■LTrim関数

文字列から先頭のスペースを削除した文字列を返します。

構　文	LTrim(String)

引数Stringには、文字列を指定します。

例：文字列「□Excel□VBA□」から先頭のスペースを削除する

```
LTrim("□Excel□VBA□")　→Excel□VBA□
```

※□はスペースを意味します。

■RTrim関数

文字列から末尾のスペースを削除した文字列を返します。

構　文	RTrim(String)

引数Stringには、文字列を指定します。

例：文字列「□Excel□VBA□」から末尾のスペースを削除する

```
RTrim("□Excel□VBA□")　→□Excel□VBA
```

■Trim関数

文字列から先頭と末尾のスペースを削除した文字列を返します。

構　文	Trim(String)

引数Stringには、文字列を指定します。

例：文字列「□Excel□VBA□」から先頭と末尾のスペースを削除する

```
Trim("□Excel□VBA□")　→Excel□VBA
```

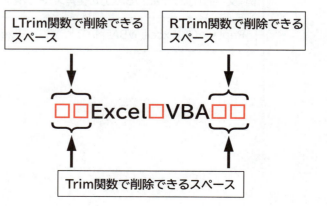

外部データをインポートした場合、データに余分なスペースが含まれていることがあります。StrConv関数とTrim関数を利用し、前後のスペースを削除した**「書籍名」**を全角に変換するプロシージャを作成して、動作を確認しましょう。

※VBEに切り替えておきましょう。

■「文字列変換」プロシージャ

```
1. Sub 文字列変換()
2.     Dim Myrange As Range
3.     For Each Myrange In Range("B4:B11")
4.         Myrange.Offset(,2).Value = StrConv(Trim(Myrange.Value), vbWide)
5.     Next Myrange
6. End Sub
```

■プロシージャの意味

1. 「文字列変換」プロシージャ開始
2. Range型のオブジェクト変数Myrangeを使用することを宣言
3. セル範囲【B4:B11】のすべてのセルに対して処理を繰り返す
4. 2列右のセルに、前後のスペースを削除して全角に変換した文字列を入力
5. オブジェクト変数Myrangeに次のセルへの参照を代入し、3行目に戻る
6. プロシージャ終了

①**「文字列変換」**プロシージャを入力します。
※コンパイルし、上書き保存しておきましょう。
プロシージャの動作を確認します。
②Excelに切り替えます。
③ワークシート**「書籍一覧」**を選択します。
④**「文字列変換」**ボタンをクリックします。
※作成したプロシージャを実行するように、あらかじめ登録されています。
前後のスペースを削除し、全角に変換した書籍名が入力されます。

🚩 STEP UP 文字列内のすべてのスペースを削除

LTrim関数、RTrim関数、Trim関数は、文字列の前後のスペースだけを削除できます。文字列の途中にあるスペースを削除するには、Replace関数を使ってスペースを空文字(「""」)に置換します。ただし、半角スペースと全角スペースは区別されます。

例：文字列「□Excel□VBA□」の全角スペースをすべて削除する

Replace("□Excel□VBA□", "□", "") →ExcelVBA

Step3　日付関数を利用する

1　現在の日付・時刻を求める関数

現在の日付を求めるには**「Date関数」**を、現在の時刻を求めるには**「Time関数」**を、現在の日付と時刻を求めるには**「Now関数」**を使います。

■Date関数

現在の日付を返します。

構　文	Date

「Date」のように引数がない関数の場合は、そのまま関数名を記述します。ワークシート関数のように、「Date( )」と空のカッコを付ける必要はありません。

■Time関数

現在の時刻を返します。

構　文	Time

■Now関数

現在の日付と時刻を返します。

構　文	Now

Date関数とTime関数を利用し、現在の日付・時刻をメッセージボックスで表示するプロシージャを作成して、動作を確認しましょう。

※VBEに切り替えておきましょう。

■「日付と時刻」プロシージャ

```
1.Sub 日付と時刻()
2.    MsgBox "今日は" & Date & "です。" & Chr(10) & _
3.            "ただいまの時刻は" & Time & "です。"
4.End Sub
```

※2行目はコードが長いので、行継続文字「 _（半角スペース＋半角アンダースコア）」を使って行を複数に分割しています。行継続文字を使わずに1行で記述してもかまいません。

■プロシージャの意味

```
1.「日付と時刻」プロシージャ開始
2.    現在の日付と他の文字列を連結し改行を入れ、
3.            現在の時刻と他の文字列を連結してメッセージを表示
4.プロシージャ終了
```

76

POINT 制御文字

制御文字を使うと、メッセージボックスに表示するメッセージの中で改行したり、タブを入力したりすることができます。

■Chr関数

指定した文字コードに対応する文字を返します。

| 構 文 | Chr(Characode) |

引数Characodeには文字を特定するための文字コードを入力します。

●主な制御文字の例

制御文字	文字コード
タブ	9
改行	10
半角スペース	32

例：メッセージボックス内にタブを入力し、文字列を改行する

```
Sub 情報表示()
    MsgBox "社員番号:" & Chr(9) & "1001" & Chr(10) _
            & "社員名:" & Chr(9) & "山田一郎" & Chr(10)
End Sub
```

※2行目と3行目はコードが長いので、行継続文字「_（半角スペース＋半角アンダースコア）」を使って行を複数に分割しています。行継続文字を使わずに1行で記述してもかまいません。

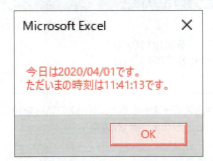

①新しい標準モジュール「**Module2**」を作成します。

②「**日付と時刻**」プロシージャを入力します。

※コンパイルし、上書き保存しておきましょう。

プロシージャの動作を確認します。

③Excelに切り替えます。

④ワークシート「**社員名簿**」を選択します。

⑤「**日付と時刻**」ボタンをクリックします。

※作成したプロシージャを実行するように、あらかじめ登録されています。

現在の日付と時刻が表示されます。

⑥《**OK**》をクリックします。

2　日付から年月日を取り出す関数

指定した日付から年、月、日を取り出すには、それぞれ「Year関数」「Month関数」「Day関数」を使います。

■Year関数

指定した日付の年を表す値を返します。

構　文	Year(Date)

引数Dateには、日付を指定します。

例：2020年7月10日から年を取り出す

Year("2020/7/10")　→2020

■Month関数

指定した日付の月を表す値を返します。

構　文	Month(Date)

引数Dateには、日付を指定します。

例：2020年7月10日から月を取り出す

Month("2020/7/10")　→7

■Day関数

指定した日付の日を表す値を返します。

構　文	Day(Date)

引数Dateには、日付を指定します。

例：2020年7月10日から日を取り出す

Day("2020/7/10")　→10

Year関数、Month関数、Day関数を利用し、入社年月日から年、月、日を取得するプロシージャを作成して、動作を確認しましょう。

※VBEに切り替えておきましょう。

■「年月日取得」プロシージャ

```
1. Sub 年月日取得()
2.      Dim Myrange As Range
3.      For Each Myrange In Range("C4:C23")
4.          Myrange.Offset(, 1).Value = Year(Myrange.Value)
5.          Myrange.Offset(, 2).Value = Month(Myrange.Value)
6.          Myrange.Offset(, 3).Value = Day(Myrange.Value)
7.      Next Myrange
8. End Sub
```

■プロシージャの意味

1. 「年月日取得」プロシージャ開始
2.   Range型のオブジェクト変数Myrangeを使用することを宣言
3.   セル範囲【C4:C23】のすべてのセルに対して処理を繰り返す
4.   1列右のセルに、セルの日付から取り出した年を入力
5.   2列右のセルに、セルの日付から取り出した月を入力
6.   3列右のセルに、セルの日付から取り出した日を入力
7.   オブジェクト変数Myrangeに次のセルへの参照を代入し、3行目に戻る
8. プロシージャ終了

① 「**年月日取得**」プロシージャを入力します。

※コンパイルし、上書き保存しておきましょう。

プロシージャの動作を確認します。

② Excelに切り替えます。

③ 「**年月日取得**」ボタンをクリックします。

※作成したプロシージャを実行するように、あらかじめ登録されています。

入社年月日の年、月、日が入力されます。

POINT 年月日から日付を取り出す

指定した年、月、日から日付を求めるには、「DateSerial関数」を使います。

■DateSerial関数

指定した年、月、日から日付を返します。

構 文	DateSerial(Year, Month, Day)

引数Yearには年、引数Monthには月、引数Dayには日を指定します。

例：指定した年、月、日に対応する日付を返す

2020年5月1日	DateSerial(2020,5,1)	→ 2020/05/01
2020年5月1日の前日	DateSerial(2020,5,1)-1	→ 2020/04/30
2020年5月末日	DateSerial(2020,5+1,1)-1	→ 2020/05/31
2020年5月の翌月末	DateSerial(2020,5+2,1)-1	→ 2020/06/30

POINT 日付や時刻の期間を求める

2つの日付や時刻の期間を求めるには、「DateDiff関数」を使います。

■DateDiff関数

指定した日付や時刻の差を、指定した単位で返します。

構 文	DateDiff(Interval, Date1, Date2)

引数	内容	省略
Interval	日付の単位を指定	省略できない
Date1,Date2	期間を求める2つの日付を指定	省略できない

●引数Intervalに指定できる主な日付の単位

日付の単位	指定する形式	日付の単位	指定する形式
年	"yyyy"	時	"h"
月	"m"	分	"n"
週	"ww"	秒	"s"
日	"d"		

例：2020年5月1日から2021年6月1日までの期間を求める

DateDiff("yyyy","2020/5/1","2021/6/1")	→ 1
DateDiff("m","2020/5/1","2021/6/1")	→ 13
DateDiff("ww","2020/5/1","2021/6/1")	→ 57
DateDiff("d","2020/5/1","2021/6/1")	→ 396

Step4 その他の関数を利用する

1 値をチェックする関数

指定した値の種類を判断するには、関数名の先頭に「**Is**」が付いた関数を使います。数値かどうかを判断するには「**IsNumeric関数**」を、日付かどうかを判断するには「**IsDate関数**」を使います。値の種類が正しければTrueを、種類が異なっていればFalseを返します。

■IsNumeric関数

指定した値が数値かどうかを判断します。値が数値の場合はTrueを、数値でない場合はFalseを返します。

構 文	IsNumeric(Expression)

引数Expressionには、値を指定します。

■IsDate関数

指定した値が日付かどうかを判断します。値が日付の場合はTrueを、日付でない場合はFalseを返します。

構 文	IsDate(Expression)

引数Expressionには、値を指定します。

IsNumeric関数とIsDate関数を利用し、セルの値の種類をチェックし、種類ごとに表示形式を変更するプロシージャを作成して、動作を確認しましょう。

セルの値が数値の場合は、データの種類の列に「**数値**」、表示形式の列に「**#,###円**」の表示形式を設定して入力します。

セルの値が日付の場合は、データの種類の列に「**日付**」、表示形式の列に「**d日(aaa)**」の表示形式を設定して入力します。

セルの値が数値でも日付でもない場合は、データの種類に「**その他**」と入力します。

※VBEに切り替えておきましょう。

👆POINT　表示形式の設定

数値や日付、時刻などに指定した表示形式を設定するには、「Format関数」を使います。

■Format関数

表示形式を設定した文字列を返します。

構 文	Format(Expression, Format)

引数	内容	省略
Expression	表示形式を設定する数値や日付、時刻などを指定	省略できない
Format	表示形式を指定	省略できない

※引数Formatに指定する表示形式については、P.33「●主な表示形式」を参照してください。

■「値チェック」プロシージャ

```
1. Sub 値チェック()
2.     Dim Myrange As Range
3.     For Each Myrange In Range("C8:C11")
4.         With Myrange
5.             If IsNumeric(.Value) Then
6.                 .Offset(, 1).Value = "数値"
7.                 .Offset(, 2).Value = Format(.Value, "#,###円")
8.             ElseIf IsDate(.Value) Then
9.                 .Offset(, 1).Value = "日付"
10.                .Offset(, 2).Value = Format(.Value, "d日(aaa)")
11.            Else
12.                .Offset(, 1).Value = "その他"
13.            End If
14.        End With
15.    Next Myrange
16. End Sub
```

※IsNumeric関数やIsDate関数のように結果をTrueまたはFalseで返す内容をIFステートメントの条件とする場合、「IsNumeric(.Value)＝True」を「IsNumeric(.Value)」と記述します。

■プロシージャの意味

1. 「値チェック」プロシージャ開始
2. Range型のオブジェクト変数Myrangeを使用することを宣言
3. セル範囲【C8:C11】のすべてのセルに対して処理を繰り返す
4. オブジェクト変数Myrangeを以下のように指定
5. 値が数値の場合は
6. 1列右のセルに「数値」と入力
7. 2列右のセルに表示形式「#,###円」に変換した値を入力
8. 値が日付の場合は
9. 1列右のセルに「日付」と入力
10. 2列右のセルに表示形式「d日(aaa)」に変換した値を入力
11. それ以外の場合は
12. 1列右のセルに「その他」と入力
13. Ifステートメント終了
14. Withステートメント終了
15. オブジェクト変数Myrangeに次のセルへの参照を代入し、3行目に戻る
16. プロシージャ終了

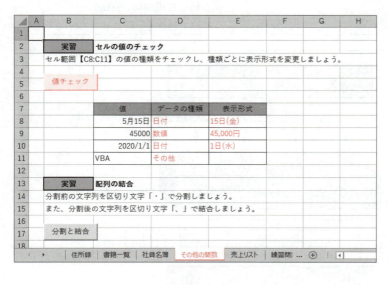

①新しい標準モジュール「**Module3**」を作成します。
②「**値チェック**」プロシージャを入力します。
※コンパイルし、上書き保存しておきましょう。
プロシージャの動作を確認します。
③Excelに切り替えます。
④ワークシート「**その他の関数**」を選択します。
⑤「**値チェック**」ボタンをクリックします。
※作成したプロシージャを実行するように、あらかじめ登録されています。
値をチェックした結果と表示形式変更後の値が入力されます。

2 配列に関する関数

「Split関数」を使うと、文字列を区切り文字で区切って分割し、配列を作成できます。作成した配列は、バリアント型の変数などに代入します。

「Join関数」を使うと、配列の各要素を結合して、ひとつの文字列にできます。各要素を結ぶ任意の区切り文字を指定できます。

※複数のデータの区切り位置を表すために挿入されている文字を「区切り文字」といいます。主な区切り文字として、カンマ、タブ、スペース、セミコロンなどがあります。

■Split関数

文字列を区切り文字で区切って分割し、配列を作成します。

| 構文 | Split(Expression[, Delimiter]) |

引数	内容	省略
Expression	文字列を指定	省略できない
Delimiter	区切り文字を指定	省略できる ※省略した場合は、空白文字(「" "」)を区切り文字とみなします。

例：文字列「Excel・VBA・プログラミング」を「・」で区切って分割し、配列を作成する

Split("Excel・VBA・プログラミング","・")

■Join関数

配列の各要素を区切り文字で結合し、ひとつの文字列を作成します。

| 構文 | Join(Sourcearray[, Delimiter]) |

引数	内容	省略
Expression	配列の各要素を指定	省略できない
Delimiter	区切り文字を指定	省略できる ※省略した場合は、空白文字(「" "」)を区切り文字とみなします。

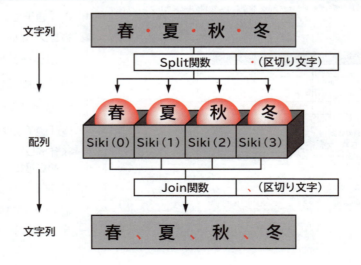

Split関数とJoin関数を利用し、次のようなプロシージャを作成して、動作を確認しましょう。

> ● 文字列を区切り文字「・」で分割して、配列を作成する
> ● 作成した配列を区切り文字「、」で結合する

※VBEに切り替えておきましょう。

■「分割と結合」プロシージャ

```
1. Sub 分割と結合()
2.     Dim Hairetu As Variant
3.     Dim i As Integer
4.     Hairetu = Split(Range("C19").Value, "・")
5.     For i = 0 To 3
6.         Range("B22").Offset(, i).Value = Hairetu(i)
7.     Next i
8.     Range("C24").Value = Join(Hairetu, "、")
9. End Sub
```

■プロシージャの意味

1. 「分割と結合」プロシージャ開始
2. バリアント型の変数Hairetuを使用することを宣言
3. 整数型の変数iを使用することを宣言
4. 変数Hairetuに、区切り文字「・」で分割したセル【C19】の文字列を配列として代入
5. 変数iが0から3になるまで処理を繰り返す
6. セル【B22】からi列右のセルに配列変数Hairetu(i)の値を入力
7. 変数iにi+1の結果を代入し、5行目に戻る
8. セル【C24】に、配列変数Hairetuの各要素を区切り文字「、」で結合した文字列を代入
9. プロシージャ終了

👆POINT 配列とバリアント型の変数

Split関数で作成した配列を代入するには、バリアント型で宣言した変数を使います。バリアント型の変数に配列を代入すると、必要な要素数を持つ配列変数に変化します。
この実習では、「Hairetu = Split(Range("C19").Value , "・")」を実行後に、バリアント型の変数Hairetuは4つの要素数を持つ配列変数Hairetuに変化しています。

① 「分割と結合」プロシージャを入力します。

※コンパイルし、上書き保存しておきましょう。

プロシージャの動作を確認します。

② Excelに切り替えます。

③ 「分割と結合」ボタンをクリックします。

※作成したプロシージャを実行するように、あらかじめ登録されています。

「・」で分割された文字列と、「、」で結合された文字列が入力されます。

84

Step 5 ワークシート関数を利用する

第3章 関数の利用

1 ワークシート関数の利用

ワークシート関数をプロシージャ内で利用するには、WorksheetFunctionオブジェクトのあとにワークシート関数名を記述します。WorksheetFunctionオブジェクトは、ワークシート関数の親オブジェクトで、「**WorksheetFunctionプロパティ**」を使って取得します。

■WorksheetFunctionプロパティ

ワークシート関数の親オブジェクトであるWorksheetFunctionオブジェクトを返します。

構 文	WorksheetFunction

■ワークシート関数の利用

プロシージャ内でワークシート関数を利用します。

構 文	WorksheetFunctionオブジェクト.ワークシート関数名 （引数1, 引数2, …）

ワークシート関数の引数で、セル範囲を指定する場合はRangeオブジェクトで指定します。セル番地では指定できません。また、数値はそのまま指定できますが、文字列は「"」で囲んで指定します。

例：セル範囲【A1：D5】の合計を変数Goukeiに代入する

```
Goukei = WorksheetFunction.Sum(Range("A1:D5"))
```

ワークシート関数を利用し、**「金額」**の合計・平均・最大値・最小値を求めるプロシージャを作成して、動作を確認しましょう。
※VBEに切り替えておきましょう。

■「ワークシート関数」プロシージャ

```
1. Sub ワークシート関数()
2.     Dim Myrange As Range
3.     Set Myrange = Range(Range("F4"), Range("F4").End(xlDown))
4.     Range("I7").Value = WorksheetFunction.Sum(Myrange)
5.     Range("I8").Value = WorksheetFunction.Average(Myrange)
6.     Range("I9").Value = WorksheetFunction.Max(Myrange)
7.     Range("I10").Value = WorksheetFunction.Min(Myrange)
8.     Set Myrange = Nothing
9. End Sub
```

■プロシージャの意味

1. 「ワークシート関数」プロシージャ開始
2. Range型のオブジェクト変数Myrangeを使用することを宣言
3. オブジェクト変数Myrangeに、セル【F4】からセル【F4】の下端セルまでのセル範囲への参照を代入
4. セル【I7】に、SUM関数でオブジェクト変数Myrangeに代入されたセル範囲の合計を入力
5. セル【I8】に、AVERAGE関数でオブジェクト変数Myrangeに代入されたセル範囲の平均を入力
6. セル【I9】に、MAX関数でオブジェクト変数Myrangeに代入されたセル範囲の最大値を入力
7. セル【I10】に、MIN関数でオブジェクト変数Myrangeに代入されたセル範囲の最小値を入力
8. オブジェクト変数Myrangeを初期化
9. プロシージャ終了

① 新しい標準モジュール「Module4」を作成します。

②「ワークシート関数」プロシージャを入力します。

※コンパイルし、上書き保存しておきましょう。

プロシージャの動作を確認します。

③ Excelに切り替えます。

④ ワークシート「売上リスト」を選択します。

⑤「ワークシート関数」ボタンをクリックします。

※作成したプロシージャを実行するように、あらかじめ登録されています。

金額の合計・平均・最大値・最小値が入力されます。

※ブックを上書き保存し、閉じておきましょう。

STEP UP 使用できないワークシート関数

LEFT関数やIF関数など一部のワークシート関数は、プロシージャ内では使えません。代わりに、VBA関数のLeft関数やIf～Thenステートメントなどを使います。
ExcelVBAで使用できるワークシート関数は、「WorksheetFunction.」と入力してから表示される自動メンバー表示の一覧で確認できます。

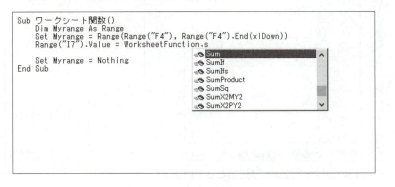

86

練習問題

 ブック「第3章_関数の利用」を開いて、ワークシート「練習問題」を選択しておきましょう。

※解答は、FOM出版のホームページで提供しています。P.3「4 学習ファイルと解答の提供について」を参照してください。
※メッセージバーの《コンテンツの有効化》をクリックしておきましょう。

標準モジュールを挿入し、「**年**」「**月**」のスピンボタンをクリックすると、カレンダーの日付や曜日を変更する「**練習**」プロシージャを作成しましょう。年、月が変更されたら、予定に入力されている内容も削除するようにします。また、今月のカレンダーを表示した場合、本日の「**予定**」のセルをピンク（Color=vbMagenta）に塗りつぶします。セル【F11】は「**年**」、セル【H11】は「**月**」と名前が定義されています。

> ●カレンダーの初期化
> ・日付、曜日、予定の列の内容を削除する。
> ・予定の列の塗りつぶしを削除する。
> ●カレンダーに日付と曜日を入力
> ・日付はDateSerial関数を使って求める。
> ・曜日は、Format関数を使って日付を書式「aaa」に変換して表示する。
> ・日付が本日の場合は予定のセルを塗りつぶす。

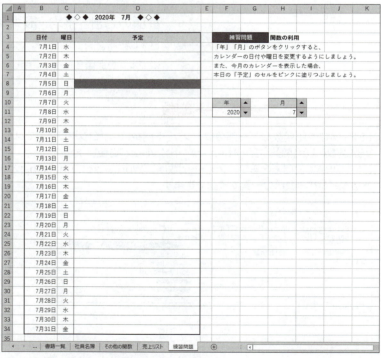

※本日の日付を2020年7月5日としています。

Hint! DateSerial関数で日付を求める場合、日は「1」から「31」まで変化させて1か月分の日付を求めます。このとき、指定した月にない日付を代入すると、DateSerial関数は次の月の日付を返します。月が変わった場合は、そこで繰り返し処理を抜け出します。例えば、「DateSerial(2020,4,31)」は「2020/5/1」、「DateSerial(2021, 2, 29)」は「2021/3/1」を返すので、そこで繰り返し処理を抜け出します。

※ブックを上書き保存し、閉じておきましょう。

第4章

イベントの利用

Step1	イベントの基本を確認する	89
Step2	シートのイベントを利用する	93
Step3	ブックのイベントを利用する	102

Step 1 イベントの基本を確認する

1 イベントとイベントプロシージャ

ユーザーの特定の操作やオブジェクトの動作など、プロシージャを実行するきっかけとなる出来事を「**イベント**」といいます。イベントには「**セルをダブルクリックする**」「**ブックを開く**」などがあります。また、イベントが発生したときに自動的に実行されるプロシージャを「**イベントプロシージャ**」といいます。

2 イベントプロシージャの作成場所

イベントプロシージャは、オブジェクトモジュール内に作成します。シートのイベントに関するイベントプロシージャはシートのオブジェクトモジュール内に、ブックのイベントに関するイベントプロシージャはブックのオブジェクトモジュール内にそれぞれ作成します。

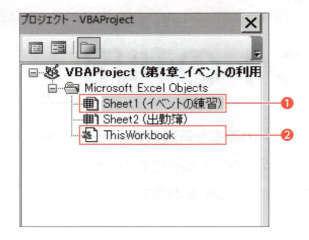

❶**シートのオブジェクトモジュール**
シートを追加したときに自動的に作成されます。シートのオブジェクトモジュールは、《**オブジェクト名（シート名）**》のように表示されます。オブジェクト名が「**Sheet1**」で、シート名が「**イベントの練習**」の場合、《**Sheet1（イベントの練習）**》と表示されます。

❷**ブックのオブジェクトモジュール**
ブックを作成したときに自動的に作成されます。

VBEでオブジェクトモジュールを確認しましょう。

 ブック「第4章_イベントの利用」を開いて、VBEに切り替えておきましょう。

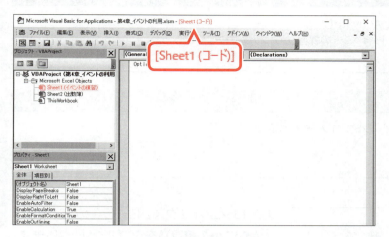

シートのオブジェクトモジュールを確認します。
① プロジェクトエクスプローラーの《Sheet1（イベントの練習）》をダブルクリックします。

コードウィンドウに《Sheet1》オブジェクトモジュールの内容が表示されます。

※シート「イベントの練習」に関するイベントプロシージャは、このオブジェクトモジュールに記述します。

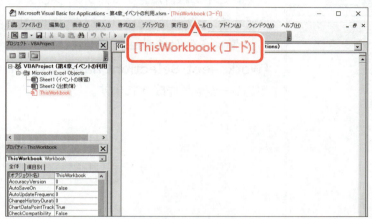

ブックのオブジェクトモジュールを確認します。
② プロジェクトエクスプローラーの《ThisWorkbook》をダブルクリックします。

コードウィンドウに《ThisWorkbook》オブジェクトモジュールの内容が表示されます。

※ブックに関するイベントプロシージャは、このオブジェクトモジュールに記述します。

STEP UP Excelからシートのオブジェクトモジュールを表示

Excelの画面から選択したシートのオブジェクトモジュールを表示できます。
シートのオブジェクトモジュールを表示する方法は、次のとおりです。
◆シート見出しを右クリック→《コードの表示》

3 イベントプロシージャの作成

イベントプロシージャを作成するには、最初に《オブジェクト》ボックスで目的のオブジェクトを選択します。その後、《プロシージャ》ボックスでイベントを選択すると、選択中のイベントに対応するイベントプロシージャが自動的に作成されます。

イベントプロシージャの名前は、「**オブジェクト名_イベント名**」のように付けられます。例えば、ワークシート（Worksheetオブジェクト）をアクティブにしたとき（Activateイベント）に実行されるイベントプロシージャは、「**Worksheet_Activate**」となります。

ワークシートのActivateイベントを利用し、ワークシート「**イベントの練習**」がアクティブになったときにメッセージを表示するイベントプロシージャを作成して、動作を確認しましょう。

■「ブックを開く」プロシージャ

1. Private Sub Worksheet_Activate()
2. 　　　MsgBox "ワークシート「イベントの練習」がアクティブになりました。"
3. End Sub

■プロシージャの意味

1. 「Worksheet_Activate」イベントプロシージャ開始
2. 　　　メッセージを表示
3. イベントプロシージャ終了

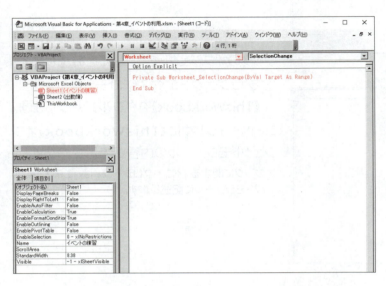

① プロジェクトエクスプローラーの《Sheet1（イベントの練習）》をダブルクリックします。

②《オブジェクト》ボックスの▼をクリックし、一覧から《Worksheet》を選択します。

「Worksheet_SelectionChange」イベントプロシージャが作成されます。

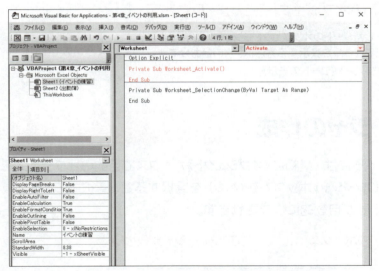

③《プロシージャ》ボックスの▼をクリックし、一覧から《Activate》を選択します。

「Worksheet_Activate」イベントプロシージャが作成されます。

※「Worksheet_SelectionChange」イベントプロシージャは削除しておきましょう。

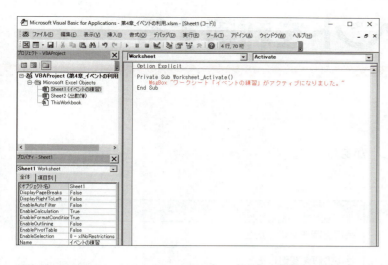

④「**Worksheet_Activate**」イベントプロシージャの内容を入力します。
※コンパイルし、上書き保存しておきましょう。

プロシージャの動作を確認します。
⑤Excelに切り替えます。
⑥ワークシート「**イベントの練習**」以外のワークシートを選択します。
⑦ワークシート「**イベントの練習**」を選択します。
メッセージが表示されます。
⑧《**OK**》をクリックします。

POINT Privateプロシージャ

イベントプロシージャを作成すると、Privateプロシージャが作成されます。Privateプロシージャは、そのモジュール内でしか実行できないプロシージャとなるため、イベントを実行するモジュール内に作成する必要があります。

POINT Worksheetオブジェクトの既定のイベント

《オブジェクト》ボックスでオブジェクトを選択すると《プロシージャ》ボックスには自動的にそのオブジェクトの既定のイベントが選択されます。
Worksheetオブジェクトの既定のイベントは、セルの選択範囲が変更されたときに発生するSelectionChangeイベントです。《オブジェクト》ボックスから《Worksheet》を選択すると「Worksheet_SelectionChange」イベントプロシージャが自動的に作成されます。

POINT Activateイベント

ワークシートがアクティブになったときに発生します。

```
Private Sub Worksheet_Activate()
    ワークシートがアクティブになったときに実行する処理
End Sub
```

Step2 シートのイベントを利用する

1 シートのイベント

シートには、次のようなイベントがあります。

●主なシートのイベント

イベント	発生条件
SelectionChange	選択範囲を変更したとき
Change	セルの値を変更したとき
BeforeDoubleClick	セルをダブルクリックしたとき
BeforeRightClick	セルを右クリックしたとき
BeforeDelete	シートを削除したとき
Activate	シートがアクティブになったとき

2 選択範囲を変更したときの処理

「SelectionChangeイベント」は選択範囲を変更したときに発生します。
変更したあとに選択されているセルは、「**Worksheet_SelectionChange**」イベントプロシージャのRange型の引数Targetに渡されます。引数Targetを使って、変更したあとに選択されているセルを操作できます。
引数Targetの前に記述されている「**ByVal**」は、イベント発生時に取得したセルのコピーを引数に渡すことを意味しています。

■**SelectionChangeイベント**

選択範囲を変更したときに発生します。

```
Private Sub Worksheet_SelectionChange(ByVal Target As Range)
    選択範囲を変更したときに実行する処理
    引数Target(変更したあとに選択されているセル)を使った処理
End Sub
```

①選択範囲を変更すると、SelectionChangeイベントが発生する

②このとき、引数Targetには、変更したセル範囲【B2:C3】のコピーが渡される

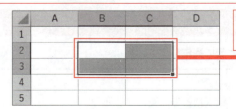

```
Private Sub Worksheet_SelectionChange(ByVal Target As Range)
End Sub
```

SelectionChangeイベントを利用し、セル範囲【D5：E14】内のセルを選択したときに現在の時刻を自動的に入力するイベントプロシージャを作成して、動作を確認しましょう。
セル範囲【D5：E14】内のセルが選択されたかどうかは、2つのセル範囲が共有するセルを調べます。
※VBEに切り替えておきましょう。

Intersectメソッドを使って、選択したセル範囲（引数Target）とセル範囲【D5：E14】の共有セルを求め、共有セルに現在の時刻を入力します。
また、選択したセル範囲（引数Target）とセル範囲【D5：E14】の共有セルがなかった場合はNothingを返します。このとき現在の時刻は入力されません。

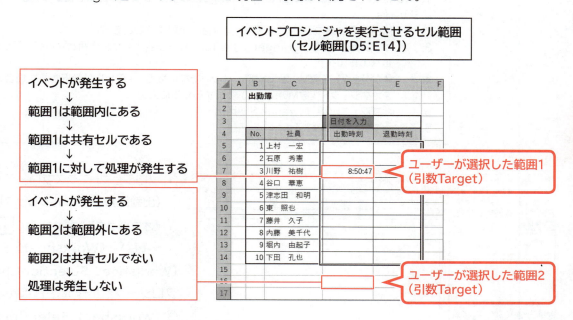

■Intersectメソッド

共有セルを返します。Intersectメソッドは、Applicationオブジェクトに対して使います。

| 構文 | Applicationオブジェクト.Intersect(Arg1, Arg2, …) |

引数Argには、セル範囲を指定します。

例：セル範囲【A1：C3】とセル範囲【B2：D4】の共有セルへの参照をオブジェクト変数Myrangeに代入する

```
Set Myrange = Application.Intersect(Range("A1:C3"), Range("B2:D4"))
```

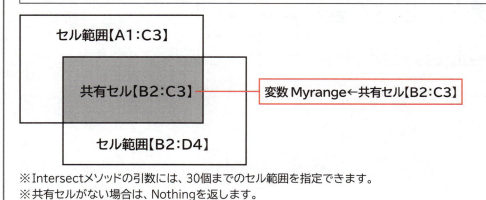

※Intersectメソッドの引数には、30個までのセル範囲を指定できます。
※共有セルがない場合は、Nothingを返します。

■「Worksheet_SelectionChange」イベントプロシージャ

1. Private Sub Worksheet_SelectionChange(ByVal Target As Range)
2.   Dim Myrange As Range
3.   Set Myrange = Application.Intersect(Target, Range("D5:E14"))
4.   If Not Myrange Is Nothing Then Myrange.Value = Time
5.   Set Myrange = Nothing
6. End Sub

■プロシージャの意味

1. 「Worksheet_SelectionChange(Range型の引数Targetは選択したセル範囲)」イベントプロシージャ開始
2. Range型のオブジェクト変数Myrangeを使用することを宣言
3. オブジェクト変数Myrangeに、引数Targetが参照するセル範囲とセル範囲【D5:E14】の共有セルへの参照を代入
4. オブジェクト変数MyrangeがNothingでない場合(共有セルが選択された場合)は、現在の時刻をオブジェクト変数Myrangeが参照するセルに入力
5. オブジェクト変数Myrangeを初期化
6. イベントプロシージャ終了

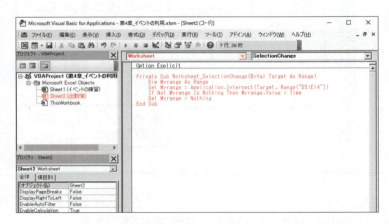

① プロジェクトエクスプローラーの《Sheet2 (出勤簿)》をダブルクリックします。
② 《オブジェクト》ボックスの ▼ をクリックし、一覧から《Worksheet》を選択します。
「Worksheet_SelectionChange」イベントプロシージャが作成されます。
③ 「Worksheet_SelectionChange」イベントプロシージャの内容を入力します。
※コンパイルし、上書き保存しておきましょう。

プロシージャの動作を確認します。
④ Excelに切り替えます。
⑤ ワークシート「出勤簿」を選択します。
⑥ セル【D7】を選択します。
セル【D7】に現在の時刻が入力されます。

STEP UP ByValとByRef

プロシージャへの引数の渡し方は、ByValとByRefの2通りの方法があります。

ByValは、値渡しと呼ばれ、値のコピーを渡すことを意味しています。プロシージャに値を渡すだけで、呼び出し元のプロシージャの変数の値は変わりません。

ByRefは、参照渡しと呼ばれ、参照を渡すことを意味しています。引数を受け取るプロシージャ側で引数の値を変更すると、呼び出し元のプロシージャの変数の値も変更されます。

イベントプロシージャでは、一般的に変数の値を変更しないようにByValが使われます。また、ByValとByRefを省略した場合は、ByRefとみなされ参照渡しになります。

●値渡し

```
Sub  sample1()
     Dim i As Integer
     i = 10
     サブ_値渡し i
     MsgBox i
End  Sub

Sub  サブ_値渡し(ByVal i As Integer)
     i = 20
End  Sub
```

sample1プロシージャは、サブ_値渡しの引数iで「20」が代入されてもメッセージボックスに「10」を表示する。

●参照渡し

```
Sub  sample2()
     Dim i As Integer
     i = 10
     サブ_参照渡し i
     MsgBox i
End  Sub

Sub  サブ_参照渡し(ByRef i As Integer)
     i = 20
End  Sub
```

sample2プロシージャは、サブ_参照渡しで書き換えられた引数iの結果「20」をメッセージボックスに表示する。

3 セルの値を変更したときの処理

「Changeイベント」はセルの値を変更したときに発生します。値を変更したセルは、「Worksheet_Change」イベントプロシージャのRange型の引数Targetに渡されます。引数Targetを使って、値を変更したセルを操作できます。

■Changeイベント

セルの値を変更したときに発生します。

```
Private Sub Worksheet_Change(ByVal Target As Range)
     セルの値を変更したときに実行する処理
     引数Target(値を変更したセル)を使った処理
End Sub
```

POINT　セル番地の比較

目的のセルが変更されたかどうかをチェックするには、引数Targetに渡されたセル番地と目的のセル番地が一致するかどうかを「Addressプロパティ」を使って比較します。

```
Target.Address = Range("E3").Address
```

※「Target = Range("E3")」とした場合は「Target.Value = Range("E3").Value」と同じ意味になるので、セルに入力されている値の比較になります。

Let's Try　ためしてみよう

セル【E3】に入力した値が日付であれば「日付が入力されました。」とメッセージを表示し、それ以外であれば「日付を入力してください！」とメッセージを表示するWorksheet_Changeイベントプロシージャを作成して、動作を確認しましょう。

Let's Try Answer

①VBEに切り替える
※オブジェクトモジュール「Sheet2（出勤簿）」が表示されていることを確認しましょう。
※《オブジェクト》ボックスで《Worksheet》を選択しておきましょう。
②《プロシージャ》ボックスのをクリックし、一覧から《Change》を選択
③「Worksheet_Change」イベントプロシージャの内容を入力

■「Worksheet_Change」イベントプロシージャ

```
1. Private Sub Worksheet_Change(ByVal Target As Range)
2.     If Target.Address = Range("E3").Address Then
3.         If IsDate(Target.Value) Then
4.             MsgBox "日付が入力されました。"
5.         Else
6.             MsgBox "日付を入力してください！"
7.             Target.Select
8.         End If
9.     End If
10. End Sub
```

■プロシージャの意味

1.「Worksheet_Change(Range型の引数Targetは変更したセル)」イベントプロシージャ開始
2.　　引数Targetが参照するセル番地がセル【E3】の場合
3.　　　　引数Targetが参照するセルが日付の場合
4.　　　　　　「日付が入力されました。」とメッセージを表示
5.　　　　それ以外の場合
6.　　　　　　「日付を入力してください！」とメッセージを表示
7.　　　　　　引数Targetが参照するセルを選択
8.　　　　Ifステートメント終了
9.　　Ifステートメント終了
10. イベントプロシージャ終了

※コンパイルし、上書き保存しておきましょう。
④Excelに切り替える
⑤セル【E3】に値を入力
※メッセージが表示されることを確認しましょう。

4 セルをダブルクリックしたときの処理

「**BeforeDoubleClickイベント**」はセルをダブルクリックしたときに発生します。ダブルクリックしたセルは、「**Worksheet_BeforeDoubleClick**」イベントプロシージャのRange型の引数Targetに渡されます。引数Targetを使って、ダブルクリックしたセルを操作できます。また、引数Targetのほかにブール型（Boolean）の引数Cancelを持っています。引数CancelにTrueを設定すると、ダブルクリックしたときに編集モードになるExcelの既定の機能をキャンセルできます。
イベントプロシージャに記述したコードは、Excelの既定の機能が実行される前に実行されます。
※ブール型（Boolean）の引数は、TrueまたはFalseのどちらかを代入できる引数です。

■BeforeDoubleClickイベント

セルをダブルクリックしたときに発生します。

```
Private Sub Worksheet_BeforeDoubleClick(ByVal Target As Range, Cancel As Boolean)
    ダブルクリックしたときに実行する処理
    引数Target（ダブルクリックしたセル）を使った処理
    Cancel = TrueまたはFalse
End Sub
```

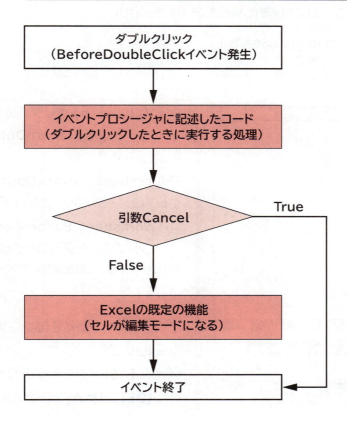

98

BeforeDoubleClickイベントを利用し、セル範囲【D5:E14】内のセルをダブルクリックしたときに「休み」と入力するイベントプロシージャを作成して、動作を確認しましょう。ダブルクリック後、セルが編集モードにならないようにします。

※VBEに切り替えておきましょう。

■「Worksheet_BeforeDoubleClick」イベントプロシージャ

```
1. Private Sub Worksheet_BeforeDoubleClick(ByVal Target As Range, Cancel As Boolean)
2.     Dim Myrange As Range
3.     Set Myrange = Application.Intersect(Target, Range("D5:E14"))
4.     If Not Myrange Is Nothing Then
5.         Myrange.Value = "休み"
6.         Cancel = True
7.     End If
8.     Set Myrange = Nothing
9. End Sub
```

■プロシージャの意味

1. 「Worksheet_BeforeDoubleClick(Range型の引数Targetはダブルクリックしたセル、ブール型の引数Cancel)」イベントプロシージャ開始
2. 　　Range型のオブジェクト変数Myrangeを使用することを宣言
3. 　　オブジェクト変数Myrangeに、引数Targetが参照するセルとセル範囲【D5:E14】の共有セルへの参照を代入
4. 　　オブジェクト変数MyrangeがNothingでない場合(共有セルが選択された場合)は
5. 　　　　オブジェクト変数Myrangeが参照するセルに「休み」と入力
6. 　　　　引数CancelにTrueを代入(編集モードをキャンセル)
7. 　　Ifステートメント終了
8. 　　オブジェクト変数Myrangeを初期化
9. イベントプロシージャ終了

①《プロシージャ》ボックスの▼をクリックし、一覧から《BeforeDoubleClick》を選択します。

「Worksheet_BeforeDoubleClick」イベントプロシージャが作成されます。

②「Worksheet_BeforeDoubleClick」イベントプロシージャの内容を入力します。

※コンパイルし、上書き保存しておきましょう。

プロシージャの動作を確認します。

③Excelに切り替えます。

④セル【D5】をダブルクリックします。

セル【D5】に「休み」と入力されます。

5 セルを右クリックしたときの処理

「BeforeRightClickイベント」はセルを右クリックしたときに発生します。右クリックしたセルは、「Worksheet_BeforeRightClick」イベントプロシージャのRange型の引数Targetに渡されます。引数Targetを使って、右クリックしたセルを操作できます。また、引数Targetのほかにブール型（Boolean）の引数Cancelを持っています。引数CancelにTrueを設定すると、右クリックしたときにショートカットメニューが表示される機能をキャンセルできます。

■BeforeRightClickイベント

セルを右クリックしたときに発生します。

```
Private Sub Worksheet_BeforeRightClick(ByVal Target As Range,Cancel As Boolean)
    右クリックしたときに実行する処理
    引数Target（右クリックしたセル）を使った処理
    Cancel=TrueまたはFalse
End Sub
```

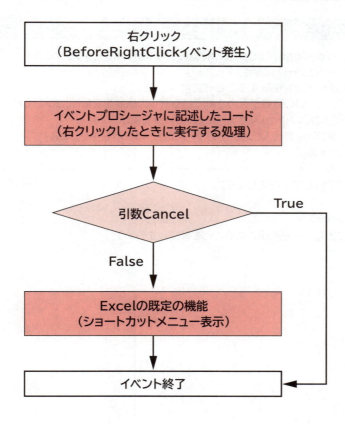

100

Let's Try ためしてみよう

ワークシート上を右クリックしたときに、「本日の出勤人数は ○人です。」と出勤人数をメッセージボックスで表示する「Worksheet_BeforeRightClick」イベントプロシージャを作成して、動作を確認しましょう。出勤人数は、セル範囲【D5：D14】のうち、出勤時刻が入力されたセルの個数をワークシート関数のCOUNT関数を使ってカウントします。また、右クリック後にショートカットメニューが表示されないようにします。

Let's Try Answer

①VBEに切り替える
※オブジェクトモジュール「Sheet2（出勤簿）」が表示されていることを確認しましょう。
※《オブジェクト》ボックスで《Worksheet》を選択しておきましょう。
②《プロシージャ》ボックスの ▼ をクリックし、一覧から《BeforeRightClick》を選択
③「Worksheet_BeforeRightClick」イベントプロシージャの内容を入力

■「Worksheet_BeforeRightClick」イベントプロシージャ

```
1. Private Sub Worksheet_BeforeRightClick(ByVal Target As Range, Cancel As Boolean)
2.     Dim Ninzu As Integer
3.     Ninzu = WorksheetFunction.Count(Range("D5:D14"))
4.     MsgBox "本日の出勤人数は " & Ninzu & "人です。"
5.     Cancel = True
6. End Sub
```

■プロシージャの意味

1. 「Worksheet_BeforeRightClick(Range型の引数Targetは右クリックしたセル、ブール型の引数Cancel)」イベントプロシージャ開始
2. 整数型の変数Ninzuを使用することを宣言
3. セル範囲【D5：D14】の数値が入力されているセルの個数を変数Ninzuに代入
4. 「本日の出勤人数は Ninzu人です。」とメッセージを表示
5. 引数CancelにTrueを代入（ショートカットメニューの表示をキャンセル）
6. イベントプロシージャ終了

※コンパイルし、上書き保存しておきましょう。
④Excelに切り替える
⑤ワークシート上で右クリック
※メッセージボックスに出勤人数が表示されることを確認しましょう。

Step3 ブックのイベントを利用する

1 ブックのイベント

ブックには、次のようなイベントがあります。

● 主なブックのイベント

イベント	発生条件
Open	ブックを開いたとき
BeforeClose	ブックを閉じる前
NewSheet	新しいシートを作成したとき
AfterSave	ブックを保存した後
BeforeSave	ブックを保存する前

2 ブックを開いたときの処理

「Openイベント」はブックを開いたときに発生します。

■Openイベント

ブックを開いたときに発生します。

```
Private Sub Workbook_Open()
    ブックを開いたときに実行する処理
End Sub
```

Openイベントを利用し、ブックを開いたときに現在の日付を表示するイベントプロシージャを作成して、動作を確認しましょう。日付は「〇月〇日 〇曜日」と表示します。
※「〇曜日」を表す表示形式は「aaaa」です。
※VBEに切り替えておきましょう。

■「Workbook_Open」イベントプロシージャ

```
1. Private Sub Workbook_Open()
2.     MsgBox "今日は " & Format(Date, "m月d日 aaaa") & " です。"
3. End Sub
```

■プロシージャの意味

```
1.「Workbook_Open」イベントプロシージャ開始
2.    現在の日付の表示形式を「〇月〇日 〇曜日」に変換してメッセージを表示
3. イベントプロシージャ終了
```

102

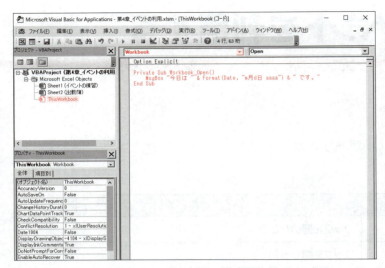

① プロジェクトエクスプローラーの《ThisWorkbook》をダブルクリックします。
②《オブジェクト》ボックスの ▼ をクリックし、一覧から《Workbook》を選択します。
「Workbook_Open」イベントプロシージャが作成されます。
③「Workbook_Open」イベントプロシージャの内容を入力します。
※コンパイルし、上書き保存しておきましょう。

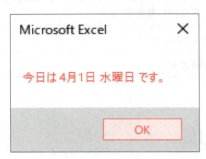

プロシージャの動作を確認します。
④ Excelに切り替えます。
⑤ ブック「第4章_イベントの利用」を上書き保存して閉じます。
⑥ ブック「第4章_イベントの利用」を再度開きます。
※メッセージバーが表示された場合は、《コンテンツの有効化》をクリックしておきましょう。
メッセージが表示されます。
⑦《OK》をクリックします。

POINT　Workbookオブジェクトの既定のイベント

Workbookオブジェクトの既定のイベントはOpenイベントです。《オブジェクト》ボックスから《Workbook》を選択すると「Workbook_Open」イベントプロシージャが自動的に作成されます。

3 ブックを閉じる前の処理

「**BeforeCloseイベント**」はブックを閉じる前に発生します。「**Worksheet_BeforeClose**」イベントプロシージャは、ブール型（Boolean）の引数Cancelを持っています。引数CancelにTrueを設定すると、ブックを閉じる操作をキャンセルできます。

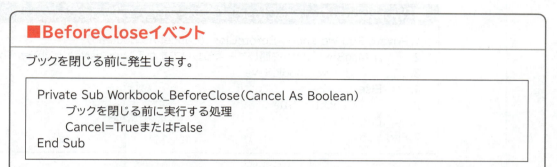

■**BeforeCloseイベント**

ブックを閉じる前に発生します。

```
Private Sub Workbook_BeforeClose(Cancel As Boolean)
    ブックを閉じる前に実行する処理
    Cancel=TrueまたはFalse
End Sub
```

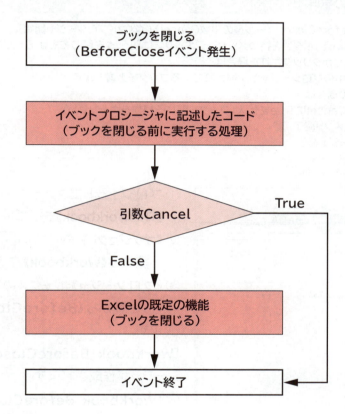

BeforeCloseイベントを利用し、ブックを閉じるときに確認メッセージを表示するイベントプロシージャを作成して、動作を確認しましょう。確認メッセージで《はい》がクリックされた場合はブックを上書き保存し、《いいえ》がクリックされた場合はブックを閉じないようにします。
※VBEに切り替えておきましょう。

■「Workbook_BeforeClose」イベントプロシージャ

```
1. Private Sub Workbook_BeforeClose(Cancel As Boolean)
2.     If MsgBox("ブックを閉じてもよろしいですか？", vbYesNo) = vbYes Then
3.         ThisWorkbook.Save
4.     Else
5.         Cancel = True
6.     End If
7. End Sub
```

■プロシージャの意味

1. 「Workbook_BeforeClose(ブール型の引数Cancel)」イベントプロシージャ開始
2. 「はい」「いいえ」ボタンを持つメッセージボックスに「ブックを閉じてもよろしいですか？」と表示し、「はい」がクリックされた場合は
3. 　　実行中のプロシージャが記述されているブックを上書き保存
4. 　それ以外の場合は
5. 　　引数CancelにTrueを代入（ブックを閉じる操作をキャンセル）
6. 　Ifステートメント終了
7. イベントプロシージャ終了

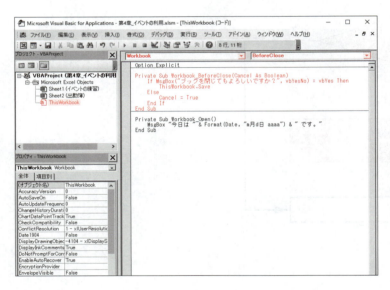

①プロジェクトエクスプローラーの《ThisWorkbook》をダブルクリックします。

②《オブジェクト》ボックスの▼をクリックし、一覧から《Workbook》を選択します。

③《プロシージャ》ボックスの▼をクリックし、一覧から《BeforeClose》を選択します。

「Workbook_BeforeClose」イベントプロシージャが作成されます。

④「Workbook_BeforeClose」イベントプロシージャの内容を入力します。

※コンパイルし、上書き保存しておきましょう。

プロシージャの動作を確認します。

⑤Excelに切り替えます。

⑥ブックを閉じます。

メッセージが表示されます。

⑦《いいえ》をクリックします。

※《はい》をクリックすると、上書き保存し、ブックが閉じられることを確認しておきましょう。

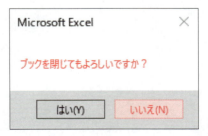

105

POINT メッセージの表示

メッセージを表示するには、「MsgBox関数」を使います。

■MsgBox関数

メッセージボックスにメッセージを表示します。

構文	MsgBox(Prompt[, Buttons][, Title])

引数	内容	省略
Prompt	メッセージを指定	省略できない
Buttons	ボタンやアイコンの種類を指定	省略できる ※省略すると《OK》ボタンが表示されます。
Title	タイトルを指定	省略できる ※省略すると《Microsoft Excel》と表示されます。

● 引数Buttonsに指定できる主な定数

定数	内容	値
vbOKOnly	《OK》を表示	0
vbOKCancel	《OK》と《キャンセル》を表示	1
vbYesNo	《はい》と《いいえ》を表示	4

● MsgBox関数の戻り値

ボタン	定数	戻り値
《OK》	vbOK	1
《キャンセル》	vbCancel	2

ボタン	定数	戻り値
《はい》	vbYes	6
《いいえ》	vbNo	7

例：メッセージボックスの戻り値を使った処理の分岐

```
Sub セル削除()
    Dim Mymsg As Integer
    Mymsg = MsgBox("セルを削除しますか?", vbOKCancel, "削除確認")
    If Mymsg = 1 Then
        ActiveCell.Delete
    Else
        MsgBox "削除をキャンセル"
    End If
End Sub
```

※変数Mymsgのデータ型は、定数の戻り値を代入できるように整数型にします。

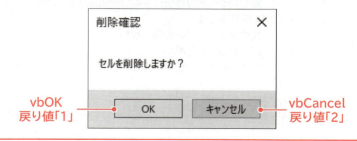

vbOK 戻り値「1」　　vbCancel 戻り値「2」

4 シートを作成したときの処理

「**NewSheetイベント**」は新しいシートを作成したときに発生します。新しく作成したシートは、「**Workbook_NewSheet**」イベントプロシージャの総称オブジェクト型の引数Shに渡されます。引数Shを使って、新しく作成したシートを操作できます。

■NewSheetイベント

新しいシートを作成したときに発生します。

```
Private Sub Workbook_NewSheet(ByVal Sh As Object)
    新しいシートを作成したときに実行する処理
    引数Shを使って、新しく作成したシートを操作する処理
End Sub
```

NewSheetイベントを利用し、シートを追加したときに、シート名を入力するダイアログボックスを表示するイベントプロシージャを作成して、動作を確認しましょう。

ダイアログボックスに入力されたシート名が空白でない場合はシート名を変更し、空白の場合は追加したシートを削除します。また削除する際に表示される警告メッセージは表示しないようにします。

※VBEに切り替えておきましょう。

■「Workbook_NewSheet」イベントプロシージャ

```
1. Private Sub Workbook_NewSheet(ByVal Sh As Object)
2.     Dim Namae As String
3.     Namae = InputBox("シート名を入力してください。")
4.     If Namae <> "" Then
5.         Sh.Name = Namae
6.     Else
7.         Application.DisplayAlerts = False
8.         Sh.Delete
9.         Application.DisplayAlerts = True
10.    End If
11. End Sub
```

■プロシージャの意味

1. 「Workbook_NewSheet(総称オブジェクト型の引数Shは作成されたシート)」イベントプロシージャ開始
2. 　文字列型の変数Namaeを使用することを宣言
3. 　変数Namaeに、InputBoxに入力された値を代入
4. 　変数Namaeの値が空文字(「""」)でない場合(文字列が入力された場合)は
5. 　　新しいシートの名前に変数Namaeの値を設定
6. 　それ以外の場合は
7. 　　警告メッセージを表示しない
8. 　　新しいシートを削除
9. 　　警告メッセージを表示する
10. 　Ifステートメント終了
11. イベントプロシージャ終了

👆 POINT 入力可能なダイアログボックスの表示

ダイアログボックスにメッセージとテキストボックスを表示するには「InputBox関数」を使います。

■InputBox関数

ダイアログボックスにメッセージとテキストボックスを表示します。
《OK》をクリックすると、テキストボックスに入力された文字列を戻り値として返します。
《キャンセル》または ✕ （閉じる）をクリックすると空文字（「""」）を返します。

構　文	InputBox(Prompt[, Title][, Default])

引数	内容	省略
Prompt	ダイアログボックスに表示される メッセージを指定	省略できない
Title	ダイアログボックスのタイトルを指定	省略できる ※省略した場合は《Microsoft 　Excel》と表示されます。
Default	テキストボックスに入力される既定 値を指定	省略できる ※省略した場合はテキストボック 　スは空の状態で表示されます。

👆 POINT 警告メッセージの表示・非表示

Excelでは、シートを削除するときに警告メッセージが表示されます。「DisplayAlertsプロパティ」を使用すると、警告メッセージを表示せずにシートを削除できます。

■DisplayAlertsプロパティ

警告メッセージの表示・非表示の状態を設定・取得します。Trueを設定すると警告メッセージが表示され、Falseを設定すると警告メッセージが非表示になります。
プロシージャの実行が終了したら自動的にTrue（既定値）に戻りますが、プロシージャをわかりやすくするために、既定値のTrueに戻すステートメントも記述しておくとよいでしょう。

構　文	Applicationオブジェクト.DisplayAlerts

108

①《プロシージャ》ボックスの ▼ をクリックし、一覧から《NewSheet》を選択します。

「Workbook_NewSheet」イベントプロシージャが作成されます。

②「Workbook_NewSheet」イベントプロシージャの内容を入力します。

※コンパイルし、上書き保存しておきましょう。

プロシージャの動作を確認します。

③Excelに切り替えます。
④ ⊕（新しいシート）をクリックします。

シート名を入力するダイアログボックスが表示されます。

⑤「ブックのイベント」と入力します。
⑥《OK》をクリックします。

新しく追加したワークシートの名前が「ブックのイベント」に変わります。

※ブックを上書き保存し、閉じておきましょう。

第5章

ユーザーフォームの利用

Step1	ユーザーフォームの基本を確認する	111
Step2	ユーザーフォームを追加する	114
Step3	コントロールを追加する	119
Step4	ユーザーフォームの外観を整える	131
Step5	プロシージャを作成する	134

Step 1 ユーザーフォームの基本を確認する

1 ユーザーフォーム

VBAでは、「**ユーザーフォーム**」という独自のダイアログボックスを作成できます。ユーザーフォームはデータの入力や表示などに利用でき、目的に合わせて自由にカスタマイズできます。

ユーザーフォームに追加するボタンなどの部品を「**コントロール**」といいます。ユーザーフォームに追加したコントロールは、プロパティを設定したり、メソッドを実行したりできます。コントロールの種類により、設定できるプロパティや実行できるメソッドは異なります。また、各コントロールは固有のイベントを持ち、それぞれのイベントに対するイベントプロシージャを作成できます。

2 作成するユーザーフォームの確認

作成するユーザーフォームを確認しましょう。

ブック「第5章_ユーザーフォームの利用」を開いておきましょう。
※メッセージバーの《コンテンツの有効化》をクリックしておきましょう。

1 ワークシート「アルバイト名簿」の確認

アルバイト名簿のデータを入力するワークシート「**アルバイト名簿**」の設定を確認しましょう。

❶ **データ入力範囲**
セル範囲【B4：G23】をアルバイト名簿のデータ入力範囲とします。また、入力する項目は「**氏名**」「**担当業務**」「**勤務可能日（平日）**」「**勤務可能日（土日）**」「**所属店**」「**ユニフォームサイズ**」の6項目とします。
※データ件数は20件まで入力できるようにします。

❷ **所属店のリスト**
項目「**所属店**」は、セル範囲【I10：I13】の所属店リストから選択します。
※セル範囲【I10：I13】には、「所属店」という名前が付けられています。

❸ **ユニフォームサイズのリスト**
項目「**ユニフォームサイズ**」は、セル範囲【K10：K14】のユニフォームサイズリストから選択します。
※セル範囲【K10：K15】には、「ユニフォームサイズ」という名前が付けられています。
※「完成フォーム表示」ボタンは作成済みのユーザーフォーム「名簿完成」を表示します。
※「名簿フォーム表示」ボタンは実習で作成するユーザーフォーム「名簿入力」を表示します。

2 ユーザーフォーム「名簿完成」の表示

作成済みのユーザーフォーム「**名簿完成**」を表示しましょう。

①「**完成フォーム表示**」ボタンをクリックします。
※作成したプロシージャを実行するように、あらかじめ登録されています。

ユーザーフォーム「**名簿完成**」が表示されます。
※ユーザーフォームを閉じておきましょう。

3 ユーザーフォーム「名簿完成」の確認

ユーザーフォーム「**名簿完成**」のコントロールは、次のとおりです。

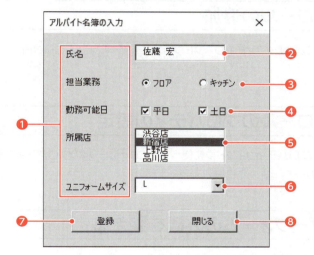

❶項目名（ラベル）
各項目名を表示しています。ラベルは文字列を表示できます。

❷氏名（テキストボックス）
氏名を入力します。テキストボックスは文字列や数値を入力できます。

❸担当業務（オプションボタン）
「**フロア**」か「**キッチン**」のどちらかを選択できます。オプションボタンは複数の項目のうち、ひとつだけ選択できます。

❹勤務可能日（チェックボックス）
平日・土日の勤務の可・不可を選択できます。チェックボックスをクリックすると、項目の選択状態（オン・オフ）の切り替えができます。

❺所属店（リストボックス）
所属店をリストから選択できます。リストボックスは項目を一覧表示し、表示された項目を選択できます。
※セル範囲【所属店】の値がリストボックスに表示されるように設定しています。

❻ユニフォームサイズ（コンボボックス）
ユニフォームサイズをドロップダウンリストから選択できます。コンボボックスは一覧から項目を選択したり、項目を入力したりできます。
※セル範囲【ユニフォームサイズ】の値がコンボボックスに表示されるように設定しています。

❼登録（コマンドボタン）
入力したデータをワークシートに転記します。このとき、各項目が入力されているかどうかを確認します。コマンドボタンをクリックすると、設定したプロシージャを実行できます。

❽閉じる（コマンドボタン）
アルバイト名簿の入力を終了し、ユーザーフォームを閉じます。

112

3　ユーザーフォームの作成手順

ユーザーフォームを作成する基本的な手順は次のとおりです。

1　ユーザーフォームの追加
ユーザーフォームを追加します。

2　ユーザーフォームのプロパティの設定
プロパティウィンドウを使って、ユーザーフォームのプロパティを設定します。

3　コントロールの追加
ユーザーフォームウィンドウで、ユーザーフォームにコントロールを追加します。

4　コントロールのプロパティの設定
プロパティウィンドウを使って、コントロールのプロパティを設定します。

5　ユーザーフォームの外観を整える
コントロールのサイズや位置を整えます。

6　ユーザーフォームを操作するプロシージャの作成
コードウィンドウで、ユーザーフォームやコントロールを操作するためのプロシージャを作成します。

7　ユーザーフォームを表示するプロシージャの作成
標準モジュールに、ユーザーフォームを表示するプロシージャを作成します。

8　ユーザーフォームを実行する
ワークシート上からユーザーフォームを実行します。

Step 2 ユーザーフォームを追加する

1 ユーザーフォームの追加

新しいユーザーフォームを追加しましょう。
※VBEに切り替えておきましょう。

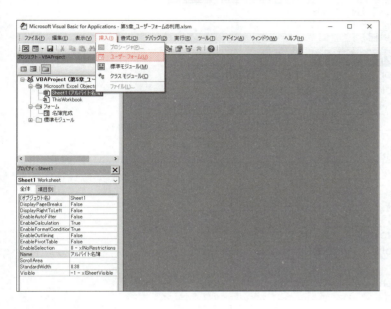

①《挿入》をクリックします。
②《ユーザーフォーム》をクリックします。

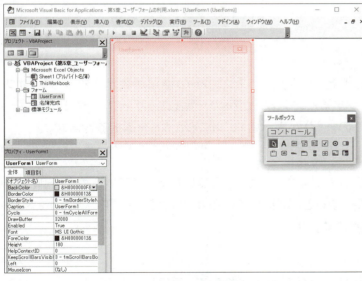

新しいユーザーフォームが追加されます。

POINT ユーザーフォームウィンドウ

追加したユーザーフォームが表示されているウィンドウを「ユーザーフォームウィンドウ」といいます。ユーザーフォームにコントロールを追加したり、ユーザーフォームの外観を整えたりするときに使います。

STEP UP ユーザーフォームのオブジェクト名

ユーザーフォームのオブジェクト名は、追加した順に「UserForm1」「UserForm2」…のように付けられます。

STEP UP その他の方法(ユーザーフォームの追加)

◆VBEの《標準》ツールバーの □ (ユーザーフォームの挿入)
◆プロジェクトエクスプローラーの空き領域を右クリック→《挿入》→《ユーザーフォーム》

2 プロパティの設定

ユーザーフォームやコントロールは様々なプロパティを持っています。プロパティはプロパティウィンドウで設定できます。
プロパティウィンドウの構成は次のとおりです。

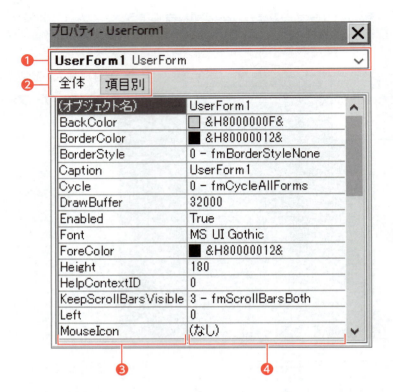

❶《オブジェクト》ボックス
現在選択されているオブジェクト名（太字）とオブジェクトの種類が表示されます。《オブジェクト》ボックスの▽をクリックすると、オブジェクトの一覧（ユーザーフォームとユーザーフォームに追加したコントロールの一覧）が表示され、オブジェクトを選択できます。

❷《プロパティリスト》タブ
《全体》タブを選択すると、選択しているオブジェクトのプロパティがアルファベット順で表示されます。《項目別》タブを選択すると、選択しているオブジェクトのプロパティがいくつかの項目に分類されて表示されます。

❸プロパティ名
選択しているオブジェクトのプロパティ名が表示されます。プロパティ名の上でクリックすると、青く反転表示され選択状態になります。

❹設定値
各プロパティに設定されている値が表示されます。プロパティの設定値を直接入力したり、設定値を一覧から選択したりできます。

STEP UP プロパティウィンドウの領域の変更

プロパティウィンドウの幅が狭いと、プロパティ名や設定値が隠れてしまうことがあります。プロパティウィンドウの境界線をポイントし、マウスポインターの形が ←||→ の状態でドラッグすると、領域の幅を変更できます。

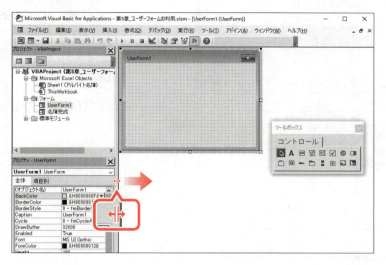

1 オブジェクト名と表示文字列の設定

新しく追加したユーザーフォーム「UserForm1」のプロパティを次のように設定しましょう。
オブジェクトの名前を設定するには《Name》プロパティを使います。また、オブジェクトに表示される文字列を設定するには《Caption》プロパティを使います。ユーザーフォームの場合は、ユーザーフォームのタイトルバーに表示される文字列になります。

プロパティ	設定値
Name（オブジェクト名）	名簿入力
Caption	アルバイト名簿の入力

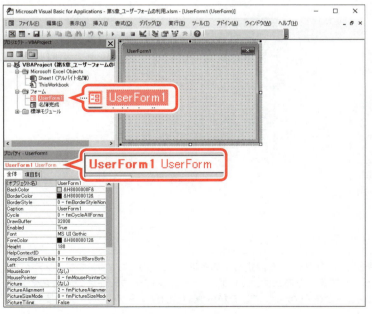

①プロジェクトエクスプローラのフォーム「UserForm1」をクリックします。

プロパティウィンドウの《オブジェクト》ボックスに「UserForm1 UserForm」と表示されます。

116

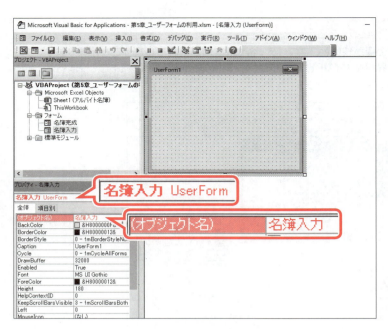

② プロパティウィンドウの《(オブジェクト名)》をクリックします。
※Nameプロパティは、プロパティウィンドウ上では《(オブジェクト名)》と表示されています。
③《(オブジェクト名)》の設定値に「名簿入力」と入力します。
④ (Enter)を押します。
プロパティウィンドウの《オブジェクト》ボックスが「名簿入力 UserForm」に変わります。

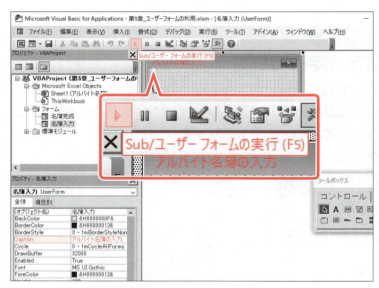

⑤ プロパティウィンドウの《Caption》をクリックします。
⑥《Caption》の設定値に「アルバイト名簿の入力」と入力します。
⑦ (Enter)を押します。
ユーザーフォームのタイトルバーに「アルバイト名簿の入力」と表示されます。
⑧ ユーザーフォームウィンドウ上をクリックします。
⑨ ▶ (Sub/ユーザーフォームの実行) をクリックします。

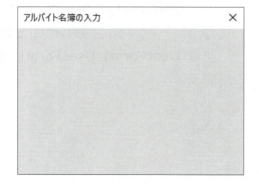

ユーザーフォームが表示されます。
※確認後、ユーザーフォームを閉じておきましょう。

STEP UP ユーザーフォームが実行されない

プロパティウィンドウを使ってプロパティを設定したあとは、プロパティウィンドウがアクティブになっています。プロパティを設定したあとは、ユーザーフォームウィンドウの任意の場所をクリックし、ユーザーフォームウィンドウをアクティブにしてから ▶ (Sub/ユーザーフォームの実行) をクリックします。
※プロパティウィンドウがアクティブになっている状態では、▶ (Sub/ユーザーフォームの実行) は ▶ (マクロの実行) になっており、クリックすると《マクロ》ダイアログボックスが表示されます。

STEP UP その他の方法（ユーザーフォームの実行）

◆《実行》→《Sub/ユーザーフォームの実行》
◆ F5

2 高さと幅の設定

ユーザーフォーム「名簿入力」のプロパティを次のように設定しましょう。ユーザーフォームの高さは《Height》プロパティ、幅は《Width》プロパティでそれぞれ設定します。

プロパティ	設定値
Height	260
Width	250

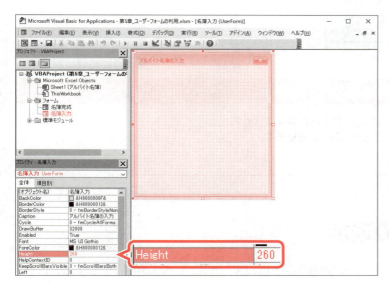

① プロジェクトエクスプローラのフォーム「名簿入力」をクリックします。

プロパティウィンドウの《オブジェクト》ボックスに「名簿入力 UserForm」と表示されます。

② プロパティウィンドウの《Height》をクリックします。

③《Height》の設定値に「260」と入力します。

④ Enter を押します。

ユーザーフォーム「名簿入力」の高さが「260」に変わります。

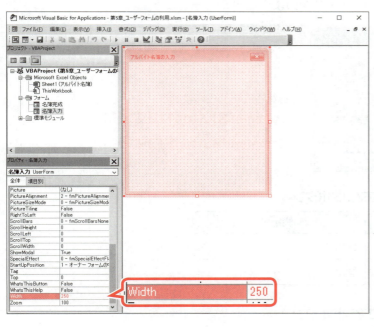

⑤ プロパティウィンドウの《Width》をクリックします。

⑥《Width》の設定値に「250」と入力します。

※表示されていない場合は、スクロールして調整します。

⑦ Enter を押します。

ユーザーフォーム「名簿入力」の幅が「250」に変わります。

※ユーザーフォームを実行して結果を確認しましょう。確認後、ユーザーフォームを閉じておきましょう。

STEP UP その他の方法（ユーザーフォームのサイズの変更）

◆ユーザーフォームの右辺、下辺、右下の□（サイズ変更ハンドル）をドラッグ

Step 3 コントロールを追加する

1 コントロールの追加

ユーザーフォームにコントロールを追加するには、《ツールボックス》を使います。《ツールボックス》はユーザーフォームウィンドウがアクティブになると自動的に表示されます。

POINT 《ツールボックス》の再表示

《ツールボックス》を閉じると、自動的に表示されなくなります。
《ツールボックス》を再表示する方法は、次のとおりです。
◆ ※（ツールボックス）

2 コマンドボタンの追加

ユーザーフォーム「**名簿入力**」に、次の図のようにコマンドボタンを追加しましょう。また、追加したコマンドボタンのプロパティを次のように設定しましょう。

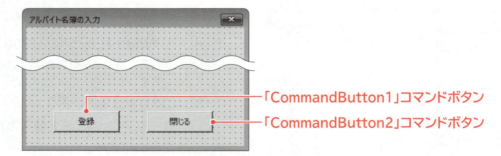

●「CommandButton1」コマンドボタン

プロパティ	設定値
Name（オブジェクト名）	cmdOK
Caption	登録

●「CommandButton2」コマンドボタン

プロパティ	設定値
Name（オブジェクト名）	cmdClose
Caption	閉じる

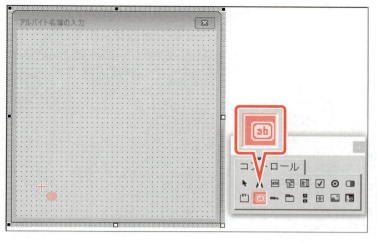

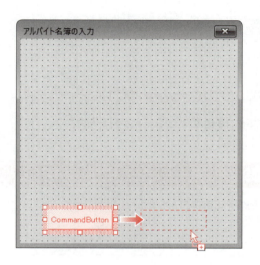

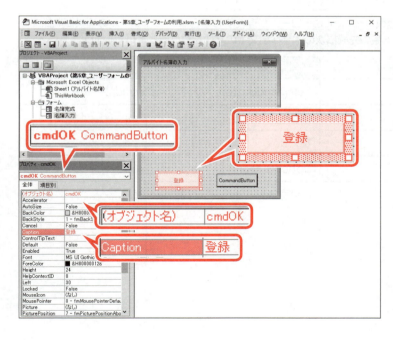

① ユーザーフォームウィンドウ上をクリックします。
②《ツールボックス》の (コマンドボタン) をクリックします。
※お使いのExcelのバージョンによって、ボタンが異なる場合があります。
③ コマンドボタンを追加する場所をポイントします。
マウスポインターの形が＋に変わります。
※お使いのExcelのバージョンによって、マウスポインターの形が異なる場合があります。
④ クリックします。

既定のサイズのコマンドボタンが追加されます。
※ドラッグすると任意のサイズのコマンドボタンが追加されます。
⑤ コマンドボタンが選択されていることを確認します。
⑥ 〔Ctrl〕を押しながら図のようにドラッグします。
ドラッグ中、マウスポインターの形が に変わります。
コマンドボタンがコピーされます。
※〔Ctrl〕を押しながらコントロールをドラッグすると、そのコントロールをコピーできます。コピーしたコントロールのオブジェクト名は自動的に変更され、プロパティの設定値はそのまま引き継がれます。

⑦「CommandButton1」コマンドボタンを選択します。
⑧ プロパティウィンドウの《(オブジェクト名)》をクリックします。
⑨《(オブジェクト名)》の設定値に「cmdOK」と入力します。
⑩〔Enter〕を押します。
プロパティウィンドウの《オブジェクト》ボックスが「cmdOK CommandButton」に変わります。
⑪ プロパティウィンドウの《Caption》をクリックします。
⑫《Caption》の設定値に「登録」と入力します。
⑬〔Enter〕を押します。
ユーザーフォームのコマンドボタンに「登録」と表示されます。

120

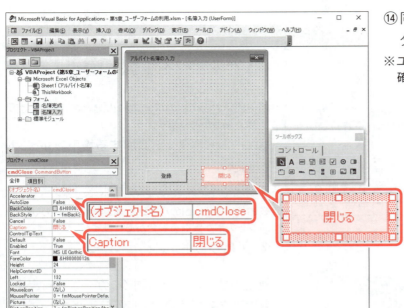

⑭ 同様に「CommandButton2」コマンドボタンのプロパティを設定します。

※ユーザーフォームを実行して結果を確認しましょう。確認後、ユーザーフォームを閉じておきましょう。

STEP UP その他の方法（コマンドボタンのCaptionプロパティの変更）

◆コマンドボタンを選択→コマンドボタンを再度クリック→文字列を入力

POINT コントロールの削除

ユーザーフォームに追加したコントロールは削除できます。
コントロールを削除する方法は、次のとおりです。

◆コントロールを選択→ Delete

STEP UP 標準的なコントロールの名前の付け方

ユーザーフォームに複数の種類のコントロールが混在する場合は、コントロールの種類が判断できるように、オブジェクト名の先頭に次のような小文字の略語を付けるとよいでしょう。

コントロール	オブジェクト	略語
コマンドボタン	CommandButton	cmd
ラベル	Label	lbl
テキストボックス	TextBox	txt
オプションボタン	OptionButton	opt
チェックボックス	CheckBox	chk
リストボックス	ListBox	lst
コンボボックス	ComboBox	cbo

3 ラベルの追加

ユーザーフォーム**「名簿入力」**に、次の図のようにラベルを追加しましょう。また、追加したラベルの《Caption》プロパティを次のように設定しましょう。

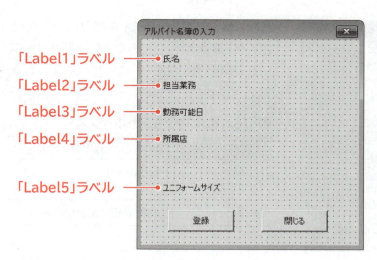

ラベル	設定値
Label1	氏名
Label2	担当業務
Label3	勤務可能日
Label4	所属店
Label5	ユニフォームサイズ

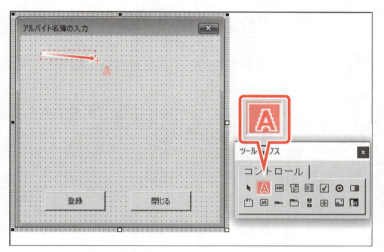

①《ツールボックス》の A (ラベル) をクリックします。
②ラベルを追加する場所をポイントします。マウスポインターの形が ⁺A に変わります。
③図のようにドラッグします。

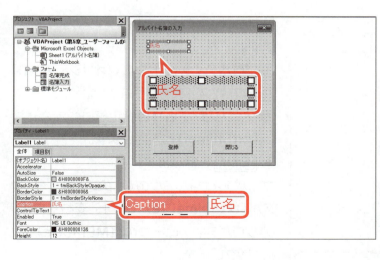

任意のサイズのラベルが追加されます。
④プロパティウィンドウの《Caption》をクリックします。
⑤《Caption》の設定値に**「氏名」**と入力します。
⑥ [Enter] を押します。

ユーザーフォームのラベルに**「氏名」**と表示されます。
⑦同様に**「Label2」**〜**「Label5」**ラベルを追加してプロパティを設定します。

※ラベルの追加はコピーを使うと効率的です。
※ユーザーフォームを実行して結果を確認しましょう。確認後、ユーザーフォームを閉じておきましょう。

4 テキストボックスの追加

ユーザーフォーム**「名簿入力」**に、次の図のようにテキストボックスを追加しましょう。また、追加したテキストボックスのプロパティを次のように設定しましょう。

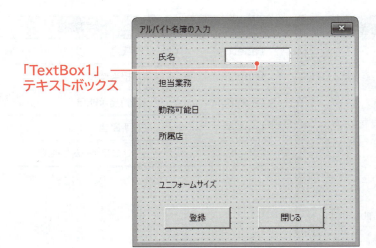

《**IMEMode**》プロパティを使うと、テキストボックスを選択したときに、日本語入力システム（IME）が自動的に切り替わるように指定できます。

●「TextBox1」テキストボックス

プロパティ	設定値
Name（オブジェクト名）	txtShimei
IMEMode	4-fmIMEModeHiragana

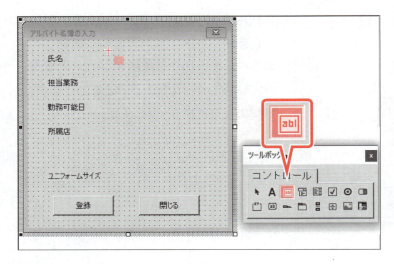

①《ツールボックス》の ■（テキストボックス）をクリックします。

②テキストボックスを追加する場所をポイントします。

マウスポインターの形が ＋ に変わります。

③クリックします。

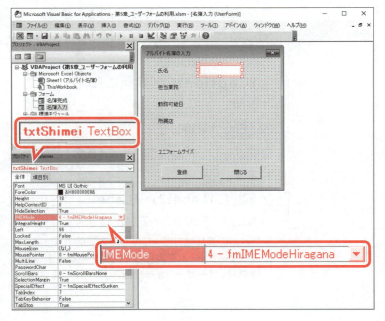

既定のサイズのテキストボックスが追加されます。

④プロパティウィンドウの《（オブジェクト名）》をクリックします。

⑤《（オブジェクト名）》の設定値に「**txtShimei**」と入力します。

⑥ Enter を押します。

プロパティウィンドウの《オブジェクト》ボックスが「**txtShimei TextBox**」に変わります。

⑦プロパティウィンドウの《**IMEMode**》をクリックします。

⑧《**IMEMode**》の設定値の ▼ をクリックし、「**4-fmIMEModeHiragana**」を選択します。

※ユーザーフォームを実行して結果を確認しましょう。確認後、ユーザーフォームを閉じておきましょう。

> **POINT　《IMEMode》プロパティ**
>
> 《IMEMode》プロパティの設定値には、次の定数を指定できます。
>
> | 定数 | 内容 |
> | --- | --- |
> | 0-fmIMEModeNoControl | IMEを制御しない |
> | 1-fmIMEModeOn | IMEの日本語入力をオン |
> | 2-fmIMEModeOff | IMEの日本語入力をオフ |
> | 3-fmIMEModeDisable | IMEの日本語入力をオフ
ユーザーの操作でオンにすることはできない |
> | 4-fmIMEModeHiragana | 全角ひらがなモードで日本語入力をオン |

5　オプションボタンの追加

ユーザーフォーム**「名簿入力」**に、次の図のようにオプションボタンを追加しましょう。また、追加したオプションボタンのプロパティを次のように設定しましょう。
《Value》プロパティではオプションボタンのオン・オフを設定できます。既定値をオンにするときはTrueを設定します。

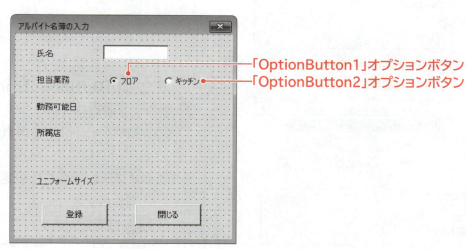

●「OptionButton1」オプションボタン

プロパティ	設定値
Name（オブジェクト名）	opt1
Caption	フロア
Value	True

●「OptionButton2」オプションボタン

プロパティ	設定値
Name（オブジェクト名）	opt2
Caption	キッチン
Value	False

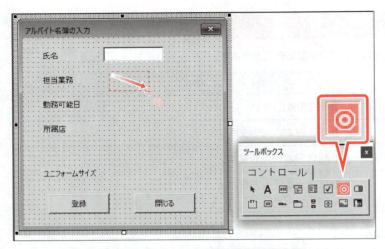

① 《ツールボックス》の ◉ (オプションボタン)をクリックします。
② オプションボタンを追加する場所をポイントします。
マウスポインターの形が ＋ に変わります。
③ 図のようにドラッグします。

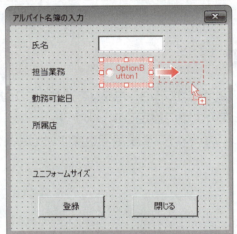

任意のサイズのオプションボタンが追加されます。
④ 「OptionButton1」オプションボタンが選択されていることを確認します。
⑤ [Ctrl]を押しながら図のようにドラッグします。
オプションボタンがコピーされます。

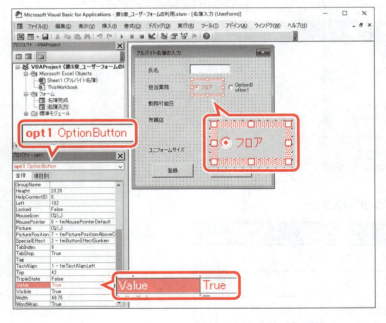

⑥ 左側の「OptionButton1」オプションボタンを選択します。
⑦ プロパティウィンドウの《(オブジェクト名)》をクリックします。
⑧ 《(オブジェクト名)》の設定値に「opt1」と入力します。
⑨ [Enter]を押します。
プロパティウィンドウの《オブジェクト》ボックスが「opt1 OptionButton」に変わります。
⑩ プロパティウィンドウの《Caption》をクリックします。
⑪ 《Caption》の設定値に「フロア」と入力します。
⑫ [Enter]を押します。
ユーザーフォームのオプションボタンに「フロア」と表示されます。
⑬ プロパティウィンドウの《Value》をクリックします。
※表示されていない場合は、スクロールして調整します。
⑭ 《Value》の設定値に「True」と入力します。
⑮ [Enter]を押します。

第5章 ユーザーフォームの利用

125

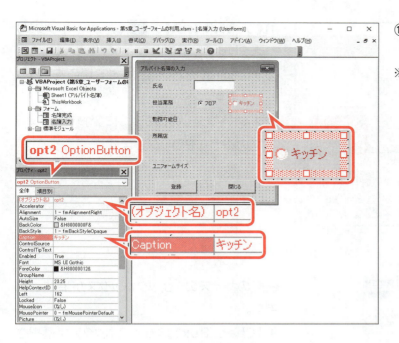

⑯同様に「OptionButton2」オプションボタンのプロパティを設定します。

※ユーザーフォームを実行して結果を確認しましょう。確認後、ユーザーフォームを閉じておきましょう。

6 チェックボックスの追加

ユーザーフォーム「**名簿入力**」に、次の図のようにチェックボックスを追加しましょう。また、追加したチェックボックスのプロパティを次のように設定しましょう。

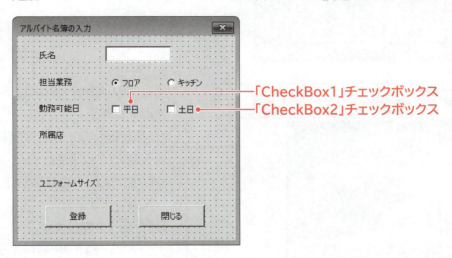

●「CheckBox1」チェックボックス

プロパティ	設定値
Name（オブジェクト名）	chk1
Caption	平日

●「CheckBox2」チェックボックス

プロパティ	設定値
Name（オブジェクト名）	chk2
Caption	土日

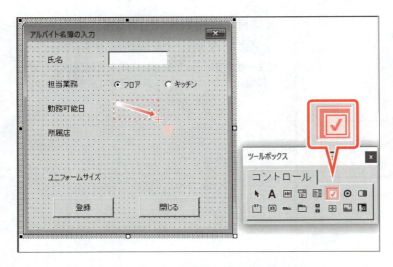

① 《ツールボックス》の ☑ （チェックボックス）をクリックします。
② チェックボックスを追加する場所をポイントします。
マウスポインターの形が ＋ に変わります。
③ 図のようにドラッグします。

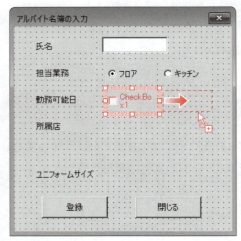

任意のサイズのチェックボックスが追加されます。
④ 「CheckBox1」チェックボックスが選択されていることを確認します。
⑤ Ctrl を押しながら図のようにドラッグします。
チェックボックスがコピーされます。

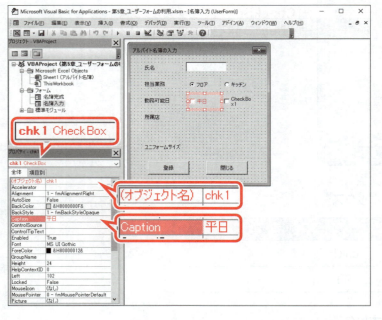

⑥ 左側の「CheckBox1」チェックボックスを選択します。
⑦ プロパティウィンドウの《（オブジェクト名）》をクリックします。
⑧ 《（オブジェクト名）》の設定値に「chk1」と入力します。
⑨ Enter を押します。
プロパティウィンドウの《オブジェクト》ボックスが「chk1 CheckBox」に変わります。
⑩ プロパティウィンドウの《Caption》をクリックします。
⑪ 《Caption》の設定値に「平日」と入力します。
⑫ Enter を押します。
ユーザーフォームのチェックボックスに「平日」と表示されます。

⑬同様に「**CheckBox2**」チェックボックスの
プロパティを設定します。

※ユーザーフォームを実行して結果を確認しましょう。
確認後、ユーザーフォームを閉じておきましょう。

7 リストボックスの追加

ユーザーフォーム「**名簿入力**」に、次の図のようにリストボックスを追加しましょう。また、追加したリストボックスのプロパティを次のように設定しましょう。

《RowSource》プロパティを使うと、ワークシートに入力されているリスト（セル範囲）をリストボックスやコンボボックスの一覧に表示することができます。セル範囲に名前が設定されている場合は、《RowSource》プロパティに名前を設定します。

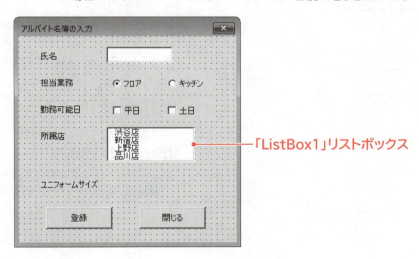

●「ListBox1」リストボックス

プロパティ	設定値
Name（オブジェクト名）	lstSyozokuten
RowSource	所属店

128

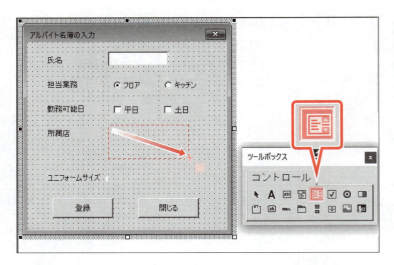

①《ツールボックス》の（リストボックス）をクリックします。
②リストボックスを追加する場所をポイントします。
マウスポインターの形が＋に変わります。
③図のようにドラッグします。

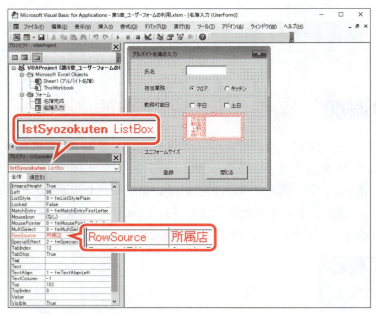

任意のサイズのリストボックスが追加されます。
④プロパティウィンドウの《(オブジェクト名)》をクリックします。
⑤《(オブジェクト名)》の設定値に「lstSyozokuten」と入力します。
⑥ Enter を押します。
プロパティウィンドウの《オブジェクト》ボックスが「lstSyozokuten ListBox」に変わります。
⑦プロパティウィンドウの《RowSource》をクリックします。
※表示されていない場合は、スクロールして調整します。
⑧《RowSource》の設定値に「所属店」と入力します。
⑨ Enter を押します。
ユーザーフォームのリストボックスにセル範囲【I10:I13】の所属店のリストが表示されます。
※ユーザーフォームを実行して結果を確認しましょう。確認後、ユーザーフォームを閉じておきましょう。

8 コンボボックスの追加

ユーザーフォーム**「名簿入力」**に、次の図のようにコンボボックスを追加しましょう。また、追加したコンボボックスのプロパティを次のように設定しましょう。

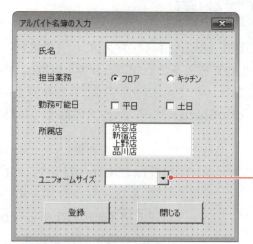
「ComboBox1」コンボボックス

● 「ComboBox1」コンボボックス

プロパティ	設定値
Name（オブジェクト名）	cboSaizu
RowSource	ユニフォームサイズ

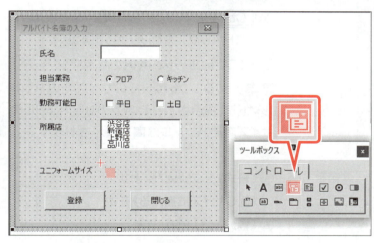

① 《ツールボックス》の 圖（コンボボックス）をクリックします。
② コンボボックスを追加する場所をポイントします。
マウスポインターの形が ＋ に変わります。
③ クリックします。

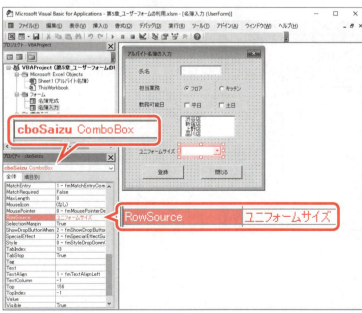

既定のサイズのコンボボックスが追加されます。
④ プロパティウィンドウの《(オブジェクト名)》をクリックします。
⑤ 《(オブジェクト名)》の設定値に「cboSaizu」と入力します。
⑥ 〔Enter〕を押します。
プロパティウィンドウの《オブジェクト》ボックスが「cboSaizu ComboBox」に変わります。
⑦ プロパティウィンドウの《RowSource》をクリックします。
⑧ 《RowSource》の設定値に「ユニフォームサイズ」と入力します。
⑨ 〔Enter〕を押します。
ユーザーフォームのコンボボックスの ▼ をクリックすると、セル範囲【K10：K14】のユニフォームサイズのリストが表示されます。
※ユーザーフォームを実行して結果を確認しましょう。
　確認後、ユーザーフォームを閉じておきましょう。

130

Step 4 ユーザーフォームの外観を整える

1 コントロールのサイズ変更

ユーザーフォームに追加したコントロールのサイズを整えます。《書式》メニューを使うと、複数のコントロールのサイズをまとめて揃えることができます。複数のコントロールを選択してサイズを揃える場合、最後に選択したコントロールのサイズが基準となります。
「**txtShimei**」テキストボックスと「**cboSaizu**」コンボボックスの幅を、「**lstSyozokuten**」リストボックスの幅に揃えましょう。

①「**txtShimei**」テキストボックスをクリックします。
② Ctrl を押しながら「**cboSaizu**」コンボボックスをクリックします。
③ Ctrl を押しながら「**lstSyozokuten**」リストボックスをクリックします。
3つのコントロールが選択されます。
基準となるコントロールのサイズ変更ハンドルは□で表示され、その他のコントロールのサイズ変更ハンドルは■で表示されます。

④《書式》をクリックします。
⑤《同じサイズに揃える》をポイントします。
⑥《幅》をクリックします。

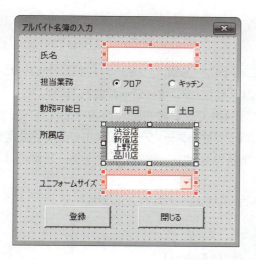

「**txtShimei**」テキストボックスと「**cboSaizu**」コンボボックスの幅が、「**lstSyozokuten**」リストボックスの幅に揃います。

※ユーザーフォーム「名簿入力」をクリックして、コントロールの選択を解除しておきましょう。

POINT 基準となるコントロールの変更

複数のコントロールを選択したあとに、その中のコントロールをクリックすると基準となるコントロールを変更できます。

POINT 幅と高さを同じサイズに揃える

《書式》メニューの《同じサイズに揃える》内のコマンドを実行すると、複数のコントロールの幅や高さを一度に揃えることができます。

POINT コントロールの整列

《書式》メニューの《整列》内のコマンドを実行すると、複数のコントロールの位置を上下左右中央に揃えたり、グリッドに合わせたりできます。

STEP UP グリッドの間隔

コントロールのサイズ変更や移動は「グリッド」に合わせられます。グリッドとは、ユーザーフォーム上に表示されている「・」のことです。グリッドの間隔の値を小さくすると、より細かくコントロールを調整できます。
グリッドの間隔を変更する方法は、次のとおりです。

◆《ツール》→《オプション》→《全般》タブ→《グリッドの設定》の《幅》と《高さ》
※初期の設定では「6」に設定されています。

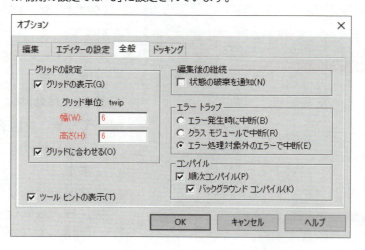

132

2 タブオーダーの設定

ユーザーフォーム上で Tab を押すとコントロール間でフォーカス（コントロールの選択状態）が移動します。この移動する順番のことを**「タブオーダー」**といいます。

コントロールが複数ある場合、入力する順番でタブオーダーを設定しておくと効率よくデータを入力できます。タブオーダーは**《タブオーダー》**ダイアログボックスで設定します。

ユーザーフォーム**「名簿入力」**に追加した各コントロールのタブオーダーを次のように変更しましょう。

※ラベルはフォーカスされないため、次のコントロールにフォーカスが移動します。

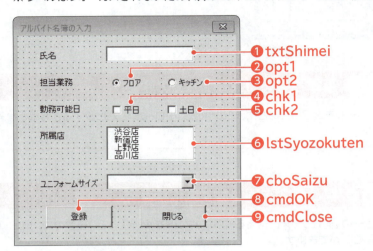

❶ txtShimei
❷ opt1
❸ opt2
❹ chk1
❺ chk2
❻ lstSyozokuten
❼ cboSaizu
❽ cmdOK
❾ cmdClose

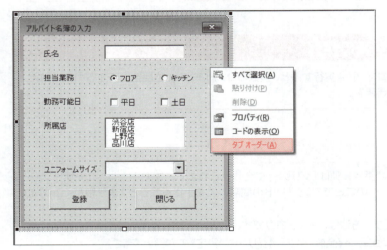

① ユーザーフォームを実行して、Tab を押して現在のタブオーダーを確認します。
※確認後、ユーザーフォームを閉じておきましょう。
② ユーザーフォーム**「名簿入力」**を右クリックします。
※コントロール以外の場所を右クリックします。
ショートカットメニューが表示されます。
③**《タブオーダー》**をクリックします。

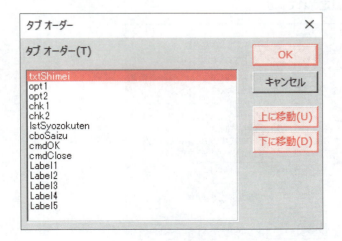

《タブオーダー》ダイアログボックスが表示されます。
④ タブオーダーを変更するオブジェクト名を選択します。
⑤**《上に移動》**または**《下に移動》**をクリックして移動させます。
⑥ ④⑤を繰り返してタブオーダーを設定します。
⑦**《OK》**をクリックします。
※ユーザーフォームを実行して結果を確認しましょう。確認後、ユーザーフォームを閉じておきましょう。

Step 5 プロシージャを作成する

1 ユーザーフォームの操作

ユーザーフォームやユーザーフォームに追加したコントロールを操作するにはプロシージャを作成します。ユーザーフォームやコントロールには様々なイベントがあり、イベントプロシージャも作成できます。プロシージャはユーザーフォームをコードウィンドウで開いて作成します。

1 新規データを入力するセルを選択

「Initializeイベント」は、ユーザーフォームを表示したときに発生します。

■**Initializeイベント**

ユーザーフォームを表示したときに発生します。

Private Sub ユーザーフォーム名_Initialize
　　　ユーザーフォームを表示したときに実行する処理
End Sub

ユーザーフォーム「**名簿入力**」のInitializeイベントを利用し、ユーザーフォームを表示したときに新規データを入力するセルを選択するプロシージャを作成して、動作を確認しましょう。
アルバイト名簿はセル範囲【B4：G23】までがデータ入力範囲なので、セル【B24】にデータは入力しません。
そのため、セル【B24】の上側で最後にデータが入力されているセルをEndプロパティを使って取得し、Offsetプロパティを使って1行下のセルを取得します。

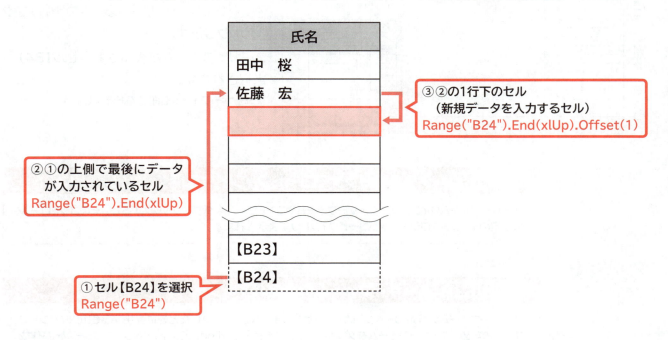

■「UserForm_Initialize」イベントプロシージャ

1. Private Sub UserForm_Initialize()
2. 　　Range("B24").End(xlUp).Offset(1).Select
3. End Sub

■プロシージャの意味

1. 「UserForm_Initialize」プロシージャ開始
2. 　　セル【B24】の上端セルの1行下のセルを選択
3. プロシージャ終了

①ユーザーフォーム「名簿入力」上をダブルクリックします。
※コントロールのない場所をダブルクリックします。
コードウィンドウが表示され、「UserForm_Click」イベントプロシージャが作成されます。

②《プロシージャ》ボックスの▼をクリックし、一覧から《Initialize》を選択します。
「UserForm_Initialize」イベントプロシージャが作成されます。
※「UserForm_Click」イベントプロシージャは削除しておきましょう。

③「UserForm_Initialize」イベントプロシージャの内容を入力します。
※コンパイルし、上書き保存しておきましょう。

ユーザーフォームを実行して、プロシージャの動作を確認します。

④ ▶(Sub/ユーザーフォームの実行)をクリックします。

ユーザーフォームが表示され、セル【B4】が選択されます。
※ユーザーフォームを閉じておきましょう。

POINT　ダブルクリックでコードウィンドウを開く

ユーザーフォームウィンドウのユーザーフォームやコントロールをダブルクリックすると、そのコントロールの既定のイベントプロシージャがコードウィンドウで表示されます。

POINT　ユーザーフォームの既定のイベント

ユーザーフォームの既定のイベントは、ユーザーフォームをクリックしたときに発生するClickイベントです。そのため、ユーザーフォームをダブルクリックすると「UserForm_Click」イベントプロシージャが作成されます。

2 各コントロールの値をワークシートに転記

「Clickイベント」は、コントロールをクリックしたときに発生します。

■Clickイベント

コントロールをクリックしたときに発生します。

```
Private Sub オブジェクト名_Click
    コントロールをクリックしたときに実行する処理
End Sub
```

「cmdOK」コマンドボタンのClickイベントを利用し、各コントロールの値をワークシートに転記するプロシージャを作成して、動作を確認しましょう。

また、データを転記したあとは、次のデータを入力するためにユーザーフォームの各コントロールの値を初期化します。

ただし、次のような場合はメッセージを表示し、データを転記しないようにします。

●アクティブセルがセル【B24】のとき（登録可能なデータ件数を超えているとき）
●テキストボックスに何も入力されていないとき
●チェックボックスがどちらもオフのとき
●リストボックスの項目が選択されていないとき
●コンボボックスの項目が選択されていないとき

コントロールの値を取得するには、「**Textプロパティ**」または「**Valueプロパティ**」を使います。

■Textプロパティ

テキストボックス、リストボックス、コンボボックスの値を設定・取得します。

構　文	オブジェクト名.Text

例：「txtOffice」テキストボックスに「Excel」と入力する

```
txtOffice.Text = "Excel"
```

■Valueプロパティ

オプションボタンやチェックボックスのオン・オフを設定・取得します。オンの場合はTrueを、オフの場合はFalseを返します。テキストボックスやリストボックス、コンボボックスの値を設定・取得することもできます。

構　文	オブジェクト名.Value

※オプションボタンやチェックボックスのValueプロパティに空文字（「""」）を設定すると、オプションボタンやチェックボックスが選択できない状態になり灰色で表示されます。

リストボックスやコンボボックスで現在選択されている項目のインデックス番号を取得するには「ListIndexプロパティ」を使います。1番目の項目が選択されている場合は「0」を、2番目の項目が選択されている場合は「1」を返します。項目が選択されていない場合や一覧にない項目が入力されている場合は「-1」を返します。また、リストボックスやコンボボックスの選択を解除する場合は、ListIndexプロパティに「-1」を設定します。

■ListIndexプロパティ

リストボックスやコンボボックスで選択されている項目のインデックス番号を設定・取得します。

構文	オブジェクト名.ListIndex

■「cmdOK_Click」イベントプロシージャ

```
1. Private Sub cmdOK_Click()
2.     If ActiveCell.Address = Range("B24").Address Then
3.         MsgBox "これ以上登録できません！"
4.         Exit Sub
5.     ElseIf txtShimei.Text = "" Then
6.         MsgBox "氏名を入力してください！"
7.         Exit Sub
8.     ElseIf chk1.Value = False And chk2.Value = False Then
9.         MsgBox "勤務希望日を選択してください！"
10.        Exit Sub
11.    ElseIf lstSyozokuten.ListIndex = -1 Then
12.        MsgBox "所属店を選択してください！"
13.        Exit Sub
14.    ElseIf cboSaizu.Text = "" Then
15.        MsgBox "ユニフォームサイズを選択してください！"
16.        Exit Sub
17.    End If
18.    With ActiveCell
19.        .Value = txtShimei.Text
20.        .Offset(, 1).Value = IIf(opt1.Value = True, "フロア", "キッチン")
21.        .Offset(, 2).Value = IIf(chk1.Value = True, "可", "不可")
22.        .Offset(, 3).Value = IIf(chk2.Value = True, "可", "不可")
23.        .Offset(, 4).Value = lstSyozokuten.Text
24.        .Offset(, 5).Value = cboSaizu.Text
25.        .Offset(1).Select
26.    End With
27.    txtShimei.Text = ""
28.    lstSyozokuten.ListIndex = -1
29.    cboSaizu.ListIndex = -1
30.    opt1.Value = True
31.    chk1.Value = False
32.    chk2.Value = False
33.    txtShimei.SetFocus
34. End Sub
```

■プロシージャの意味

1. 「cmdOK_Click」プロシージャ開始
2. アクティブセルのセル番地とセル【B24】のセル番地が等しい場合は
3. メッセージを表示「これ以上登録できません!」
4. プロシージャから抜け出す
5. txtShimeiの値が空文字(「""」)の場合は
6. メッセージを表示「氏名を入力してください!」
7. プロシージャから抜け出す
8. chk1がオフ　かつ　chk2がオフの場合は
9. メッセージを表示「勤務希望日を選択してください!」
10. プロシージャから抜け出す
11. lstSyozokutenの項目が選択されていない場合は
12. メッセージを表示「所属店を選択してください!」
13. プロシージャから抜け出す
14. cboSaizuの値が空文字(「""」)の場合は
15. メッセージを表示「ユニフォームサイズを選択してください!」
16. プロシージャから抜け出す
17. Ifステートメント終了
18. アクティブセルの
19. 値にtxtShimeiの値を入力
20. 1列右のセルにopt1がオンの場合は「フロア」、オフの場合は「キッチン」を入力
21. 2列右のセルにchk1がオンの場合は「可」、オフの場合は「不可」を入力
22. 3列右のセルにchk2がオンの場合は「可」、オフの場合は「不可」を入力
23. 4列右のセルにlstSyozokutenで選択されている項目の値を入力
24. 5列右のセルにcboSaizuで選択または入力されている項目の値を入力
25. 1行下のセルを選択
26. Withステートメント終了
27. txtShimeiに空文字(「""」)を設定
28. lstSyozokutenの選択項目を解除
29. cboSaizuの選択項目を解除
30. opt1にオンを設定
31. chk1にオフを設定
32. chk2にオフを設定
33. txtShimeiにフォーカスを移動
34. プロシージャ終了

👉 POINT　IIf関数

「IIf関数」は、条件式を満たすかどうかで、異なる値を返す関数です。

■IIf関数

条件式が真(True)の場合は引数Truepartの値を、偽(False)の場合は引数Falsepartの値を返します。

構　文	IIf(Expr, Truepart, Falsepart)

引数	内容	省略
Expr	条件式を指定	省略できない
Truepart	条件式が真(True)の場合の値を指定	省略できない
Falsepart	条件式が偽(False)の場合の値を指定	省略できない

POINT フォーカスの移動

コントロールにフォーカスを移動するには、「SetFocusメソッド」を使います。

■SetFocusメソッド

コントロールにフォーカスを移動します。

構文	オブジェクト名.SetFocus

例：「txtNamae」テキストボックスにフォーカスを移動する

```
txtNamae.SetFocus
```

```
Option Explicit

Private Sub cmdOK_Click()
If ActiveCell.Address = Range("B24").Address Then
        MsgBox "これ以上登録できません！"
        Exit Sub
    ElseIf txtShimei.Text = "" Then
        MsgBox "氏名を入力してください！"
        Exit Sub
    ElseIf chk1.Value = False And chk2.Value = False Then
        MsgBox "勤務希望日を選択してください！"
        Exit Sub
    ElseIf lstSyozokuten.ListIndex = -1 Then
        MsgBox "所属店を選択してください！"
        Exit Sub
    ElseIf cboSaizu.Text = "" Then
        MsgBox "ユニフォームサイズを選択してください！"
        Exit Sub
    End If
    With ActiveCell
        .Value = txtShimei.Text
        .Offset(, 1).Value = IIf(opt1.Value = True, "フロア", "キッチン")
        .Offset(, 2).Value = IIf(chk1.Value = True, "可", "不可")
        .Offset(, 3).Value = IIf(chk2.Value = True, "可", "不可")
        .Offset(, 4).Value = lstSyozokuten.Text
        .Offset(, 5).Value = cboSaizu.Text
        .Offset(1).Select
    End With
    txtShimei.Text = ""
    lstSyozokuten.ListIndex = -1
    cboSaizu.ListIndex = -1
    opt1.Value = True
    chk1.Value = False
    chk2.Value = False
    txtShimei.SetFocus
End Sub

Private Sub UserForm_Initialize()
    Range("B24").End(xlUp).Offset(1).Select
End Sub
```

① 「cmdOK」コマンドボタンをダブルクリックします。

コードウィンドウが表示され、「cmdOK_Click」イベントプロシージャが作成されます。

② 「cmdOK_Click」イベントプロシージャの内容を入力します。

※コンパイルし、上書き保存しておきましょう。

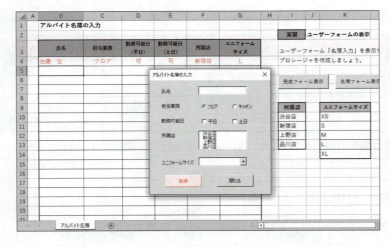

ユーザーフォームを実行して、プロシージャの動作を確認します。

③ ▶（Sub/ユーザーフォームの実行）をクリックします。

④ 次のように各コントロールの値を選択・入力します。

氏名	担当業務	勤務可能日（平日）	勤務可能日（土日）	所属店	ユニフォームサイズ
佐藤 宏	フロア	可	可	新宿店	L

⑤ 「登録」ボタンをクリックします。

コントロールの値がワークシートに転記されます。

※「氏名」や「勤務希望日」などを入力しなかった場合に、メッセージが表示されることを確認しておきましょう。
※ユーザーフォームを閉じておきましょう。

3 ユーザーフォームの終了

ユーザーフォームを終了するには「**Unload**ステートメント」を使います。ユーザーフォーム実行中に変更したプロパティの値などはすべて破棄されます。

■**Unload**ステートメント

ユーザーフォームを終了します。

構文	Unload ユーザーフォーム名

例：ユーザーフォーム「UserForm1」を終了する

```
Unload UserForm1
```

POINT　Meキーワード

「Meキーワード」は、現在プロシージャが実行されているオブジェクトを返します。例えば、ユーザーフォーム内でMeキーワードを使うと現在のユーザーフォームを、ワークシートのオブジェクトモジュール内でMeキーワードを使うと現在のワークシートを返します。

例：現在のユーザーフォームのタイトルを「VBA」に変更する

```
Me.Caption = "VBA"
```

Let's Try　ためしてみよう

「cmdClose」コマンドボタンのClickイベントを利用し、ユーザーフォームを終了する「cmdClose_Click」イベントプロシージャを作成して、動作を確認しましょう。

Let's Try Answer

①「cmdClose」コマンドボタンをダブルクリック
②「cmdClose_Click」イベントプロシージャの内容を入力

```
Private Sub cmdClose_Click()
    Unload Me
End Sub
```

※コンパイルし、上書き保存しておきましょう。
③ （Sub/ユーザーフォームの実行）をクリック
④「閉じる」ボタンをクリック

2 ユーザーフォームを表示するプロシージャの作成

完成したユーザーフォームをExcelのワークシート上から表示するには、ユーザーフォームを表示するプロシージャを標準モジュールに作成します。
ユーザーフォームを表示するには、**「Showメソッド」**を使います。

■Showメソッド

ユーザーフォームを表示します。

構 文	ユーザーフォーム名.Show

例：ユーザーフォーム「UserForm1」を表示する

```
UserForm1.Show
```

Showメソッドを利用し、ユーザーフォーム**「名簿入力」**を表示するプロシージャを作成して、動作を確認しましょう。

■「名簿フォーム表示」プロシージャ

1. Sub 名簿フォーム表示()
2. 　　名簿入力.Show
3. End Sub

■プロシージャの意味

1. 「名簿フォーム表示」プロシージャ開始
2. 　　ユーザーフォーム「名簿入力」を表示
3. プロシージャ終了

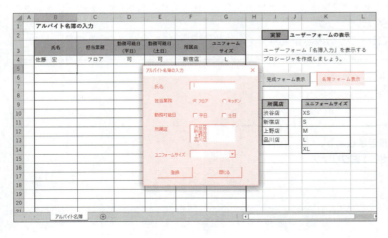

①プロジェクトエクスプローラの標準モジュール**「Module1」**をダブルクリックします。

②**「名簿フォーム表示」**プロシージャを入力します。

※コンパイルし、上書き保存しておきましょう。

プロシージャの動作を確認します。

③Excelに切り替えます。

④**「名簿フォーム表示」**ボタンをクリックします。

※作成したプロシージャを実行するように、あらかじめ登録されています。

ユーザーフォーム**「名簿入力」**が表示されます。

※確認後、ユーザーフォームを閉じておきましょう。
※ブックを上書き保存し、閉じておきましょう。

第**6**章

ファイルシステム
オブジェクトの利用

Step1	ファイルシステムオブジェクトの基本を確認する …	143
Step2	FSOを使ってフォルダーやファイルを操作する …	147
Step3	FSOを使ってテキストファイルを操作する ………	151
練習問題	………………………………………………………	165

Step1 ファイルシステムオブジェクトの基本を確認する

第6章 ファイルシステムオブジェクトの利用

1 ファイルシステムオブジェクト

「ファイルシステムオブジェクト」(FileSystemObject、以下FSOと記載)は、フォルダーやファイルを操作したり、テキストファイルの読み込みや書き込みをしたりするためのオブジェクトです。FSOを使うと、フォルダーやファイルなどをオブジェクトとして取得し、メソッドやプロパティを使って操作できます。

●FSOのオブジェクト構成

FileSystemObjectオブジェクト
FSOの最上位オブジェクトで、目的のフォルダーやファイルを取得するメソッドなどを実行できます。

Driveオブジェクト
パソコンに接続されたドライブを表すオブジェクトで、ドライブの情報を取得するプロパティを持ちます。

Folderオブジェクト
フォルダーを表すオブジェクトで、フォルダーの情報を取得するプロパティや、フォルダーを削除するメソッドなどを持ちます。

Fileオブジェクト
ファイルを表すオブジェクトで、ファイルの情報を取得するプロパティや、ファイルを削除するメソッドなどを持ちます。

TextStreamオブジェクト
テキストファイルを表すオブジェクトで、テキストファイルへの読み込みや書き込みを実行するメソッドなどを持ちます。

※そのほかに、Drivesコレクション、Foldersコレクション、Filesコレクションがあります。

2 Microsoft Scripting Runtimeへの参照設定

FSOはVBAとは独立したオブジェクトです。VBAからFSOを利用するためには、ライブラリファイル「**Microsoft Scripting Runtime**」への参照を設定する必要があります。
Microsoft Scripting Runtimeへの参照を設定しましょう。

File OPEN ブック「第6章_FSOの利用」を開いて、VBEに切り替えておきましょう。

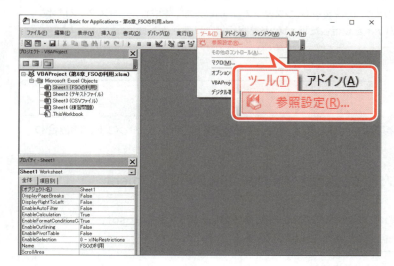

①《ツール》をクリックします。
②《参照設定》をクリックします。

《参照設定》ダイアログボックスが表示されます。
③《参照可能なライブラリファイル》の《Microsoft Scripting Runtime》を ☑ にします。
※表示されていない場合は、スクロールして調整します。
④《OK》をクリックします。

STEP UP 参照設定の有効範囲

参照設定の有効範囲は参照を設定したブック内です。FSOを利用するブックごとにMicrosoft Scripting Runtimeへの参照を設定する必要があります。

3 インスタンスの生成

FSOをプロシージャ内で利用するためには、FSOの最上位オブジェクトであるFSOオブジェクトを作成する必要があります。FSOオブジェクトはFSOのインスタンスとして生成します。インスタンスを生成するには「**Newキーワード**」を使います。

> **POINT インスタンス**
>
> FSOをもとに生成されたオブジェクトの複製を「インスタンス」といいます。生成したインスタンスはオブジェクト変数に代入して、プロパティを設定したりメソッドを実行したりできます。

■Newキーワード

インスタンス（オブジェクトの複製）を生成します。NewキーワードはDimステートメントと組み合わせて使います。

構文	Dim オブジェクト変数名 As New FileSystemObject

例：FileSystemObject型のオブジェクト変数MyFSOを宣言し、同時にMicrosoft Scripting Runtime内にあるFSOのインスタンスを生成して代入する

```
Dim MyFSO As New FileSystemObject
```

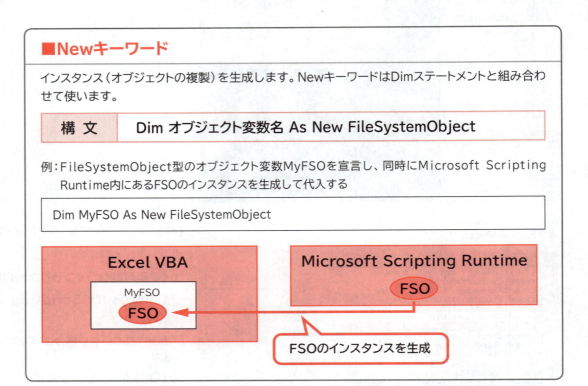

FSOを利用し、パソコンに接続されているドライブの総数を表示するプロシージャを作成して、動作を確認しましょう。すべてのドライブを取得するにはFSOオブジェクトの「**Drivesプロパティ**」を、ドライブ数を取得するにはDrivesコレクションのCountプロパティを使います。

■Drivesプロパティ

ドライブ（Driveオブジェクト）の集合体（Drivesコレクション）を返します。

構文	FSOオブジェクト.Drives

■「ドライブ数表示」プロシージャ

1. Sub ドライブ数表示()
2.   Dim MyFSO As New FileSystemObject
3.   MsgBox MyFSO.Drives.Count
4.   Set MyFSO = Nothing
5. End Sub

■プロシージャの意味

1.「ドライブ数表示」プロシージャ開始
2. FileSystemObject型のオブジェクト変数MyFSOを使用することを宣言してインスタンスを生成
3. ドライブ数を表示
4. オブジェクト変数MyFSOの初期化
5. プロシージャ終了

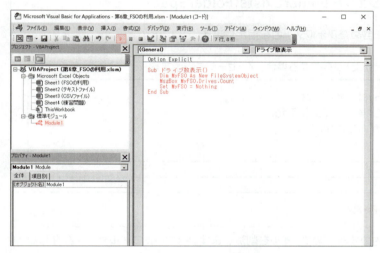

①新しい標準モジュール「Module1」を作成します。
②「ドライブ数表示」プロシージャを入力します。
※コンパイルし、上書き保存しておきましょう。
③ ▶ (Sub/ユーザーフォームの実行)をクリックします。
※カーソルがプロシージャ内にある状態で実行します。

ドライブ数が表示されます。
※表示されるドライブ数はパソコンによって異なります。
④《OK》をクリックします。

STEP UP 親オブジェクトの省略

FSOでは、親オブジェクトを省略できません。必ず最上位のオブジェクトであるFSOオブジェクトから順に指定します。

例：FileSystemObject型のオブジェクト変数MyFSOを使ってドライブ数を取得する

MyFSO.Drives.Count

Step2 FSOを使ってフォルダーやファイルを操作する

1 フォルダーの操作

フォルダーを操作するには、FSOオブジェクトの「FolderExistsメソッド」「DeleteFolderメソッド」「CreateFolderメソッド」などを使います。

■FolderExistsメソッド

フォルダーが存在するかどうかを調べます。フォルダーが存在する場合はTrueを、存在しない場合はFalseを返します。

構 文	FSOオブジェクト.FolderExists(FolderSpec)

引数FolderSpecには、パスを含めたフォルダー名を指定します。

例：Cドライブにフォルダー「年間売上」が存在する場合、メッセージを表示する

```
Dim MyFSO As New FileSystemObject
If MyFSO.FolderExists("C:￥年間売上") Then
    MsgBox "フォルダーがあります。"
End If
```

■DeleteFolderメソッド

フォルダーとそのフォルダー内のすべてのファイルを削除します。指定したフォルダーが存在しない場合、エラーが発生します。

構 文	FSOオブジェクト.DeleteFolder(FolderSpec)

引数FolderSpecには、パスを含めたフォルダー名を指定します。

例：Cドライブのフォルダー「年間売上」を削除する

```
Dim MyFSO As New FileSystemObject
MyFSO.DeleteFolder FolderSpec:="C:￥年間売上"
```

■CreateFolderメソッド

フォルダーを新たに作成します。指定したフォルダーが存在する場合、エラーが発生します。

構 文	FSOオブジェクト.CreateFolder(Foldername)

引数Foldernameには、パスを含めたフォルダー名を指定します。

例：Cドライブにフォルダー「年間売上」を作成する

```
Dim MyFSO As New FileSystemObject
MyFSO.CreateFolder Path:="C:￥年間売上"
```

FSOを利用し、現在のブックが保存されているフォルダー内にフォルダー「VBA」が存在するかどうかを調べるプロシージャを作成して、動作を確認しましょう。フォルダー「VBA」が存在する場合はフォルダーを削除し、存在しない場合はフォルダーを作成します。

■「フォルダー作成削除」プロシージャ

```
1. Sub フォルダー作成削除()
2.     Dim MyFSO As New FileSystemObject
3.     Dim Folderpath As String
4.     Folderpath = ThisWorkbook.Path & "¥VBA"
5.     If MyFSO.FolderExists(Folderpath) Then
6.         MyFSO.DeleteFolder FolderSpec:=Folderpath
7.     Else
8.         MyFSO.CreateFolder Path:=Folderpath
9.     End If
10.    Set MyFSO = Nothing
11. End Sub
```

■プロシージャの意味

1. 「フォルダー作成削除」プロシージャ開始
2. FileSystemObject型のオブジェクト変数MyFSOを使用することを宣言してインスタンスを生成
3. 文字列型の変数Folderpathを使用することを宣言
4. 変数Folderpathに実行中のプロシージャが記述されたブックが保存されているフォルダーの絶対パスと「¥VBA」を連結して代入
5. 変数Folderpathのフォルダーが存在する場合は
6. 　変数Folderpathのフォルダーを削除
7. それ以外の場合は
8. 　変数Folderpathのフォルダーを作成
9. Ifステートメント終了
10. オブジェクト変数MyFSOの初期化
11. プロシージャ終了

①「フォルダー作成削除」プロシージャを入力します。
※コンパイルし、上書き保存しておきましょう。
プロシージャの動作を確認します。
②Excelに切り替えます。
③ワークシート「FSOの利用」を選択します。
④「フォルダー作成削除」ボタンをクリックします。
※作成したプロシージャを実行するように、あらかじめ登録されています。
※フォルダー「Excel2019／2016／2013VBAプログラミング実践」にフォルダー「VBA」が作成されたことを確認しましょう。
※再度「フォルダー作成削除」ボタンをクリックすると、フォルダー「VBA」が削除されます。

148

2 ファイルの操作

ファイルを操作するには、FSOオブジェクトの「FileExistsメソッド」「DeleteFileメソッド」「CopyFileメソッド」などを使います。

■FileExistsメソッド

ファイルが存在するかどうかを調べます。ファイルが存在する場合はTrueを、存在しない場合はFalseを返します。

構 文	FSOオブジェクト.FileExists(FileSpec)

引数FileSpecには、パスを含めたファイル名を指定します。

例：Cドライブのフォルダー「年間売上」にファイル「6月.xlsx」が存在する場合、メッセージを表示する

```
Dim MyFSO As New FileSystemObject
If MyFSO.FileExists("C:\年間売上\6月.xlsx") Then
    MsgBox "ファイルがあります。"
End If
```

■DeleteFileメソッド

ファイルを削除します。指定したファイルが存在しない場合、エラーが発生します。

構 文	FSOオブジェクト.DeleteFile(FileSpec)

引数FileSpecには、パスを含めたファイル名を指定します。

例：Cドライブのフォルダー「年間売上」のファイル「6月.xlsx」を削除する

```
Dim MyFSO As New FileSystemObject
MyFSO.DeleteFile FileSpec:="C:\年間売上\6月.xlsx"
```

■CopyFileメソッド

ファイルをコピーします。コピー先のフォルダー内に同名のファイルが存在する場合、そのファイルを上書きします。

構 文	FSOオブジェクト.CopyFile(Source, Destination)

引数	内容	省略
Source	コピーするファイルを、パスを含めて指定	省略できない
Destination	コピー先とファイル名を、パスを含めて指定	省略できない

例：Cドライブのフォルダー「年間売上」のファイル「6月.xlsx」をCドライブのフォルダー「年間売上」のファイル「7月.xlsx」という名前でコピーする

```
Dim MyFSO As New FileSystemObject
MyFSO.CopyFile Source:="C:\年間売上\6月.xlsx", _
               Destination:="C:\年間売上\7月.xlsx"
```

※2行目と3行目はコードが長いので、行継続文字「 _(半角スペース＋半角アンダースコア)」を使って
　行を複数に分割しています。行継続文字を使わずに1行で記述してもかまいません。

FSOを利用し、現在のブックが保存されているフォルダー内にファイル「**住所録2.csv**」が存在するかどうかを調べるプロシージャを作成して、動作を確認しましょう。ファイル「**住所録2.csv**」が存在する場合はファイルを削除し、存在しない場合は現在のブックが保存されているフォルダー内のファイル「**住所録.csv**」をコピーしてファイル「**住所録2.csv**」を作成します。

※VBEに切り替えておきましょう。

■「ファイルコピー削除」プロシージャ

```
1. Sub ファイルコピー削除()
2.     Dim MyFSO As New FileSystemObject
3.     Dim Filename As String
4.     Dim Filename2 As String
5.     Filename = ThisWorkbook.Path & "¥住所録.csv"
6.     Filename2 = ThisWorkbook.Path & "¥住所録2.csv"
7.     If MyFSO.FileExists(Filename2) Then
8.         MyFSO.DeleteFile FileSpec:=Filename2
9.     Else
10.        MyFSO.CopyFile Source:=Filename,Destination:=Filename2
11.    End If
12.    Set MyFSO = Nothing
13. End Sub
```

■プロシージャの意味

1. 「ファイルコピー削除」プロシージャ開始
2. FileSystemObject型のオブジェクト変数MyFSOを使用することを宣言してインスタンスを生成
3. 文字列型の変数Filenameを使用することを宣言
4. 文字列型の変数Filename2を使用することを宣言
5. 変数Filenameに実行中のプロシージャが記述されたブックが保存されているフォルダーの絶対パスと「¥住所録.csv」を連結して代入
6. 変数Filename2に実行中のプロシージャが記述されたブックが保存されているフォルダーの絶対パスと「¥住所録2.csv」を連結して代入
7. 変数Filename2のファイルが存在する場合は
8. 　変数Filename2のファイルを削除
9. それ以外の場合は
10. 　変数Filenameのファイルを変数Filename2の場所とファイル名でコピー
11. Ifステートメント終了
12. オブジェクト変数MyFSOの初期化
13. プロシージャ終了

①「**ファイルコピー削除**」プロシージャを入力します。

※コンパイルし、上書き保存しておきましょう。

プロシージャの動作を確認します。

②Excelに切り替えます。

③「**ファイルコピー削除**」ボタンをクリックします。

※作成したプロシージャを実行するように、あらかじめ登録されています。
※フォルダー「Excel2019／2016／2013VBAプログラミング実践」にファイル「住所録2.csv」が作成されたことを確認しましょう。
※再度「ファイルコピー削除」ボタンをクリックすると、ファイル「住所録2.csv」が削除されます。

Step3 FSOを使ってテキストファイルを操作する

1 テキストファイルの取得

テキストファイルの読み込みや書き込みをするには「**TextStreamオブジェクト**」を使います。TextStreamオブジェクトは、FSOオブジェクトの「**OpenTextFileメソッド**」を使って取得します。

TextStreamオブジェクトは、開いたテキストファイルを表すオブジェクトで、TextStream型で宣言したオブジェクト変数に代入できます。

■OpenTextFileメソッド

テキストファイルをTextStreamオブジェクトとして開きます。

構　文	FSOオブジェクト.OpenTextFile(FileName[, IOMode] [, Create])

引数	内容	省略
FileName	パスを含めたテキストファイル名を指定	省略できない
IOMode	テキストファイルを開くときの入出力モードを指定	省略できる ※省略するとForReadingが指定されます。
Create	テキストファイルが存在しない場合の動作を指定	省略できる ※省略するとFalseが指定されます。

●引数IOModeに指定できる定数

定数	内容
ForReading	読み込みモードでテキストファイルを開く 開いたテキストファイルに文字列を書き込むことはできない
ForWriting	書き込み（上書き）モードでテキストファイルを開く テキストファイルのもとの内容はすべて破棄され、文字列を新規に書き込む
ForAppending	書き込み（追記）モードでテキストファイルを開く テキストファイルの末尾から文字列を追記

●引数Createに指定できる設定値

設定値	内容
True	テキストファイルが存在しない場合はテキストファイルを新たに作成
False	テキストファイルが存在しない場合はエラーが発生

例：Cドライブにあるテキストファイル「商品一覧.txt」をTextStreamオブジェクトとして開き、TextStream型のオブジェクト変数MyTXTに代入する

```
Dim MyFSO As New FileSystemObject
Dim MyTXT As TextStream
Set MyTXT = MyFSO.OpenTextFile("C:\商品一覧.txt")
```

OpenTextFileメソッドでテキストファイルを開いた場合、引数IOModeに指定した入出力モードによって「**読み込み位置**」や「**書き込み位置**」が異なります。読み込み位置、書き込み位置とは、読み込みや書き込みを開始する位置を表すカーソルのようなものです。

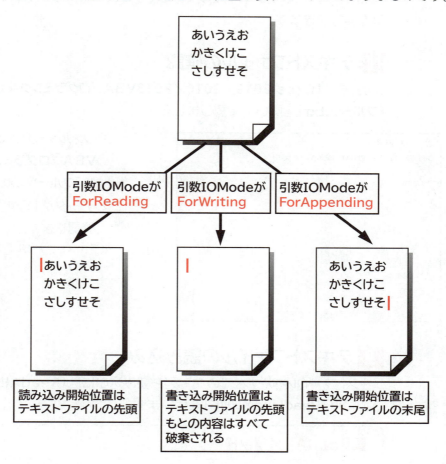

● TextStreamオブジェクトの主なプロパティ

プロパティ	内容	使用できるモード
AtEndOfLine	読み込み位置が行の末尾かどうかを調べる	読み込みモード
AtEndOfStream	読み込み位置がテキストファイルの末尾かどうかを調べる	読み込みモード
Column	読み込み位置・書き込み位置が何文字目にあるかを返す	すべてのモード
Line	読み込み位置・書き込み位置が何行目にあるかを返す	すべてのモード

● TextStreamオブジェクトの主なメソッド

メソッド	内容	使用できるモード
Close	開いたテキストファイルを閉じる	すべてのモード
ReadAll	テキストファイル全体を読み込む	読み込みモード
ReadLine	行全体を読み込む	読み込みモード
SkipLine	読み込み位置をひとつ下の行の先頭に移動する	読み込みモード
Write	文字列を書き込む	書き込みモード
WriteLine	文字列と最後に改行を書き込む	書き込みモード
WriteBlankLines	改行を書き込む	書き込みモード

2 テキストファイルの読み込み・書き込み

TextStreamオブジェクトのメソッドを使うと、テキストファイルに対する読み込みや書き込みを実行できます。

1 テキストファイルの確認

フォルダー「Excel2019／2016／2013VBAプログラミング実践」にあるテキストファイル「フルーツ.txt」を開いて確認しましょう。

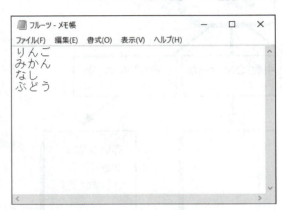

①フォルダー「Excel2019／2016／2013VBAプログラミング実践」のテキストファイル「フルーツ.txt」をダブルクリックします。
②データが1行ずつ入力されていることを確認します。
※テキストファイル「フルーツ.txt」を閉じておきましょう。

2 テキストファイルの読み込み

テキストファイル内のすべての文字列を読み込むには「ReadAllメソッド」を、1行ずつ読み込むには「ReadLineメソッド」を使います。

■ReadAllメソッド

読み込み位置からテキストファイルの末尾までの文字列を読み込み、その文字列を返します。

| 構文 | TextStreamオブジェクト.ReadAll |

※読み込み位置がテキストファイルの末尾にあるときにReadAllメソッドを実行するとエラーが発生します。

■ReadLineメソッド

読み込み位置のある行の文字列を読み込み、その文字列を返します。

| 構文 | TextStreamオブジェクト.ReadLine |

※読み込み位置がテキストファイルの末尾にあるときにReadLineメソッドを実行するとエラーが発生します。

開いたテキストファイルを閉じるにはTextStreamオブジェクトの「Closeメソッド」を使います。

■Closeメソッド

テキストファイルを閉じます。

| 構文 | TextStreamオブジェクト.Close |

POINT 読み込み後の読み込み位置

ReadAllメソッドを使うと読み込み位置はテキストファイルの末尾に移動し、ReadLineメソッドを使うと読み込み位置は次の行の先頭に移動します。

テキストファイル「**フルーツ.txt**」の文字列をすべて読み込み、セル【C7】に読み込んだ文字列を入力するプロシージャを作成して、動作を確認しましょう。
※VBEに切り替えておきましょう。

■「テキスト読込」プロシージャ

1. Sub テキスト読込()
2. 　　Dim MyFSO As New FileSystemObject
3. 　　Dim MyTXT As TextStream
4. 　　Dim Filename As String
5. 　　Filename = ThisWorkbook.Path & "¥フルーツ.txt"
6. 　　Set MyTXT = MyFSO.OpenTextFile(Filename, ForReading)
7. 　　Range("C7").Value = MyTXT.ReadAll
8. 　　MyTXT.Close
9. 　　Set MyFSO = Nothing
10. 　　Set MyTXT = Nothing
11. End Sub

■プロシージャの意味

1. 「テキスト読込」プロシージャ開始
2. 　　FileSystemObject型のオブジェクト変数MyFSOを使用することを宣言してインスタンスを生成
3. 　　TextStream型のオブジェクト変数MyTXTを使用することを宣言
4. 　　文字列型の変数Filenameを使用することを宣言
5. 　　変数Filenameに実行中のプロシージャが記述されたブックが保存されているフォルダーの絶対パスと「¥フルーツ.txt」を連結して代入
6. 　　変数Filenameのテキストファイルを読み込みモードで開いてオブジェクト変数MyTXTに代入
7. 　　テキストファイルのすべての文字列を読み込み、セル【C7】に入力
8. 　　テキストファイルを閉じる
9. 　　オブジェクト変数MyFSOの初期化
10. 　　オブジェクト変数MyTXTの初期化
11. プロシージャ終了

①新しい標準モジュール「Module2」を作成します。
②「テキスト読込」プロシージャを入力します。
※コンパイルし、上書き保存しておきましょう。
プロシージャの動作を確認します。
③Excelに切り替えます。
④ワークシート「テキストファイル」を選択します。
⑤「テキスト読込」ボタンをクリックします。
※作成したプロシージャを実行するように、あらかじめ登録されています。
テキストファイル「フルーツ.txt」に入力されている文字列がセル【C7】に入力されます。

3 テキストファイルの書き込み

テキストファイルに文字列を書き込むには「Writeメソッド」を、文字列と改行の両方を書き込むには「WriteLineメソッド」を、改行だけを書き込むには「WriteBlankLinesメソッド」を使います。

■Writeメソッド

文字列を書き込みます。

| 構 文 | TextStreamオブジェクト.Write(String) |

引数Stringには、書き込むテキストを指定します。

■WriteLineメソッド

文字列と最後に改行を書き込みます。

| 構 文 | TextStreamオブジェクト.WriteLine(String) |

引数Stringには、書き込むテキストを指定します。

■WriteBlankLinesメソッド

指定した数だけ改行を書き込みます。

| 構 文 | TextStreamオブジェクト.WriteBlankLines(Lines) |

引数Linesには、改行文字の数を指定します。

👆 POINT　書き込み後の書き込み位置

Writeメソッド、WriteLineメソッド、WriteBlankLinesメソッドを使うと書き込んだ文字列や改行の分だけ書き込み位置が移動します。

書き込む改行数
引数 Linesが1

あいうえお
かきくけこ
さしすせそ|

WriteBlankLines
メソッド

あいうえお
かきくけこ
さしすせそ
|

指定した数だけ改行

書き込む文字列
引数 Textが「たちつてと」

WriteLineメソッド

文字列を書き込み最後に改行

あいうえお
かきくけこ
さしすせそ
たちつてと
|

Writeメソッド

書き込む文字列
引数 Textが「なにぬねの」

あいうえお
かきくけこ
さしすせそ
たちつてと
なにぬねの|

文字列を書き込み

セル【**C14**】の値をテキストファイル「**フルーツ.txt**」に追記する「**テキスト追記**」プロシージャを作成して、動作を確認しましょう。テキストファイルの末尾で1行改行して値を追記します。
※VBEに切り替えておきましょう。

■「テキスト追記」プロシージャ

```
1. Sub テキスト追記()
2.     Dim MyFSO As New FileSystemObject
3.     Dim MyTXT As TextStream
4.     Dim Filename As String
5.     Filename = ThisWorkbook.Path & "¥フルーツ.txt"
6.     Set MyTXT = MyFSO.OpenTextFile(Filename, ForAppending)
7.     MyTXT.WriteBlankLines Lines:=1
8.     MyTXT.Write Text:=Range("C14").Value
9.     MyTXT.Close
10.     Set MyFSO = Nothing
11.     Set MyTXT = Nothing
12. End Sub
```

156

■プロシージャの意味

1. 「テキスト追記」プロシージャ開始
2. FileSystemObject型のオブジェクト変数MyFSOを使用することを宣言してインスタンスを生成
3. TextStream型のオブジェクト変数MyTXTを使用することを宣言
4. 文字列型の変数Filenameを使用することを宣言
5. 変数Filenameに実行中のプロシージャが記述されたブックが保存されているフォルダーの絶対パスと「¥フルーツ.txt」を連結して代入
6. 変数Filenameのテキストファイルを書き込み（追記）モードで開いてオブジェクト変数MyTXTに代入
7. 1行改行を書き込む
8. セル【C14】の値を書き込む
9. テキストファイルを閉じる
10. オブジェクト変数MyFSOの初期化
11. オブジェクト変数MyTXTの初期化
12. プロシージャ終了

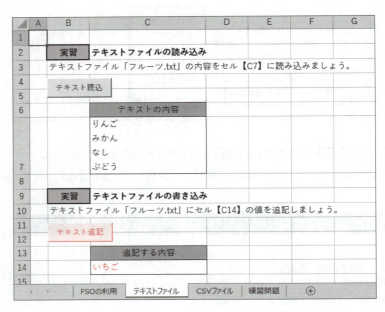

①「**テキスト追記**」プロシージャを入力します。
※コンパイルし、上書き保存しておきましょう。
プロシージャの動作を確認します。
②Excelに切り替えます。
③セル【**C14**】に「**いちご**」と入力します。
④「**テキスト追記**」ボタンをクリックします。
※作成したプロシージャを実行するように、あらかじめ登録されています。

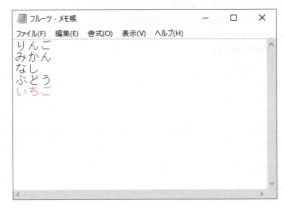

⑤テキストファイル「**フルーツ.txt**」を開いて、文字列が追加されたことを確認します。
※テキストファイル「フルーツ.txt」を閉じておきましょう。

> **STEP UP** 同じプロシージャ内で読み込みと書き込みを処理する
>
> 読み込みモードで開いたテキストファイルに文字列を書き込むことはできません。Closeメソッドを使ってテキストファイルを一度閉じてから、書き込みモードで再度開きなおします。

3 CSVファイルの読み込み・書き込み

VBAの配列関数や制御構造とFSOを組み合わせると、CSVファイルに対して読み込みや書き込みを実行できます。CSVファイルは、複数のデータを「,」で区切ったテキストファイルです。Excelなどの表計算ソフトやデータベースソフト、ワープロソフトなどで利用できる汎用性の高いファイル形式です。

1 CSVファイルの確認

フォルダー「Excel2019／2016／2013VBAプログラミング実践」にあるテキストファイル「住所録.csv」を、Windowsに付属する「メモ帳」で開いて確認しましょう。

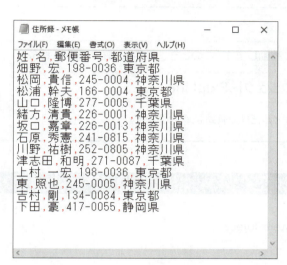

① メモ帳を起動し、テキストファイル「**住所録.csv**」を開きます。
※ダブルクリックして開くとExcelで起動します。
② 各データが「,」で区切られ、各レコードが1行ずつ入力されていることを確認します。
※テキストファイル「住所録.csv」を閉じておきましょう。

2 CSVファイルの読み込み

CSVファイルを読み込むには、Split関数とDo Until ～ Loopステートメントを使います。現在のブックが保存されているフォルダー内のテキストファイル「**住所録.csv**」を読み込み、セル【B4】以降に入力するプロシージャを作成して、動作を確認しましょう。
テキストファイル「**住所録.csv**」は、先頭行が見出しのため、読み込み位置を1行分スキップさせる必要があります。
※VBEに切り替えておきましょう。

住所録.csv

先頭行をスキップ

「,」で区切られたデータを読み込む

ワークシート

158

現在の読み込み位置がテキストファイルの末尾かどうかを調べるには、TextStreamオブジェクトの「**AtEndOfStreamプロパティ**」を使います。また、読み込み位置を1行分スキップするにはTextStreamオブジェクトの「**SkipLineメソッド**」を使います。

■AtEndOfStreamプロパティ

読み込み位置がテキストファイルの末尾かどうかを調べます。読み込み位置がテキストファイルの末尾にある場合はTrueを、末尾にない場合はFalseを返します。

構 文	TextStreamオブジェクト.AtEndOfStream

※読み込みモードで開かれたテキストファイルだけで有効なプロパティです。

■SkipLineメソッド

読み込み位置をひとつ下の行の先頭に移動します。このとき、文字列は読み込みません。

構 文	TextStreamオブジェクト.SkipLine

※読み込みモードで開かれたテキストファイルだけで有効なメソッドです。

■「CSVファイル読込」プロシージャ

```
1. Sub CSVファイル読込()
2.      Dim MyFSO As New FileSystemObject
3.      Dim MyTXT As TextStream
4.      Dim Filename As String
5.      Dim Jyusyo As Variant
6.      Filename = ThisWorkbook.Path & "¥住所録.csv"
7.      Set MyTXT = MyFSO.OpenTextFile(Filename, ForReading)
8.      Range("B4").Select
9.      MyTXT.SkipLine
10.     Do Until MyTXT.AtEndOfStream = True
11.         Jyusyo = Split(MyTXT.ReadLine, ",")
12.         WithActiveCell
13.             .Value = Jyusyo(0)
14.             .Offset(, 1).Value = Jyusyo(1)
15.             .Offset(, 2).Value = Jyusyo(2)
16.             .Offset(, 3).Value = Jyusyo(3)
17.             .Offset(1).Select
18.         End With
19.     Loop
20.     MyTXT.Close
21.     Set MyFSO = Nothing
22.     Set MyTXT = Nothing
23. End Sub
```

※変数Jyusyoは、Split関数で作成した配列を代入するためにバリアント型で宣言しています。

■プロシージャの意味

1. 「CSVファイル読込」プロシージャ開始
2. FileSystemObject型のオブジェクト変数MyFSOを使用することを宣言してインスタンスを生成
3. TextStream型のオブジェクト変数MyTXTを使用することを宣言
4. 文字列型の変数Filenameを使用することを宣言
5. バリアント型の変数Jyusyoを使用することを宣言
6. 変数Filenameに実行中のプロシージャが記述されたブックが保存されているフォルダーの絶対パスと「¥住所録.csv」を連結して代入
7. 変数Filenameのテキストファイルを読み込みモードで開いてオブジェクト変数MyTXTに代入
8. セル【B4】を選択
9. テキストファイルの読み込み位置を1行分スキップ
10. 読み込み位置がテキストファイルの末尾になるまで処理を繰り返す
11. 　変数Jyusyoに1行分の文字列を読み込んで区切り文字「,」で分割し、配列として代入
12. 　アクティブセルの
13. 　　値に配列変数Jyusyo(0)の値を入力
14. 　　1列右のセルに配列変数Jyusyo(1)の値を入力
15. 　　2列右のセルに配列変数Jyusyo(2)の値を入力
16. 　　3列右のセルに配列変数Jyusyo(3)の値を入力
17. 　　1行下のセルを選択
18. 　Withステートメント終了
19. 　10行目に戻る
20. 　テキストファイルを閉じる
21. 　オブジェクト変数MyFSOの初期化
22. 　オブジェクト変数MyTXTの初期化
23. プロシージャ終了

① 「**CSVファイル読込**」プロシージャを入力します。

※コンパイルし、上書き保存しておきましょう。

プロシージャの動作を確認します。

② Excelに切り替えます。

③ ワークシート「**CSVファイル**」を選択します。

④ 「**CSVファイル読込**」ボタンをクリックします。

※作成したプロシージャを実行するように、あらかじめ登録されています。

「**住所録.csv**」に入力されている文字列がセル【B4】以降のセルに入力されます。

160

👆 POINT　処理の流れ

「CSVファイル読込」プロシージャは次の図のように実行されます。
この実習では、テキストファイルの先頭行が見出しのため、SkipLineメソッドを使って1行分読み込みを
スキップしています。そのあと、読み込み位置がテキストファイルの末尾になるまで、1行分の文字列を
読み込んでセルに転記する処理を繰り返しています。

```
姓,名,郵便番号,都道府県
畑野,宏,198-0036,東京都
松岡,貴信,245-0004,神奈川県
```

①テキストファイルを読み込みモードで開く

```
姓,名,郵便番号,都道府県
畑野,宏,198-0036,東京都
松岡,貴信,245-0004,神奈川県
```

②読み込み位置を1行分スキップ

③1行分の文字列を読み込み、その文字列を
Split関数で分割し、配列変数Jyusyoに代入

畑野,宏,198-0036,東京都

Split関数

畑野	宏	198-0036	東京都
Jyusyo(0)	Jyusyo(1)	Jyusyo(2)	Jyusyo(3)

畑野	宏	198-0036	東京都

```
姓,名,郵便番号,都道府県
畑野,宏,198-0036,東京都
松岡,貴信,245-0004,神奈川県
```

④配列変数Jyusyoの各値をアクティブセル
を基準としたセルに入力し、アクティブセル
を1行下にする

⑤読み込み位置が末尾になるまで、③④の
処理を繰り返す

畑野	宏	198-0036	東京都
松岡	貴信	245-0004	神奈川県

```
姓,名,郵便番号,都道府県
畑野,宏,198-0036,東京都
松岡,貴信,245-0004,神奈川県
```

⑥読み込み位置が末尾になったら、繰り返し
処理を終了しテキストファイルを閉じる

3 CSVファイルの書き込み

CSVファイルに文字列を書き込むには、Join関数とDo Until ～ Loopステートメントを使います。セル【B3】以降の住所録データを「,」で区切ってテキストファイル「**住所録.csv**」に上書きする「**CSVファイル書込**」プロシージャを作成しましょう。セル範囲【B17：E17】に1件分の住所録データを入力して動作を確認します。

※VBEに切り替えておきましょう。

■「CSVファイル書込」プロシージャ

```
1. Sub CSVファイル書込()
2.     Dim MyFSO As New FileSystemObject
3.     Dim MyTXT As TextStream
4.     Dim Filename As String
5.     Dim Jyusyo(3) As String
6.     Filename = ThisWorkbook.Path & "¥住所録.csv"
7.     Set MyTXT = MyFSO.OpenTextFile(Filename, ForWriting)
8.     Range("B3").Select
9.     Do Until ActiveCell.Value = ""
10.        With ActiveCell
11.            Jyusyo(0) = .Value
12.            Jyusyo(1) = .Offset(, 1).Value
13.            Jyusyo(2) = .Offset(, 2).Value
14.            Jyusyo(3) = .Offset(, 3).Value
15.            .Offset(1).Select
16.        End With
17.        MyTXT.WriteLine Text:=Join(Jyusyo, ",")
18.    Loop
19.    MyTXT.Close
20.    Set MyFSO = Nothing
21.    Set MyTXT = Nothing
22. End Sub
```

■プロシージャの意味

1. 「CSVファイル書込」プロシージャ開始
2. FileSystemObject型のオブジェクト変数MyFSOを使用することを宣言してインスタンスを生成
3. TextStream型のオブジェクト変数MyTXTを使用することを宣言
4. 文字列型の変数Filenameを使用することを宣言
5. 文字列型の配列変数Jyusyoを4要素使用することを宣言
6. 変数Filenameに実行中のプロシージャが記述されたブックが保存されているフォルダーの絶対パスと「¥住所録.csv」を連結して代入
7. 変数Filenameのテキストファイルを書き込み(上書き)モードで開いてオブジェクト変数MyTXTに代入
8. セル【B3】を選択
9. アクティブセルが空文字(「""」)になるまで処理を繰り返す
10. アクティブセルの
11. 値を配列変数Jyusyo(0)に代入
12. 1列右のセルの値を配列変数Jyusyo(1)に代入
13. 2列右のセルの値を配列変数Jyusyo(2)に代入
14. 3列右のセルの値を配列変数Jyusyo(3)に代入
15. 1行下のセルを選択
16. Withステートメント終了
17. 配列変数Jyusyoの各要素を区切り文字「,」で結合した文字列と改行を書き込む
18. 9行目に戻る
19. テキストファイルを閉じる
20. オブジェクト変数MyFSOの初期化
21. オブジェクト変数MyTXTの初期化
22. プロシージャ終了

①「CSVファイル書込」プロシージャを入力します。

※コンパイルし、上書き保存しておきましょう。

プロシージャの動作を確認します。

②Excelに切り替えます。

③図のように、セル範囲【B17：E17】に1件分の住所録データを入力します。

④「CSVファイル書込」ボタンをクリックします。

※作成したプロシージャを実行するように、あらかじめ登録されています。

⑤テキストファイル「**住所録.csv**」をメモ帳で開いて、文字列が追加されたことを確認します。

※テキストファイル「住所録.csv」を閉じておきましょう。
※ブックを上書き保存し、閉じておきましょう。

POINT 処理の流れ

「CSVファイル書込」プロシージャは次の図のように実行されます。

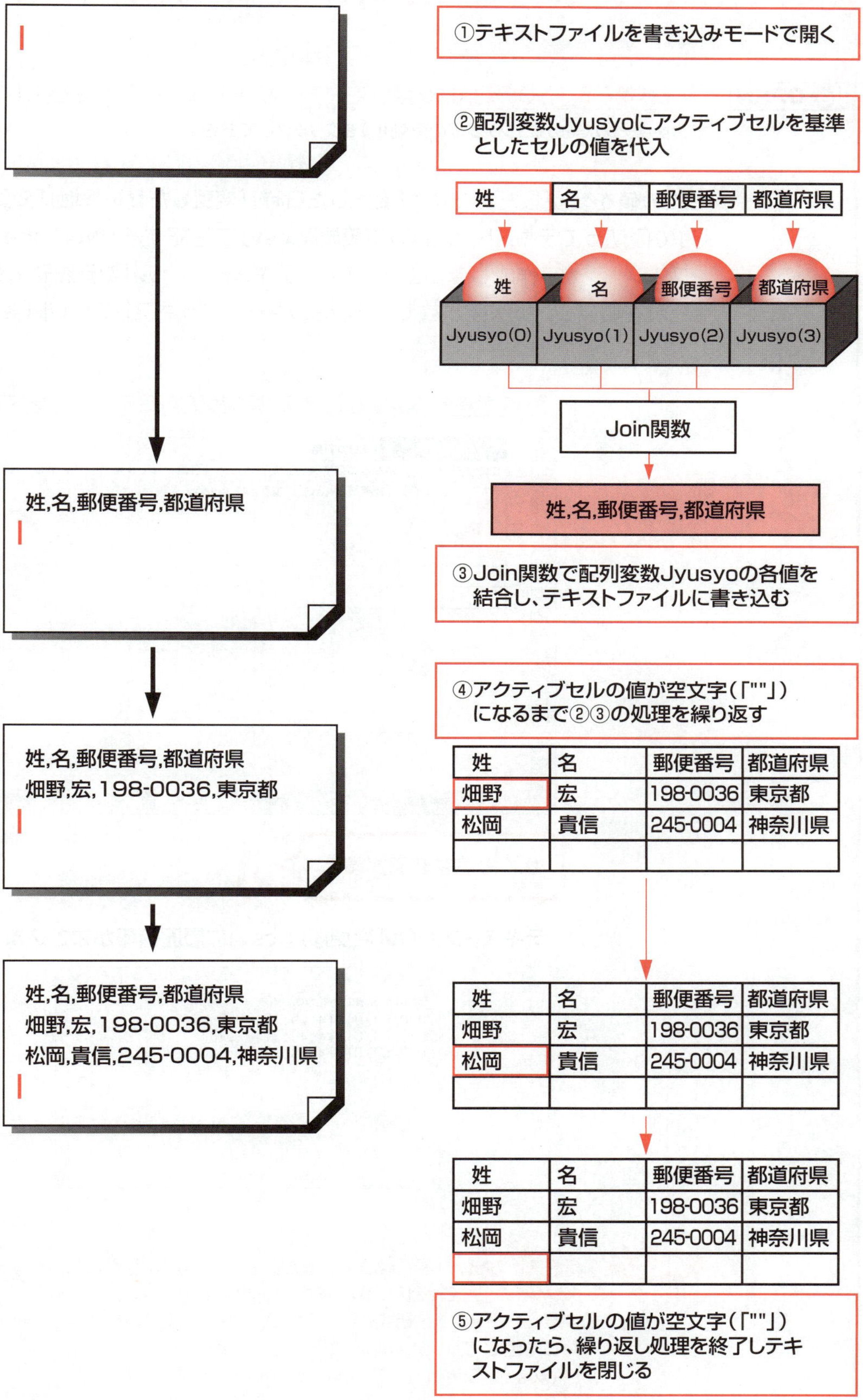

① テキストファイルを書き込みモードで開く

② 配列変数Jyusyoにアクティブセルを基準としたセルの値を代入

姓	名	郵便番号	都道府県

姓	名	郵便番号	都道府県
Jyusyo(0)	Jyusyo(1)	Jyusyo(2)	Jyusyo(3)

Join関数

姓,名,郵便番号,都道府県

③ Join関数で配列変数Jyusyoの各値を結合し、テキストファイルに書き込む

④ アクティブセルの値が空文字（「""」）になるまで②③の処理を繰り返す

姓	名	郵便番号	都道府県
畑野	宏	198-0036	東京都
松岡	貴信	245-0004	神奈川県

姓,名,郵便番号,都道府県

姓,名,郵便番号,都道府県
畑野,宏,198-0036,東京都

姓	名	郵便番号	都道府県
畑野	宏	198-0036	東京都
松岡	貴信	245-0004	神奈川県

姓,名,郵便番号,都道府県
畑野,宏,198-0036,東京都
松岡,貴信,245-0004,神奈川県

姓	名	郵便番号	都道府県
畑野	宏	198-0036	東京都
松岡	貴信	245-0004	神奈川県

⑤ アクティブセルの値が空文字（「""」）になったら、繰り返し処理を終了しテキストファイルを閉じる

練習問題

解答 ▶ P.3

 ブック「第6章_FSOの利用」を開いて、ワークシート「練習問題」を選択しておきましょう。
※メッセージバーの《コンテンツの有効化》をクリックしておきましょう。

セルの値を変更したときに、「**変更した日時**」「**変更したセル番地**」「**変更した値**」の3項目を「**,**」で区切ってテキストファイル「**変更履歴.csv**」に追記する「**Worksheet_Change**」イベントプロシージャを作成しましょう。また、テキストファイル「**変更履歴.csv**」が存在しない場合、現在のブックが保存されているフォルダー内にテキストファイル「**変更履歴.csv**」を作成します。

セルの値を変更すると

テキストファイル「変更履歴.csv」に履歴情報が書き込まれる

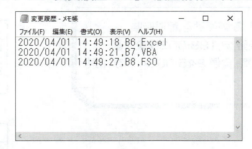

Hint!
1. テキストファイル「変更履歴.csv」が存在しない場合、自動的に作成するようにOpenTextFileメソッドの引数CreateにTrueを指定します。
2. 変更した日時はNow関数で、変更したセル番地は「Target.Address(False, False)」で、変更した値は「Target.Value」でそれぞれ求めます。
3. Microsoft Scripting Runtimeへの参照設定が必要です。

※ブックを上書き保存し、閉じておきましょう。

第7章

エラー処理とデバッグ

Step1 　実行時エラーを処理する ………………………………… 167

Step2 　デバッグ機能を利用する ………………………………… 178

Step 1 実行時エラーを処理する

1 実行時エラー

プロシージャの実行中に実行できないコードがある場合、**「実行時エラー」**が発生します。例えば、整数型で宣言した変数に文字列を代入しようとしたときや、存在しない名前のシートを選択しようとしたときなどに発生します。

また、問題なく動作するプロシージャを作成しても、ユーザーの操作やExcelの状態によって実行時エラーが発生することがあります。例えば、次のようなプロシージャの場合、1回目の実行ではワークシート**「4月」**が追加されますが、2回目以降の実行ではすでに同じ名前のワークシートがあるため実行時エラーが発生します。

```
Sub 追加4月()
    Worksheets.Add
    ActiveSheet.Name = "4月"
End Sub
```

実行時エラーが発生するとプロシージャが中断され、エラーの原因がダイアログボックスで表示されます。このとき、**《終了》**をクリックするとプロシージャは強制的に終了します。
《デバッグ》をクリックするとVBEが自動的に起動し、実行時エラーの原因となったステートメントが黄色で反転表示されます。

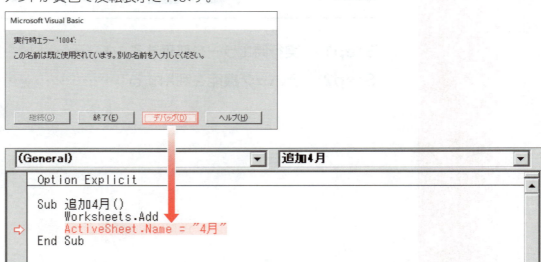

STEP UP コンパイルエラー

プロシージャの実行前に発生するエラーを「コンパイルエラー」といいます。例えば、間違った構文のステートメントを入力したり、宣言していない変数を使ったりしたときなどに発生します。コンパイルエラーは、《デバッグ》→《VBAProjectのコンパイル》でコンパイルを実行すると発見できます。

例：間違った構文を入力したときに
　　発生するコンパイルエラー

例：宣言していない変数を使ったときに
　　発生するコンパイルエラー

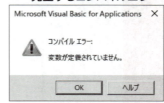

2 エラートラップ

実行時エラーが発生してもプロシージャの実行が中断されないようにするには、実行時エラーに対する処理をプロシージャ内に記述します。このような実行時エラーに対する処理を**「エラートラップ」**といいます。複雑なプロシージャほど実行時エラーの発生率は高くなり、堅牢なアプリケーションを作成するためには、実行時エラーに対するエラートラップが不可欠になります。

3 プロシージャの確認

すでに作成済みの**「色変更」**プロシージャを確認しましょう。ワークシート**「売上集計」**のセル範囲**【B3：B8】**とセル範囲**【C3：G3】**には**「色変更範囲」**という名前が付けられています。

ブック「第7章_エラー処理とデバッグ」を開いて、ワークシート「売上集計」を選択しておきましょう。

※メッセージバーの《コンテンツの有効化》をクリックしておきましょう。

■「色変更」プロシージャ

```
1. Sub 色変更()
2.     Dim Iro As Integer
3.     Iro = InputBox("カラーインデックスを入力してください。")
4.     Range("色変更範囲").Interior.ColorIndex = Iro
5. End Sub
```

■プロシージャの意味

1.「色変更」プロシージャ開始
2.　　整数型の変数Iroを使用することを宣言
3.　　変数IroにInputBoxに入力された値を代入
4.　　セル範囲【色変更範囲】の背景色を変数Iroに代入された値が表す色に変更
5. プロシージャ終了

①**「色変更」**ボタンをクリックします。

※作成済のプロシージャを実行するように、あらかじめ登録されています。

カラーインデックスを入力するダイアログボックスが表示されます。

②**「8」**と入力します。

③**《OK》**をクリックします。

168

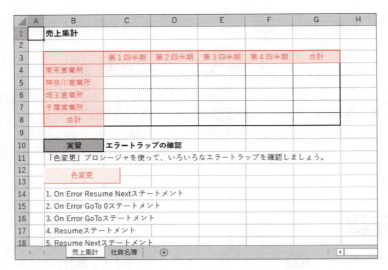

セル範囲【色変更範囲】の背景色が変更されます。
カラーインデックスを入力するダイアログボックスに文字列を入力して、実行時エラーが発生することを確認します。

④「**色変更**」ボタンをクリックします。
⑤「**赤**」と入力します。
⑥《OK》をクリックします。

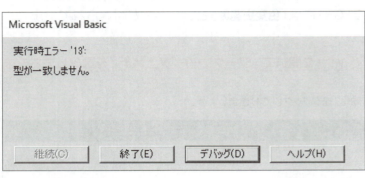

⑦実行時エラーが発生し、エラーの原因がダイアログボックスで表示されます。
※《デバッグ》をクリックして、実行時エラーの原因となったステートメントが黄色で反転表示されることを確認しておきましょう。確認後、■（リセット）をクリックして、プロシージャの実行を終了します。

POINT 「色変更」プロシージャの実行時エラー

カラーインデックスを入力するダイアログボックスで、文字列を入力したり《キャンセル》をクリックしたりすると「型が一致しません。」という実行時エラーが発生します。これは、整数型の変数Iroに文字列（《キャンセル》をクリックした場合は空文字（「""」））を代入しようとしたために起こる実行時エラーです。

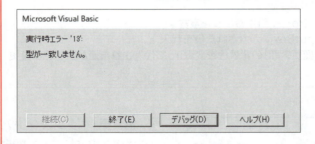

また、カラーインデックスを入力するダイアログボックスで、「0」～「56」以外の数値を入力すると「インデックスが有効範囲にありません。」という実行時エラーが発生します。これは、カラーインデックスに指定できない値を設定しようとしたために起こる実行時エラーです。

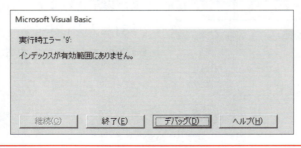

第7章 エラー処理とデバッグ

4 On Error Resume Nextステートメント

「On Error Resume Nextステートメント」を使うと、発生した実行時エラーを無視して次のステートメントを実行します。On Error Resume Nextステートメントが実行されてからプロシージャが終了するまでエラートラップが有効になります。
発生した実行時エラーを無視しても、そのあとのコードが問題なく実行できる場合や実行結果に不具合が生じない場合は、On Error Resume Nextステートメントを使って処理します。

■**On Error Resume Nextステートメント**
実行時エラーが発生しても処理を中断せずに、次のステートメントから処理を継続します。

On Error Resume Nextステートメントを利用し、実行時エラーを無視して処理を実行するように「**色変更**」プロシージャを修正しましょう。この修正により、「**変数に代入**」処理と「**背景色変更**」処理で発生した実行時エラーは無視され、次の処理が実行されます。
※VBEに切り替えておきましょう。

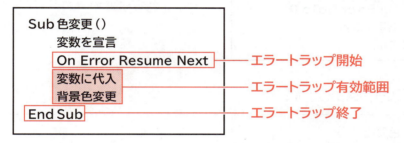

①コードウィンドウに標準モジュール「**Module1**」が表示されていることを確認します。
②次のように修正します。

```
Sub 色変更()
    Dim Iro As Integer
    On Error Resume Next
    Iro = InputBox("カラーインデックスを入力してください。")
    Range("色変更範囲").Interior.ColorIndex = Iro
End Sub
```

※コンパイルし、上書き保存しておきましょう。

 **ためしてみよう**
修正した「色変更」プロシージャを実行して、動作を確認しましょう。

Let's Try Answer
①Excelに切り替える
②「色変更」ボタンをクリック
③「ABC」と入力し、《OK》をクリック
※「変数に代入」処理で発生するはずの実行時エラーは無視されます。変数Iroの値は、初期値である「0」のまま「背景色変更」処理が実行されるので、背景色は「塗りつぶしなし」になります。
④「色変更」ボタンをクリック
⑤「60」と入力し、《OK》をクリック
※「背景色変更」処理で発生するはずの実行時エラーは無視されます。背景色は変わりません。

5 On Error GoTo 0ステートメント

「On Error GoTo 0ステートメント」を使うと、実行中のエラートラップを無効にします。

> ■**On Error GoTo 0ステートメント**
> 現在実行中のエラートラップを無効にします。

On Error GoTo 0ステートメントを利用し、エラートラップを途中で無効にするように「**色変更**」プロシージャを修正しましょう。この修正により、「**変数に代入**」処理で実行時エラーが発生しても無視されますが、「**背景色変更**」処理で実行時エラーが発生すると処理が中断するため、実行時エラーの場所を特定できます。
※VBEに切り替えておきましょう。

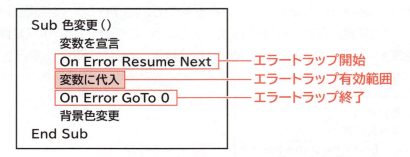

①次のように修正します。

```
Sub 色変更()
    Dim Iro As Integer
    On Error Resume Next
    Iro = InputBox("カラーインデックスを入力してください。")
    On Error GoTo 0
    Range("色変更範囲").Interior.ColorIndex = Iro
End Sub
```

※コンパイルし、上書き保存しておきましょう。

Let's Try　ためしてみよう
修正した「色変更」プロシージャを実行して、動作を確認しましょう。

Let's Try Answer
①Excelに切り替える
②「色変更」ボタンをクリック
③「60」と入力
④《OK》をクリック
※「背景色変更」処理で実行時エラーが発生し、ダイアログボックスが表示され、自動的にVBEに切り替わります。
⑤《デバッグ》をクリック
※実行時エラーが発生したステートメントが黄色で反転表示されます。
⑥ ■ （リセット）をクリック

6 On Error GoToステートメント

「On Error GoToステートメント」を使うと、実行時エラーが発生したときに別の処理を実行できます。実行時エラーが発生したときに実行する処理を**「エラー処理ルーチン」**といいます。On Error GoToステートメントは実行時エラーをトラップしたいステートメントの前に記述し、エラー処理ルーチンはプロシージャの最後に記述します。

■On Error GoToステートメント

実行時エラーが発生した場合、指定した「行ラベル」のエラー処理ルーチンに制御を移します。

構文	On Error GoTo 行ラベル

行ラベルとは、プロシージャ内の特定の場所に名前を付けて示す目印です。主にエラー処理ルーチンの場所を指定します。行ラベルは、「行ラベル名」に「:」を付けて記述します。

例：行ラベル「ErrorHandler」を指定

```
ErrorHandler:
```

On Error GoToステートメントを利用し、実行時エラーが発生したらメッセージを表示するように**「色変更」**プロシージャを修正しましょう。この修正により、**「背景色変更」**処理で実行時エラーが発生すると、行ラベル**「ErrorIro」**のエラー処理ルーチンに制御が移り、**「メッセージ」**処理が実行され終了します。

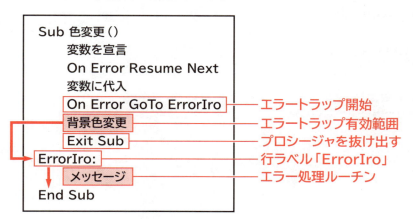

プロシージャの最後にエラー処理ルーチンを記述した場合は、エラー処理ルーチンの行ラベルの前に**「Exit Subステートメント」**を記述して、プロシージャを抜け出します。

※Exit Subステートメントを記述しなかった場合、実行時エラーが発生しなくてもエラー処理ルーチンが実行されます。

①次のように修正します。

```
Sub 色変更()
    Dim Iro As Integer
    On Error Resume Next
    Iro = InputBox("カラーインデックスを入力してください。")
    On Error GoTo ErrorIro
    Range("色変更範囲").Interior.ColorIndex = Iro
    Exit Sub
ErrorIro:
    MsgBox Iro & "は無効な値です。" & Chr(10) & "処理を終了します。"
End Sub
```

※コンパイルし、上書き保存しておきましょう。

ためしてみよう

修正した「色変更」プロシージャを実行して、動作を確認しましょう。

Let's Try Answer

①Excelに切り替える
②「色変更」ボタンをクリック
③「60」と入力
④《OK》をクリック
※エラー処理ルーチンが実行され、メッセージボックスが表示されます。
⑤《OK》をクリック

STEP UP On Error GoToステートメントを使ったエラー処理

次のプロシージャは、すでに「4月」という名前のワークシートが存在する場合に発生する実行時エラーを無視します。
エラーが無視されるため、プロシージャが実行されるたびに新規のワークシートが作成され、作成されたワークシートは残ったままになります。

```
Sub 追加4月()
    Worksheets.Add
    On Error Resume Next
    ActiveSheet.Name = "4月"
End Sub
```

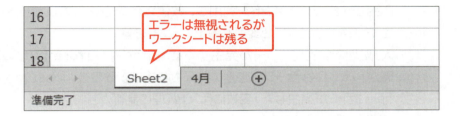

エラーは無視されるが
ワークシートは残る

On Error GoToステートメントを使うと、実行時エラーが発生したときに指定した行ラベルのエラー処理ルーチンが実行されます。
例えば、次のプロシージャでは実行時エラーが発生すると、行ラベル「ErrorSheet」のエラー処理ルーチンにより追加したワークシートを削除します。

```
Sub 追加4月()
    Worksheets.Add
    On Error GoTo ErrorSheet
    ActiveSheet.Name = "4月"
    Exit Sub
ErrorSheet:
    Application.DisplayAlerts = False
    ActiveSheet.Delete
    Application.DisplayAlerts = True
End Sub
```

※「Application.DisplayAlerts = False」でワークシートを削除する際の確認メッセージを表示しないようにしています。また、「Application.DisplayAlerts = True」で設定を元に戻しています。

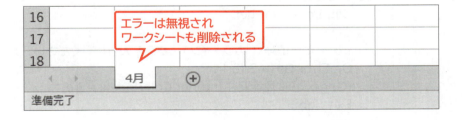

エラーは無視され
ワークシートも削除される

174

7 Resumeステートメント

エラー処理ルーチン内で「Resumeステートメント」を使うと、エラー処理ルーチンから実行時エラーが発生したステートメントへ制御を戻すことができます。Resumeステートメントは、エラー処理ルーチン内だけで利用できるステートメントです。

> ■**Resumeステートメント**
> 実行時エラーの原因となったステートメントへ制御を戻します。

Resumeステートメントを利用し、数値以外の値を入力したらメッセージを表示して入力をやり直すように「**色変更**」プロシージャを修正しましょう。この修正により、「**変数に代入**」処理で実行時エラーが発生すると、行ラベル「**ErrorInput**」のエラー処理ルーチンに制御が移り、「**メッセージ**」処理が実行されます。その後、Resumeステートメントにより、実行時エラーが発生した「**変数に代入**」処理に制御が戻ります。

※VBEに切り替えておきましょう。

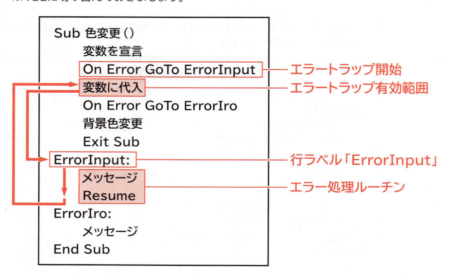

①次のように修正します。

```
Sub 色変更()
    Dim Iro As Integer
    On Error GoTo ErrorInput
    Iro = InputBox("カラーインデックスを入力してください。")
    On Error GoTo ErrorIro
    Range("色変更範囲").Interior.ColorIndex = Iro
    Exit Sub
ErrorInput:
    MsgBox "数値以外は入力できません。" & Chr(10) & "入力をやり直してください。"
    Resume
ErrorIro:
    MsgBox Iro & "は無効な値です。" & Chr(10) & "処理を終了します。"
End Sub
```

※コンパイルし、上書き保存しておきましょう。

STEP UP Resumeステートメントを使ったエラー処理

実行時エラーが発生したステートメントをユーザーが正しい操作をするまで繰り返し実行したり、実行時エラーの原因を取り除いたあとに実行時エラーが発生したステートメントを再度実行したりする場合は、Resumeステートメントを使います。
この実習ではResumeステートメントを利用し、実行時エラーが発生した「変数に代入」処理を繰り返し実行して数値を入力させるプロシージャを作成しています。
※繰り返し実行しても解消されない実行時エラーに対してResumeステートメントを使うと、延々とエラー処理ルーチンが繰り返されます（無限ループ）。

ためしてみよう

修正した「色変更」プロシージャを実行して、動作を確認しましょう。

Let's Try Answer

①Excelに切り替える
②「色変更」ボタンをクリック
③「ABC」と入力
④《OK》をクリック
※エラー処理ルーチンが実行され、メッセージボックスが表示されます。
⑤《OK》をクリック

※再度、カラーインデックスを入力するダイアログボックスが表示されます。
⑥「45」と入力
⑦《OK》をクリック
※セル範囲【色変更範囲】の背景色がオレンジ（ColorIndex=45）に変更されます。

8 Resume Nextステートメント

エラー処理ルーチン内で「**Resume Nextステートメント**」を使うと、実行時エラーが発生したステートメントの次のステートメントへ制御を戻すことができます。Resume Nextステートメントも Resumeステートメントと同様、エラー処理ルーチン内だけで利用できるステートメントです。

> ■**Resume Nextステートメント**
> 実行時エラーの原因となったステートメントの次のステートメントへ制御を戻します。

Resume Nextステートメントを利用し、数値以外の値を入力したら水色（ColorIndex = 8）で塗りつぶすように「**色変更**」プロシージャを修正しましょう。この修正により、「**変数に代入**」処理で実行時エラーが発生すると、行ラベル「**ErrorInput**」のエラー処理ルーチンに制御が移り、変数Iroに「**8**」が代入されます。その後、Resume Nextステートメントにより、実行時エラーが発生した「**変数に代入**」処理の次のステートメントに制御が戻ります。

※VBEに切り替えておきましょう。

①次のように修正します。

```
Sub 色変更()
    Dim Iro As Integer
    On Error GoTo ErrorInput
    Iro = InputBox("カラーインデックスを入力してください。")
    On Error GoTo ErrorIro
    Range("色変更範囲").Interior.ColorIndex = Iro
    Exit Sub
ErrorInput:
    Iro = 8
    Resume Next
ErrorIro:
    MsgBox Iro & "は無効な値です。" & Chr(10) & "処理を終了します。"
End Sub
```

※コンパイルし、上書き保存しておきましょう。

STEP UP Resume Nextステートメントを使ったエラー処理

エラー処理ルーチンを実行したあとに、実行時エラーが発生したステートメントを無視して次のステートメントから処理を再開したい場合は、Resume Nextステートメントを使います。

 ためしてみよう

修正した「色変更」プロシージャを実行して、動作を確認しましょう。

① Excelに切り替える
②「色変更」ボタンをクリック
③「ABC」と入力
④《OK》をクリック

※セル範囲【色変更範囲】の背景色が水色（ColorIndex=8）に変更されます。

Step2 デバッグ機能を利用する

1 イミディエイトウィンドウ

「**イミディエイトウィンドウ**」は、プロシージャ実行中に変数やセルの値などを表示して、値の状況や計算結果などを簡単に調べるためのウィンドウです。「**Debugオブジェクト**」の「**Printメソッド**」を使うことで、指定した値をイミディエイトウィンドウに表示できます。

■Printメソッド

イミディエイトウィンドウに値を表示します。

構 文	Debug.Print 値

例：イミディエイトウィンドウに変数 i の値を表示する

```
Debug.Print i
```

すでに作成済みの「**バイト換算**」プロシージャを実行して、動作を確認しましょう。
「**バイト換算**」プロシージャは、入力した数値をキロバイトと端数のバイトに換算するプロシージャです。この実習では、プロシージャ実行中の変数Bの値をイミディエイトウィンドウに表示し、変数Bがどのように変化しているのかを確認します。
※1キロバイト＝1024バイトです。
※VBEに切り替えておきましょう。

■「バイト換算」プロシージャ

```
1. Sub バイト換算()
2.     Dim F As Long
3.     Dim B As Long
4.     Dim KB As Integer
5.     F = Val(InputBox("バイト数を入力してください。"))
6.     B = F
7.     KB = 0
8.     Do Until B < 1024
9.         B = B - 1024
10.        KB = KB + 1
11.        Debug.Print B
12.    Loop
13.    MsgBox F & "バイト=" & KB & "キロバイト+" & B & "バイト"
14. End Sub
```

178

■プロシージャの意味

1. 「バイト換算」プロシージャ開始
2. 　　　長整数型の変数Fを使用することを宣言
3. 　　　長整数型の変数Bを使用することを宣言
4. 　　　整数型の変数KBを使用することを宣言
5. 　　　変数FにInputBoxに入力された値を数値に変換して代入
6. 　　　変数Bに変数Fを代入
7. 　　　変数KBに0を代入
8. 　　　変数Bの値が1024より小さくなるまで処理を繰り返す
9. 　　　　　変数Bに変数B－1024の結果を代入
10. 　　　　　変数KBに変数KB+1の結果を代入
11. 　　　　　イミディエイトウィンドウに変数Bを表示
12. 　　　8行目に戻る
13. 　　　変数Fと変数KBと変数Bと他の文字列を連結して計算結果を表示
14. プロシージャ終了

POINT 文字列を数値に変換

文字列を数値に変換するには、「Val関数」を使います。

■Val関数

文字列を数値に変換します。

| 構　文 | Val(String) |

引数Stringに指定した文字列を、数値に変換して返します。文字列の先頭に数字が含まれない場合や空文字(「""」)を指定した場合「0」を返します。

例	返される数値
Val("100円")	100
Val("2020年12月")	2020 ※文字列内に複数の数字が文字列で区切られている場合は、最初の文字列までの数字が数値として返されます。
Val("Excel2019")	0 ※文字列内に数字が含まれる場合でも、先頭が文字列であれば「0」が返されます。
Val("")	0

①《表示》をクリックします。

②《イミディエイトウィンドウ》をクリックします。

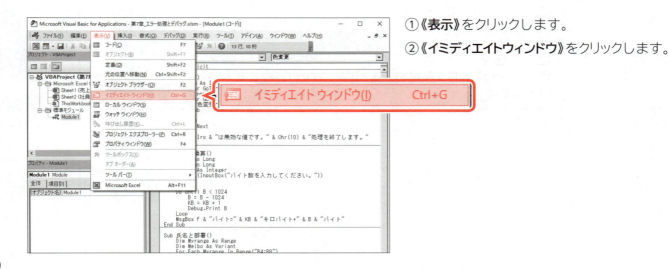

《イミディエイト》ウィンドウが表示されます。

③「バイト換算」プロシージャ内にカーソルを移動します。

④ ▶ (Sub/ユーザーフォームの実行)をクリックします。

ダイアログボックスが表示されます。

⑤「10000」と入力します。

※半角で入力します。

⑥《OK》をクリックします。

計算結果が表示されます。

⑦《OK》をクリックします。

VBEに切り替わります。

⑧《イミディエイト》ウィンドウにプロシージャ実行中の変数Bの値が表示されていることを確認します。

※DebugオブジェクトのPrintメソッドを実行するたびに改行され、値が《イミディエイト》ウィンドウに表示されます。

※ ✕ (閉じる)ボタンをクリックして《イミディエイト》ウィンドウを閉じておきましょう。

STEP UP その他の方法（イミディエイトウィンドウの表示）

◆《デバッグ》ツールバーの （イミディエイトウィンドウ）
◆ Ctrl + G

STEP UP 《デバッグ》ツールバーの表示

◆《表示》→《ツールバー》→《デバッグ》

2 ウォッチウィンドウ

「ウォッチウィンドウ」は、プロシージャ実行中に変数やセルの値の変化する様子を確認するためのウィンドウです。あらかじめ表示したい変数などを「ウォッチ式」として追加する必要があります。

1 プロシージャの確認

すでに作成済みの「氏名と部署」プロシージャを実行して、動作を確認しましょう。

「氏名と部署」プロシージャは、「,」で区切られた「名簿元データ」から、「氏名」と「部署」を取り出して入力するプロシージャです。

※Excelに切り替えて、ワークシート「社員名簿」を選択しておきましょう。ワークシート「売上集計」が選択されている場合はエラーが発生します。

■「氏名と部署」プロシージャ

```
1. Sub 氏名と部署()
2.     Dim Myrange As Range
3.     Dim Meibo As Variant
4.     For Each Myrange In Range("B4:B8")
5.         Meibo = Split(Myrange.Value, ",")
6.         Myrange.Offset(, 1).Value = Meibo(1)
7.         Myrange.Offset(, 2).Value = Meibo(2)
8.     Next Myrange
9. End Sub
```

※変数Meiboは、Split関数で作成した配列を代入するためにバリアント型で宣言しています。

■プロシージャの意味

1. 「氏名と部署」プロシージャ開始
2. Range型のオブジェクト変数Myrangeを使用することを宣言
3. バリアント型の変数Meiboを使用することを宣言
4. セル範囲【B4:B8】のすべてのセルに対して処理を繰り返す
5. 変数Meiboに区切り文字「,」で分割したセルの値を配列として代入
6. 1列右のセルに配列変数Meibo(1)の値を入力
7. 2列右のセルに配列変数Meibo(2)の値を入力
8. オブジェクト変数Myrangeに次のセルへの参照を代入し、4行目に戻る
9. プロシージャ終了

① 「氏名と部署」ボタンをクリックします。

※作成済みのプロシージャを実行するように、あらかじめ登録されています。

「氏名」と「部署」が入力されます。

2 ウォッチ式の追加

「**氏名と部署**」プロシージャの固有オブジェクト型のオブジェクト変数Myrangeの値（Valueプロパティ）と変数Meiboをウォッチウィンドウに追加しましょう。
ウォッチウィンドウの構成は次のとおりです。
※VBEに切り替えておきましょう。

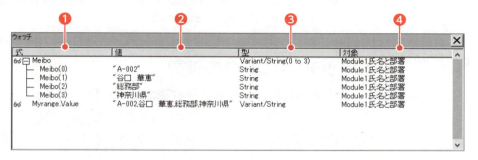

❶式
追加したウォッチ式が表示されます。

❷値
ウォッチ式の値が表示されます。

❸型
ウォッチ式の種類（変数の型）が表示されます。

❹対象
モジュール名とプロシージャ名が表示されます。

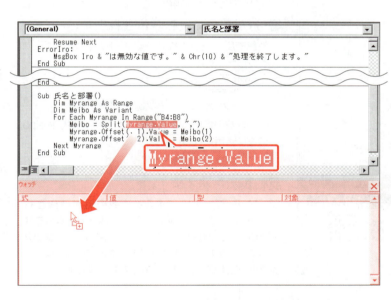

①《**表示**》をクリックします。
②《**ウォッチウィンドウ**》をクリックします。
ウォッチウィンドウが表示されます。
③「**氏名と部署**」プロシージャ内の「**Myrange.Value**」を選択します。
④選択した「**Myrange.Value**」をポイントします。
⑤図のようにウォッチウィンドウまでドラッグします。
ドラッグ中、マウスポインターの形が に変わります。

ウォッチ式「**Myrange.Value**」がウォッチウィンドウに追加されます。
⑥同様に「**氏名と部署**」プロシージャ内の「**Meibo**」（3行目）をウォッチウィンドウまでドラッグします。
ウォッチ式「**Meibo**」がウォッチウィンドウに追加されます。

その他の方法（ウォッチウィンドウの表示）

◆《デバッグ》ツールバーの 🔲 （ウォッチウィンドウ）

 その他の方法（ウォッチ式の追加）

◆ウォッチ式に追加する部分を選択→《デバッグ》→《ウォッチ式の追加》
※ウォッチウィンドウは自動的に表示されます。

3 ウォッチウィンドウの確認

ウォッチ式に追加した変数などの値を確認するには、「**ステップモード**」でプロシージャを1行ずつ実行します。コードを1行ずつ実行するには F8 を押します。
「**氏名と部署**」プロシージャをステップモードで実行して、ウォッチウィンドウに追加したウォッチ式の値を確認しましょう。

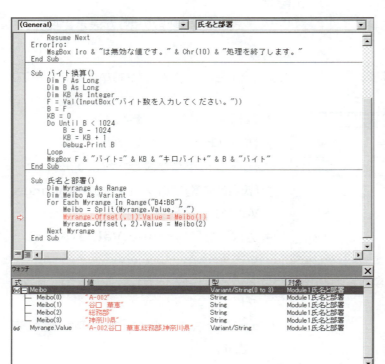

①「氏名と部署」プロシージャ内にカーソルを移動します。

② F8 を押します。

ステップモードが開始され、「**Sub 氏名と部署()**」が黄色で反転表示されます。

※黄色で反転表示されているコードが、次に実行されるコードです。

③ 再度 F8 を押し、1行ずつ実行しながらウォッチウィンドウの値を確認します。

※配列変数の各値を表示するには、ウォッチ式「Meibo」の左に表示される ➕ をクリックします。

プロシージャの実行が終了すると、黄色の反転表示が消えます。

※プロシージャが終了すると変数の値が破棄され、ウォッチウィンドウの値が「〈対象範囲外〉」となります。
※プロシージャが終了したら、✕ （閉じる）をクリックしてウォッチウィンドウを閉じておきましょう。
※ブックを上書き保存し、閉じておきましょう。

 ウォッチ式の削除

ウォッチウィンドウに追加したウォッチ式を削除するには、ウォッチ式を選択して Delete を押します。

 変数の値の変更

プロシージャ実行中に、ウォッチウィンドウでウォッチ式を選択して値をクリックすると、値が反転表示されます。このとき、別の値を入力して Enter を押すと変数の値を変更できます。変数の値をいろいろ変更して、コードの実行結果がどのように変化するかを調べることができます。

第**8**章

商品売上システムの作成

Step1	商品売上システムの概要を確認する	185
Step2	マスタ登録処理を作成する	195
Step3	売上データ入力処理を作成する	215
Step4	請求書発行処理を作成する	238
Step5	システムを仕上げる	251

Step 1 商品売上システムの概要を確認する

1 システム作成の手順

VBAを使うと、商品売上システムや在庫管理システムなどを自由に作成できます。このような複雑なシステムを作成する場合は、最初にシステムの概要をしっかりと決めてから、システムの設計や作成に入ります。システムの概要が明確であれば、作業を効率よく進めることができ、あとからの修正も少なくなります。
システムを作成する基本的な流れは次のとおりです。

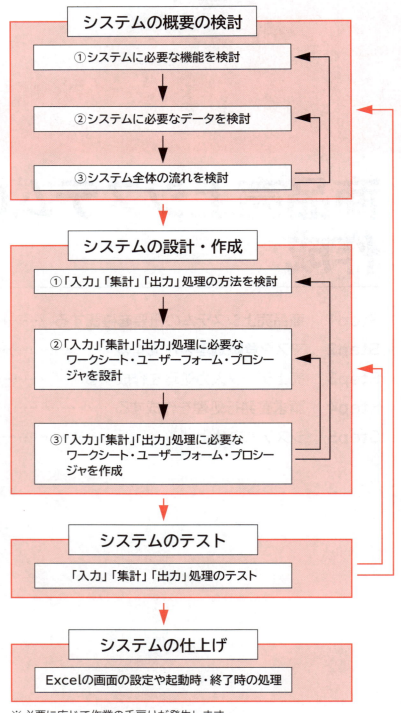

※必要に応じて作業の手戻りが発生します。

2 商品売上システムの概要

システムの概要を検討しましょう。

1 必要な機能の検討

どのような商品売上システムにするのかを簡単に整理します。

> ● 売上数量と売上金額を日ごと、商品ごとに記録したい
> ● 各売上データに、取引先を記録したい
> ● 間違って記録した売上データを削除したい
> ● 任意の項目で売上データを並べ替えたい
> ● 商品の分類や単価などの詳細な情報を記録したい
> ● 請求書を発行したい
> ● Excel初心者でも操作できる簡単で堅牢なシステムにしたい

このとき、Excelなどで作成している実際の売上表があれば、それを参考に検討します。ない場合は、目安となる売上表を作成しておきます。

売上No.	売上日	取引先	分類	商品名	単価	数量	金額
00001	1月10日	VBAストア	ドリンク類	100%オレンジ	100	100	10,000
00002	1月10日	VBAストア	ドリンク類	100%アップル	100	100	10,000
00003	1月10日	スーパーVBA	ドリンク類	アイスコーヒー	500	50	25,000
00004	1月15日	VBAストア	麺類	ソース焼きそば	180	20	3,600
00005	1月15日	スーパーVBA	ドリンク類	100%オレンジ	100	50	5,000
00006	1月27日	VBA商店	ドリンク類	アイスコーヒー	500	20	10,000
00007	1月27日	VBA商店	麺類	ソース焼きそば	180	20	3,600

上記の要望をもとに、商品売上システムに必要な機能を検討します。

> ● 「分類」「商品名」「取引先」のマスタデータを登録する機能
> ● 登録したマスタデータを使って売上データを入力する機能
> ● 売上データを削除する機能
> ● 売上データを並べ替える機能
> ● 売上データから特定のデータを取り出して請求書を作成する機能
> ● 作成した請求書を印刷する機能
> ● 各シートをパスワード付きで保護する機能

STEP UP マスタ

売上データを作成するために必要な、取引先データや商品データなどの基本となるデータを「マスタ」といいます。

186

2 必要なデータの検討

検討した機能をもとに、売上表のデータを細かく分割します。

●売上データ

売上No.	売上日	取引先	分類	商品名	単価	数量	金額
00001	1月10日	VBAストア	ドリンク類	100%オレンジ	100	100	10,000
00002	1月10日	VBAストア	ドリンク類	100%アップル	100	100	10,000
00003	1月10日	スーパーVBA	ドリンク類	アイスコーヒー	500	50	25,000
00004	1月15日	VBAストア	麺類	ソース焼きそば	180	20	3,600
00005	1月15日	スーパーVBA	ドリンク類	100%オレンジ	100	50	5,000
00006	1月27日	VBA商店	ドリンク類	アイスコーヒー	500	20	10,000
00007	1月27日	VBA商店	麺類	ソース焼きそば	180	20	3,600
00008	1月27日	VBA商店	スナック類	ジャガイモスナック	150	20	3,000
00009	2月 1日	VBAストア	ドリンク類	アイスコーヒー	500	15	7,500
00010	2月 1日	VBAストア	ドリンク類	100%アップル	100	50	5,000
00011	2月 5日	VBA商店	スナック類	ジャガイモスナック	150	30	4,500
00012	2月 5日	VBA商店	麺類	ソース焼きそば	180	15	2,700

●取引先マスタ

No.	取引先
1	VBAストア
2	スーパーVBA
3	VBA商店

●分類マスタ

No.	分類
1	ドリンク類
2	麺類
3	スナック類

●商品マスタ

No.	分類	商品名	単価
1	ドリンク類	100%オレンジ	100
2	ドリンク類	100%アップル	100
3	ドリンク類	アイスコーヒー	500
4	麺類	ソース焼きそば	180
5	スナック類	ジャガイモスナック	150

次に、分割した売上表をもとに、各データについて検討します。

> ● 売上データの「売上No.」は「00001」から順に付けていく
> ● 取引先マスタ、分類マスタ、商品マスタの「No.」は「1」から順に付けていく
> ● 売上データの「取引先」は取引先マスタから選択する
> ● 売上データの「分類」「商品名」「単価」は商品マスタから選択する
> ● 商品マスタの「分類」は分類マスタから選択する
> ● 売上データの「売上日」「数量」は毎回変わるものなので、その都度入力する
> ● 売上データの「金額」は「単価」と「数量」を乗算して求める

3 システム全体の流れの検討

システム全体の流れを検討します。このとき、簡単なシステムの流れ図を作成しておくと、効率的に作業を進められます。

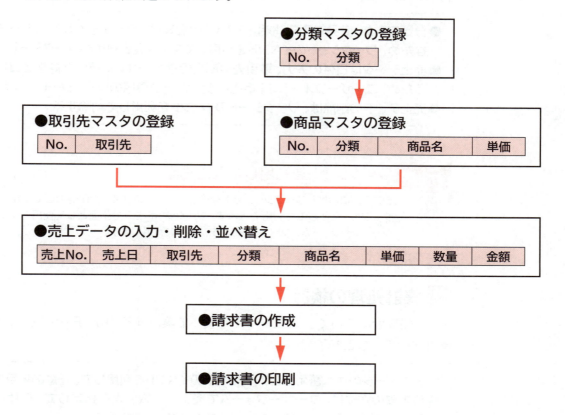

3 商品売上システムの処理の検討

作成した商品売上システムの概要をもとに、次のように処理を分けて、それぞれについて処理の方法を検討します。

●入力処理
　　分類マスタの登録
　　商品マスタの登録
　　取引先マスタの登録
　　売上データの入力
　　売上データの削除
●集計処理
　　売上データの並べ替え
　　請求書の作成
●出力処理
　　請求書の印刷

1 入力処理の検討

データの入力について、ワークシートを利用した入力画面にするのか、ユーザーフォームを利用した入力画面にするのかなどを検討します。

- ●分類マスタ、商品マスタ、取引先マスタの登録は、データ量が少なくデータ構造も単純なため、ワークシートのイベントを利用してマスタ登録専用のワークシートに入力する
- ●売上データは日付の入力、取引先や商品の選択、売上金額の計算など複雑な処理を伴うため、ユーザーフォームを利用して売上データ専用のワークシートに入力する
- ●売上データの削除は、ワークシートのイベントを利用して削除する

STEP UP ワークシートを利用した入力画面

システムにおけるワークシートの主な役割は、データの保存や印刷などですが、データ入力のインターフェースとしても利用できます。ワークシートを入力画面として使用するには、イベントプロシージャやフォームコントロールのボタンなどを利用します。

---

2 集計処理の検討

データの集計について、プロシージャを使って集計するのか、Excelの一般機能を使って集計するのかなどを検討します。

- ●売上データの並べ替えは、ワークシートのイベントを利用して、任意の項目で並べ替える
- ●請求書の作成は、ユーザーフォームで売上月と取引先を指定して、条件にあった売上データを請求書専用のワークシートに取り出して作成する
- ●請求金額の合計は、ワークシート関数を使って算出する

STEP UP Excelの一般機能を使った集計

集計処理については、Excelに備わっている一般機能（ワークシート関数やグラフ、ピボットテーブルなど）を使って集計することができます。あらかじめグラフやワークシート関数を利用した集計表などを作成しておくと、データを入力するだけで自動的に集計できるので便利です。なお、グラフや数式のデータ範囲が変化する場合は、VBAで範囲を自動的に設定しなおすプロシージャを記述するとよいでしょう。

---

3 出力処理の検討

データの出力について、印刷形式で出力するのか、別のブックに出力するのかなどを検討します。

- ●請求書の印刷は、作成した請求書とその控えを印刷する
- ●印刷する前に印刷プレビューを表示する
- ●請求データがない場合は印刷を中止する

---

4 その他の処理の検討

商品売上システムのメニューや画面の設定について検討します。

- ●最初に表示されるメインメニュー用のワークシートを用意する
- ●メニューは「マスタ登録」「売上データ」「請求書」の3つを用意する
- ●各ワークシートに、メインメニューに戻るボタンを用意する
- ●システム起動時に、リボンを非表示にする
- ●システム起動時に、ワークシートの枠線や行列番号、シート見出しを非表示にする
- ●システム起動時に、数式バーやステータスバーを非表示にする
- ●システム起動時に、Excelのタイトルバーの文字列を変更する
- ●システム起動時に変更した画面設定は、システム終了時にすべて元に戻す
- ●システムを終了するメニューを作成して、それ以外の方法では終了できないようにする

4 商品売上システムの設計

各処理を実現するためのワークシート、ユーザーフォーム、プロシージャを具体的に設計します。商品売上システムでは、次のようなワークシート、ユーザーフォーム、プロシージャを用意します。

●4つのワークシート

システムを起動したときに表示されるメインのワークシート
マスタデータを入力するためのワークシート
売上データを入力するためのワークシート
請求書を作成、印刷するためのワークシート

●2つのユーザーフォーム

売上データを入力するためのユーザーフォーム
請求書を作成するためのユーザーフォーム

●各処理を実行するプロシージャ

ワークシートを切り替えるプロシージャ
ユーザーフォームを表示するプロシージャ
マスタデータを入力するプロシージャ
売上データを入力するプロシージャ
売上データを並べ替えるプロシージャ
売上データを削除するプロシージャ
請求書を作成するプロシージャ
請求書を印刷するプロシージャ
システムの画面設定に関するプロシージャ
システムを保存して終了するプロシージャ

190

5 商品売上システムの確認

ブック「第8章_商品売上システム」にはワークシート「メインメニュー」「マスタ登録」「売上データ」「請求書」と、ユーザーフォーム「売上入力」「請求書」が作成されています。このブックの処理の流れを確認しましょう。

1 ワークシートの切り替えとユーザーフォームの確認

あらかじめ作成してあるワークシートとユーザーフォームを確認しましょう。

ブック「第8章_商品売上システム」を開いておきましょう。
※メッセージバーの《コンテンツの有効化》をクリックしておきましょう。

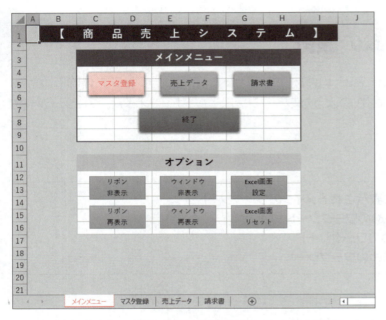

ワークシート「メインメニュー」が表示されていることを確認します。
※各処理を選択したり、システムを終了したりするワークシートです。

① 「マスタ登録」ボタンをクリックします。
※ワークシート「マスタ登録」に切り替えるプロシージャがあらかじめ登録されています。

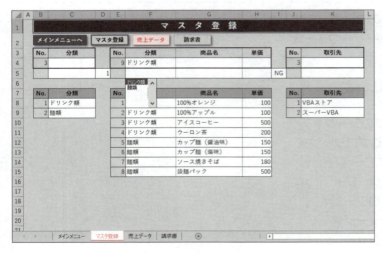

マスタデータを入力するワークシート「マスタ登録」が表示されます。

② 「売上データ」ボタンをクリックします。
※ワークシート「売上データ」に切り替えるプロシージャがあらかじめ登録されています。

売上データの入力や削除をするワークシート**「売上データ」**が表示されます。

③**「売上データ入力」**ボタンをクリックします。

※ユーザーフォームを表示するプロシージャがあらかじめ登録されています。

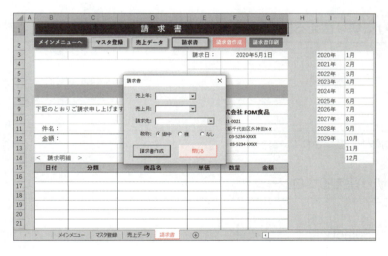

売上データを入力するためのユーザーフォーム**「売上入力」**が表示されます。

④**「閉じる」**ボタンをクリックします。

※ユーザーフォームを閉じるプロシージャがあらかじめ登録されています。

⑤**「請求書」**ボタンをクリックします。

※ワークシート「請求書」に切り替えるプロシージャがあらかじめ登録されています。

請求書を作成、印刷するワークシート**「請求書」**が表示されます。

⑥**「請求書作成」**ボタンをクリックします。

※ユーザーフォームを表示するプロシージャがあらかじめ登録されています。

請求書を作成するためのユーザーフォーム**「請求書」**が表示されます。

⑦**「閉じる」**ボタンをクリックします。

※ユーザーフォームを閉じるプロシージャがあらかじめ登録されています。

※「メインメニューへ」ボタンをクリックし、ワークシート「メインメニュー」を表示しておきましょう。

STEP UP ワークシート上のボタン

ワークシート上に配置されているボタンは、《挿入》タブ→《図》グループの（図形）→□（正方形/長方形）を使って四角形を作成し、《書式》タブ→《図形のスタイル》グループの（図形の塗りつぶし）／（図形の枠線）／（図形の効果）で外観を整えています。

また、ワークシート「マスタ登録」「売上データ」「請求書」には、ワークシートを切り替える「マスタ登録」「売上データ」「請求書」ボタンが各ワークシートの同じ位置に配置してあります。ボタンを見ただけでどのワークシートが選択されているかがわかるように、ワークシート名と同じ名前のボタンは、線の色を赤に設定しています。

2 プロシージャの確認

標準モジュール「**メニュー**」にはワークシートを切り替えるプロシージャやユーザーフォームを表示するプロシージャがあらかじめ作成してあり、ワークシート上の各ボタンに登録されています。また、各ワークシートのセル【B1】にはタイトルが作成してあり、ワークシートを選択したあとにタイトルを選択するようにしています。プロシージャの内容を確認しましょう。

※VBEに切り替えて、プロジェクトエクスプローラーの標準モジュール「メニュー」を表示しておきましょう。
　モジュール名は「メニュー」に変更しています。

●ワークシート「メインメニュー」に切り替えるプロシージャ

```
Sub メニュー_メイン()
    Worksheets("メインメニュー").Select
    Range("B1").Select
End Sub
```

※ワークシート「マスタ登録」「売上データ」「請求書」の「メインメニューへ」ボタンに登録されています。

●ワークシート「マスタ登録」に切り替えるプロシージャ

```
Sub メニュー_マスタ()
    Worksheets("マスタ登録").Select
    Range("B1").Select
End Sub
```

※各ワークシートの「マスタ登録」ボタンに登録されています。

●ワークシート「売上データ」に切り替えるプロシージャ

```
Sub メニュー_売上()
    Worksheets("売上データ").Select
    Range("B1").Select
End Sub
```

※各ワークシートの「売上データ」ボタンに登録されています。

●ワークシート「請求書」に切り替えるプロシージャ

```
Sub メニュー_請求書()
    Worksheets("請求書").Select
    Range("B1").Select
End Sub
```

※各ワークシートの「請求書」ボタンに登録されています。

●ユーザーフォーム「売上入力」を表示するプロシージャ

```
Sub 売上入力フォーム表示()
    売上入力.Show
End Sub
```

※ワークシート「売上データ」の「売上データ入力」ボタンに登録されています。

●ユーザーフォーム「請求書」を表示するプロシージャ

```
Sub 請求書フォーム表示()
    請求書.Show
End Sub
```

※ワークシート「請求書」の「請求書作成」ボタンに登録されています。
※Excelに切り替えておきましょう。

---

6 次のStepから作成するプロシージャ

次のStepから、商品売上システムで各処理を実行するプロシージャを作成します。

●Step2　マスタ登録処理を作成する

マスタデータを入力するプロシージャ

●Step3　売上データ入力処理を作成する

売上データを入力するプロシージャ
売上データを並べ替えるプロシージャ
売上データを削除するプロシージャ

●Step4　請求書発行処理を作成する

請求書を作成するプロシージャ
請求書を印刷するプロシージャ

●Step5　システムを仕上げる

システムの画面設定に関するプロシージャ
システムを保存して終了するプロシージャ

Step2 マスタ登録処理を作成する

1 マスタ登録処理

売上データの入力に必要な「**分類**」「**商品**」「**取引先**」のマスタデータを登録するプロシージャを作成します。ワークシートのイベントプロシージャを利用してデータを登録できるように、プロシージャを設計・作成します。

2 ワークシート「マスタ登録」の確認

ワークシート「**マスタ登録**」を確認しましょう。
※ワークシート「マスタ登録」を選択しておきましょう。

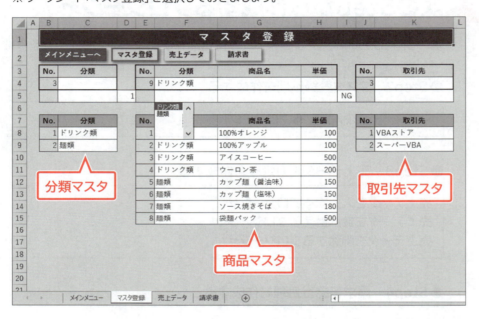

1 セルの名前と入力規則の確認

ワークシート「**マスタ登録**」のセルの名前や入力規則などの設定とその役割を確認しましょう。
※名前と入力規則はすでに設定されています。

●分類マスタに関するセル

セル	名前	役割	入力規則
C4	分類入力セル	「分類」を入力するセル	日本語入力をオン
B4:C4	分類登録セル	「No.」と「分類」を分類マスタに登録する際のコピー元セル	
B5:C5		分類マスタを登録する際の書式のコピー元セル	
C8:C9	分類リスト	商品マスタの入力で使う登録済みの分類リスト ※データを登録してセル範囲が変更されるたびに、名前を設定します。	

●商品マスタに関するセル

セル	名前	役割	入力規則
F4	分類選択セル	「分類」を表示するセル	
G4	商品名入力セル	「商品名」を入力するセル	日本語入力をオン
H4	単価入力セル	「単価」を入力するセル	0以上の整数だけ入力可能、日本語入力をオフ
E4：H4	商品登録セル	「No.」と「分類」と「商品名」と「単価」を商品マスタに登録する際のコピー元セル	
E5：H5		商品マスタを登録する際の書式のコピー元セル	
I5	商品データチェック	「商品名」と「単価」が入力されたかどうかを調べるセル	
F8：H15	商品リスト	売上データの入力で使う登録済みの商品リスト ※データを登録してセル範囲が変更されるたびに、名前を設定します。	

●取引先マスタに関するセル

セル	名前	役割	入力規則
K4	取引先入力セル	「取引先」を入力するセル	日本語入力をオン
J4：K4	取引先登録セル	「No.」と「取引先」を取引先マスタに登録する際のコピー元セル	
J5：K5		取引先マスタを登録する際の書式のコピー元セル	
K8：K9	取引先リスト	売上データの入力で使う登録済みの取引先リスト ※データを登録してセル範囲が変更されるたびに、名前を設定します。	

🖐POINT セルの名前を利用するメリット

目的のセルやセル範囲に名前を付けておくと、プロシージャを作成する際にどのセルを操作しているのか明確になり、修正が容易になります。また、データの登録に伴いセル範囲が変化する場合でも、それに合わせて名前の範囲を設定しなおすことで、ワークシートのリストやユーザーフォームのリストボックスに表示する一覧を更新できます。ワークシートの設計の際に、セルやセル範囲の名前も一緒に検討しておくとよいでしょう。

2 リスト機能の確認

商品マスタを入力する際に、リストボックスと数式の機能を組み合わせることで分類を選択できるようにしています。リストボックスの設定や数式を確認しましょう。

❶「分類一覧」リストボックス

「入力範囲」にセル範囲【分類リスト】を設定して、分類マスタに登録した「分類」を表示しています。また、「リンクするセル」にセル【D5】を設定して、「分類一覧」リストボックスで選択されている項目が上から何番目かをセル【D5】に表示しています。

※リストボックスは《開発》タブ→《コントロール》グループの （コントロールの挿入）から作成し、《コントロールの書式設定》ダイアログボックスの《コントロール》タブで分類リストの範囲を設定しています。

❷セル【D5】

「分類一覧」リストボックスで選択されている項目の番号が表示されます。

❸セル【分類選択セル】

INDEX関数を使った数式が設定してあり、「分類一覧」リストボックスから項目を選択すると、セル【D5】の値が変化し、それに応じて表示される分類が変化します。

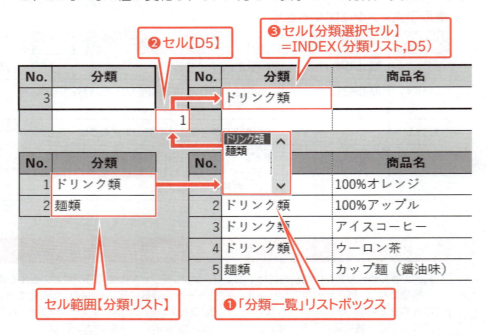

■INDEX関数（ワークシート関数）

検索範囲の行と列の交点のデータを表示します。
検索範囲が1行または1列のみの場合は、範囲内の指定した位置のデータを表示します。

=INDEX（検索範囲, 行番号, 列番号）
　　　　　　❶　　　❷　　　❸

❶検索範囲
検索するセル範囲を指定します。

❷行番号
検索範囲の何番目の行を参照するかを指定します。
上から「1」「2」…と数えて指定します。

❸列番号
検索範囲の何番目の列を参照するかを指定します。
左から「1」「2」…と数えて指定します。

※❶の範囲が1行のみの場合は❷を、1列のみの場合は❸を省略します。

3 データチェックのセル

セル【商品データチェック】は、「商品名」と「単価」の両方が入力されたときに商品データを登録するための条件判断用のセルです。セル【商品名入力セル】とセル【単価入力セル】の両方に値が入力された場合は「OK」と表示され、それ以外の場合は「NG」と表示されるように数式が設定されています。

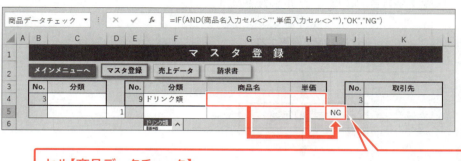

セル【商品データチェック】
=IF(AND(商品名入力セル<>"",単価入力セル<>""),"OK","NG")

POINT 非表示にするセル範囲

5行目には、マスタデータを登録する際に書式をコピーするセル範囲や、商品データのチェックをするセル、リストボックスで選択された項目の番号を表示するセルなどを配置しています。これらのセルは表示する必要がないため、最終的に5行目は非表示にします。非表示にするセルをどこに配置するのか、どの行や列を非表示にするのかなどもシートの設計の際に検討しておきましょう。

POINT セルのロックの解除

数式を誤って削除したりセルを移動したりすると、プロシージャが正常に動かなくなることがあります。システムが壊れてしまうことを防ぐために、ワークシートは必ず保護するようにしましょう。既定の設定では、すべてのセルのロックは有効になっており、ワークシートを保護するとすべてのセルの書き込みができなくなります。ただし、マスタ登録処理のように、ワークシートを使ってデータを入力する場合には、データを入力したり変更したりするセルのロックを解除してからワークシートを保護します。ワークシート「マスタ登録」では、セル【分類入力セル】、セル【商品名入力セル】、セル【単価入力セル】、セル【取引先入力セル】、セル【D5】のロックを解除しています。

3 マスタ登録用のサブルーチンの作成

マスタを登録するための「サブ_前処理」「サブ_マスタ登録」「サブ_後処理」プロシージャは、すべてのマスタ登録で使えるようにサブルーチンとして作成します。また、マスタ登録の一連の処理は、Changeイベントをきっかけとして実行されるようにします。
マスタの登録に関する処理の流れは次のとおりです。

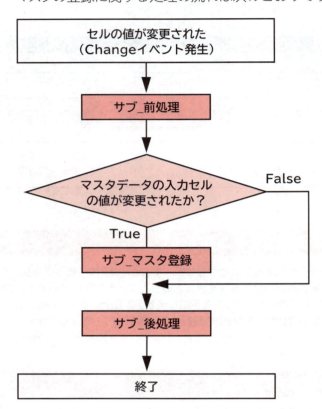

1 ワークシートの保護・解除をするパスワードの設定

Publicステートメントを使い定数Mypassを宣言して、ワークシートの保護・解除をするときに使用するパスワード「VBA」を設定しましょう。
標準モジュールの宣言セクションに、Publicステートメントを記述し、定数Mypassはすべてのモジュールで使用できるようにします。
※VBEに切り替えておきましょう。

■定数Mypassの宣言（宣言セクションに記述）
Public Const Mypass As String = "VBA"

■宣言の意味
文字列型の定数Mypassを使用することを宣言し、値に「VBA」を指定

① プロジェクトエクスプローラーの標準モジュール**「登録と印刷」**をダブルクリックします。

※モジュール名はあらかじめ「登録と印刷」に変更しています。

② 宣言セクションに定数Mypassの宣言を入力します。

※コンパイルし、上書き保存しておきましょう。

2 前処理を実行するサブルーチンの作成

次のような前処理を実行する**「サブ_前処理」**プロシージャを作成しましょう。

- **●画面更新の無効**
- **●イベントの停止**
- **●ワークシートの保護の解除**

セルのコピー・貼り付けやワークシートの切り替えなどの操作をVBAで実行すると、操作に合わせて画面が更新されるので画面がちらつくように見えることがあります。

「ScreenUpdatingプロパティ」を使って画面の更新を一時的に無効にすると、このようなちらつきを抑えることができます。ちらつきを抑えることで、プロシージャの実行速度の向上につながります。

■ScreenUpdatingプロパティ

画面の更新状態を設定・取得します。Falseを設定すると更新が無効になり、Trueを設定すると更新が有効になります。Applicationオブジェクトに対して使用します。

構 文	Applicationオブジェクト.ScreenUpdating

「EnableEventsプロパティ」を使ってイベントを一時的に無効にすると、ブックやワークシートに関するすべてのイベントが発生しなくなります。

■EnableEventsプロパティ

ワークシートやブックのイベントの状態を設定・取得します。Falseを設定するとイベントの発生が無効になり、Trueを設定するとイベントの発生が有効になります。Applicationオブジェクトに対して使用します。

構 文	Applicationオブジェクト.EnableEvents

イベントは、ユーザーの操作だけでなく、VBAでワークシートやセルを操作することでも発生するので、プロシージャによってはイベントを無効にしておかないと、無駄なイベントプロシージャが実行されます。例えば、次の図の「TestA」プロシージャを実行すると、セルに値を入力したりセルを選択したりするたびに「Worksheet_Change」イベントプロシージャや「Worksheet_SelectionChange」イベントプロシージャが実行されます。「TestB」プロシージャのようにイベントを無効にしておくと、イベントプロシージャは実行されません。

このように、イベントプロシージャが記述されているワークシートに対して処理を実行する場合は、イベントの有効・無効についても検討する必要があります。

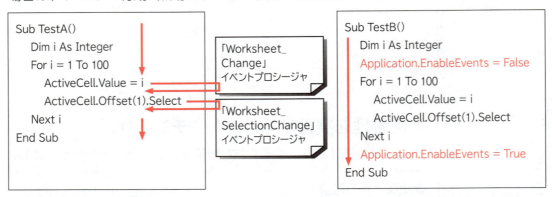

■「サブ_前処理」プロシージャ

1. Sub サブ_前処理()
2. 　　　Application.ScreenUpdating = False
3. 　　　Application.EnableEvents = False
4. 　　　ActiveSheet.Unprotect Mypass
5. End Sub

■プロシージャの意味

1. 「サブ_前処理」プロシージャ開始
2. 　　　画面更新を無効に設定
3. 　　　イベントの発生を無効に設定
4. 　　　パスワードに定数Mypassを指定してアクティブシートの保護を解除
5. プロシージャ終了

①「サブ_前処理」プロシージャを入力します。
※コンパイルし、上書き保存しておきましょう。

3 後処理を実行するサブルーチンの作成

次のような後処理を実行する**「サブ_後処理」**プロシージャを作成しましょう。

- ●画面更新の有効
- ●イベントの開始
- ●ワークシートの保護

■「サブ_後処理」プロシージャ

1. Sub サブ_後処理()
2. 　　Application.ScreenUpdating = True
3. 　　Application.EnableEvents = True
4. 　　ActiveSheet.Protect Mypass
5. End Sub

■プロシージャの意味

1. 「サブ_後処理」プロシージャ開始
2. 　　画面更新を有効に設定
3. 　　イベントの発生を有効に設定
4. 　　パスワードに定数Mypassを設定してアクティブシートを保護
5. プロシージャ終了

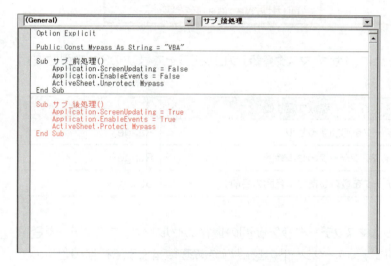

①**「サブ_後処理」**プロシージャを入力します。

※コンパイルし、上書き保存しておきましょう。

4 マスタを登録するサブルーチンの作成

次のような処理を実行する「サブ_マスタ登録」プロシージャを作成しましょう。

> ❶ 登録するマスタデータのセル範囲をコピーして、データを追加するセルに値を貼り付け
> ❷ マスタデータの書式が設定されているセル範囲（登録するマスタデータのセル範囲の1行下のセル範囲）をコピーして、データを追加したセルに書式を貼り付け
> ❸ 次回入力時のために登録するマスタデータのNo.に1を加算する
> ❹ マスタデータを登録したセル範囲を取得して名前を設定する

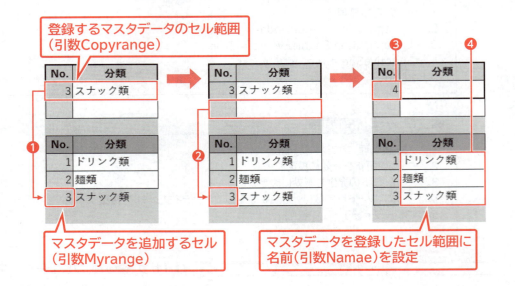

これらの処理を実行するために、「サブ_マスタ登録」プロシージャでは次の3つの引数を用意します。

引数名	引数に渡す値	データ型
Myrange	マスタデータを追加するセル	Range
Copyrange	登録するマスタデータのセル範囲	Range
Namae	マスタデータを登録したセル範囲の名前	String

マスタデータを追加するセルはマスタデータ登録範囲の最後のセルです。マスタデータ登録範囲の最後のセルを求めるには、ワークシートの最終行である1,048,576行目のセルの上端セルの1行下のセルを取得します。

例えば、分類マスタを登録する場合、「サブ_マスタ登録」プロシージャの引数に渡すセル範囲や文字列は次のとおりです。

引数名	引数に渡す値
Myrange	Range("B1048576").End(xlUp).Offset(1)
Copyrange	Range("分類登録セル")
Namae	"分類リスト"

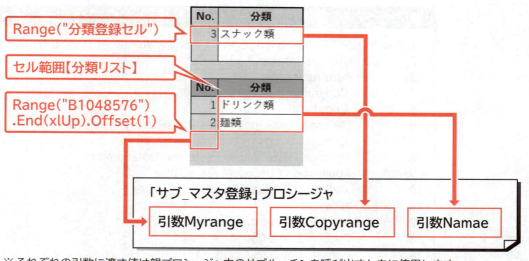

※それぞれの引数に渡す値は親プロシージャ内のサブルーチンを呼び出すときに使用します。

POINT Nameプロパティ

Rangeオブジェクトの「Nameプロパティ」を使うと、セルやセル範囲に名前を付けることができます。

■Nameプロパティ

セルの名前を設定・取得します。

構文	Rangeオブジェクト.Name

引数Namaeは、マスタデータを追加するセルを含む連続するセル範囲から、見出しと「No.」の列を除いたセル範囲です。このセル範囲を取得するために、リストの行数と列数をそれぞれ「Rows.Count-1」「Columns.Count-1」で求め、OffsetプロパティとResizeプロパティを使い、「Offset(1,1).Resize(Gyou,Retu)」で範囲を選択し、名前を付けています。

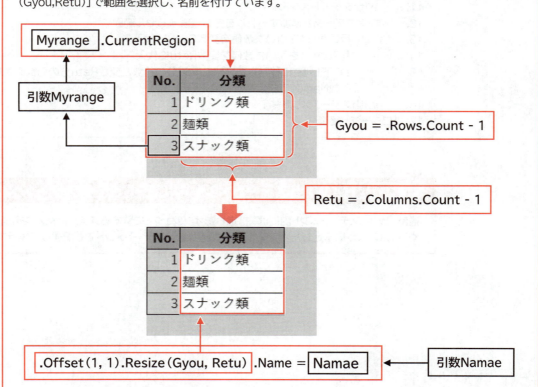

204

■「サブ_マスタ登録」プロシージャ

```
1. Sub サブ_マスタ登録(Myrange As Range, Copyrange As Range, Namae As String)
2.     Dim Gyou As Integer
3.     Dim Retu As Integer
4.     With Copyrange
5.         .Copy
6.         Myrange.PasteSpecial Paste:=xlPasteValues
7.         .Offset(1).Copy
8.         Myrange.PasteSpecial Paste:=xlPasteFormats
9.         Application.CutCopyMode = False
10.        .Cells(1, 1).Value = .Cells(1, 1).Value + 1
11.    End With
12.    With Myrange.CurrentRegion
13.        Gyou = .Rows.Count - 1
14.        Retu = .Columns.Count - 1
15.        .Offset(1, 1).Resize(Gyou, Retu).Name = Namae
16.    End With
17. End Sub
```

■プロシージャの意味

1. 「サブ_マスタ登録(Range型の引数Myrange、Range型の引数Copyrange、文字列型の引数Namae)」
   プロシージャ開始
2. 　　整数型の変数Gyouを使用することを宣言
3. 　　整数型の変数Retuを使用することを宣言
4. 　　登録するマスタデータのセル範囲の
5. 　　　　コピー
6. 　　　　マスタデータを追加するセルに値だけを貼り付け
7. 　　　　1行下のセル範囲をコピー
8. 　　　　マスタデータを追加するセルに書式だけを貼り付け
9. 　　　　コピーモードを解除
10. 　　　　「No.」の値に1を加算
11. 　　Withステートメント終了
12. 　　マスタデータを追加するセルを含む連続するセル範囲の
13. 　　　　行数から1を引いた数値を変数Gyouに代入
14. 　　　　列数から1を引いた数値を変数Retuに代入
15. 　　　　1行下1列右に移動した、変数Gyou分の行数と変数Retu分の列数のセル範囲に、
         引数Namaeで指定した名前を設定
16. 　　Withステートメント終了
17. プロシージャ終了

👆 POINT　Withステートメント内に記述できるステートメント

通常、Withステートメント内には、指定したオブジェクトに関するステートメントを記述しますが、6行目
や8行目のように指定したオブジェクトに関連しないステートメントでも記述して実行できます。

第8章　商品売上システムの作成

POINT No.の加算

各マスタの「No.」のセルが、登録するマスタデータのセル範囲の左上端にあることを利用して、「.Cells(1, 1).Value = .Cells(1, 1).Value + 1」でもとの値に1を加算するようにしています。
Rangeオブジェクトに対してCellsプロパティを使うと、指定したセル範囲の相対的な位置のセルを取得できます。例えば、「Range("B2:C5").Cells(1, 1)」はセル【B2】を返します。

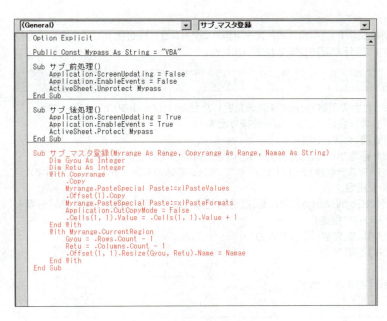

① 「**サブ_マスタ登録**」プロシージャを入力します。

※コンパイルし、上書き保存しておきましょう。

4 分類マスタの登録

作成した「**サブ_前処理**」「**サブ_マスタ登録**」「**サブ_後処理**」プロシージャとChangeイベントを利用し、分類マスタを登録するイベントプロシージャを作成して、動作を確認しましょう。

■「Worksheet_Change」イベントプロシージャ

```
1. Private Sub Worksheet_Change(ByVal Target As Range)
2.     If Target.Value = "" Then Exit Sub
3.     サブ_前処理
4.     If Target.Address = Range("分類入力セル").Address Then
5.         サブ_マスタ登録 Range("B1048576").End(xlUp).Offset(1), _
6.                     Range("分類登録セル"), "分類リスト"
7.         Range("分類入力セル").Value = ""
8.         Range("分類入力セル").Select
9.     End If
10.    サブ_後処理
11. End Sub
```

※5行目はコードが長いので、行継続文字「 _（半角スペース＋半角アンダースコア）」を使って行を複数に分割しています。行継続文字を使わずに1行で記述してもかまいません。

■プロシージャの意味

1. 「Worksheet_Change(Range型の引数Targetは値を変更したセル)」イベントプロシージャ開始
2. セルの値が空文字(「""」)の場合はプロシージャを抜け出す
3. サブルーチン「サブ_前処理」を呼び出す
4. 値を変更したセルのセル番地がセル【分類入力セル】のセル番地と同じ場合は
5. サブルーチン「サブ_マスタ登録」を呼び出す(サブ_マスタ登録の引数Myrangeに分類マスタを追加するセルを指定、
6. 引数Copyrangeにセル範囲【分類登録セル】を指定、引数Namaeに「分類リスト」を指定)
7. セル【分類入力セル】に空文字(「""」)を入力
8. セル【分類入力セル】を選択
9. Ifステートメント終了
10. サブルーチン「サブ_後処理」を呼び出す
11. プロシージャ終了

👆POINT　セルの値が空文字の場合の処理

セルの値を Delete で削除しても、Changeイベントは発生します。このとき、引数Targetの値は空文字(「""」)になります。空文字がマスタに登録されないように、2行目のステートメントでセルの値が空文字だった場合はプロシージャを抜け出すようにしています。

👆POINT　データ登録後の処理

サブルーチン「サブ_マスタ登録」の実行後、セル【分類入力セル】の値に空文字(「""」)を入力してからそのセルを選択して、次のデータをすぐに入力できる状態にしています。

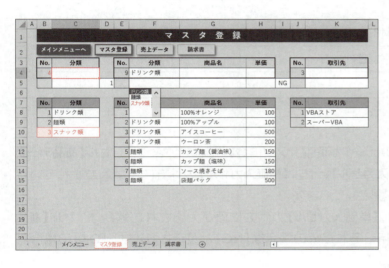

①プロジェクトエクスプローラーの《Sheet2 (マスタ登録)》をダブルクリックします。

②《オブジェクト》ボックスの▼をクリックし、一覧から《Worksheet》を選択します。

「Worksheet_SelectionChange」イベントプロシージャが作成されます。

③《プロシージャ》ボックスの▼をクリックし、一覧から《Change》を選択します。

「Worksheet_Change」イベントプロシージャが作成されます。

④「Worksheet_Change」イベントプロシージャの内容を入力します。

※コンパイルし、上書き保存しておきましょう。

プロシージャの動作を確認します。

⑤Excelに切り替えます。

⑥ワークシート「マスタ登録」が選択されていることを確認します。

⑦セル【分類入力セル】(セル【C4】) に「スナック類」と入力します。

⑧ Enter を押します。

最初にサブ_前処理が実行されます。

次に、サブ_マスタ登録で入力した分類データが登録され、【分類登録セル】の「No.」(セル【B4】) に「4」と表示されます。また、自動的にセル【分類登録セル】(セル【C4】) が選択されます。

最後にサブ_後処理が実行されます。

STEP UP イベントの停止

イベントプロシージャが実行されると、サブルーチン「サブ_前処理」によりイベントの発生が無効になります。何らかの原因でエラーが発生して、サブルーチン「サブ_後処理」が実行されずにイベントプロシージャが終了してしまうと、イベントは無効になったままになり、セル【分類入力セル】に値を入力しても分類マスタに登録されなくなります。このような場合は、コードウィンドウから直接サブルーチン「サブ_後処理」を実行するとイベントが有効になります。

5 商品マスタ・取引先マスタの登録

商品マスタと取引先マスタを登録するようにイベントプロシージャを修正して、動作を確認しましょう。各マスタを登録する際、サブルーチン「**サブ_マスタ登録**」に渡す値は次のとおりです。

● 商品マスタ

引数名	引数に渡す値
Myrange	Range("E1048576").End(xlUp).Offset(1)
Copyrange	Range("商品登録セル")
Namae	"商品リスト"

● 取引先マスタ

引数名	引数に渡す値
Myrange	Range("J1048576").End(xlUp).Offset(1)
Copyrange	Range("取引先登録セル")
Namae	"取引先リスト"

※ VBEに切り替えておきましょう。

「商品名」、「単価」が未入力のデータが商品マスタに登録されないように、セル【商品データチェック】には、セル【商品名入力セル】とセル【単価入力セル】の両方に値が入力されているかどうかを判断する数式を設定しています。
セル【商品名入力セル】とセル【単価入力セル】の両方に値が入力された場合は、セル【商品データチェック】に「OK」と表示、それ以外の場合は「NG」と表示されます。「OK」の場合だけ商品マスタに登録します。

セル【商品データチェック】の値が「NG」の場合は、セル【商品名入力セル】とセル【単価入力セル】のうち一方のセルが未入力の状態なので、データをすぐに入力できるよう未入力のセルを選択するようにします。すなわち、セル【商品名入力セル】の値を変更したらセル【単価入力セル】を選択、セル【単価入力セル】の値を変更したらセル【商品名入力セル】を選択するようにしています。

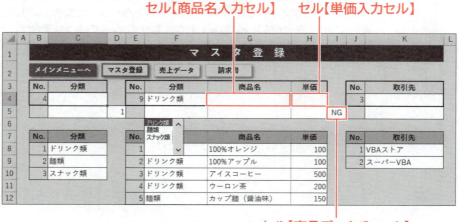

1 商品マスタ・取引先マスタの登録

商品マスタと取引先マスタを登録するために、「Worksheet_Change」イベントプロシージャを編集しましょう。

①「Worksheet_Change」イベントプロシージャを、次のように修正します。

■「Worksheet_Change」イベントプロシージャ

```
 1. Private Sub Worksheet_Change(ByVal Target As Range)
 2.     If Target.Value = "" Then Exit Sub
 3.     サブ_前処理
 4.     If Target.Address = Range("分類入力セル").Address Then
 5.         サブ_マスタ登録 Range("B1048576").End(xlUp).Offset(1), _
 6.                     Range("分類登録セル"), "分類リスト"
 7.         Range("分類入力セル").Value = ""
 8.         Range("分類入力セル").Select
 9.     ElseIf Range("商品データチェック").Value = "OK" Then
10.         サブ_マスタ登録 Range("E1048576").End(xlUp).Offset(1), _
11.                     Range("商品登録セル"), "商品リスト"
12.         Range("商品名入力セル").Value = ""
13.         Range("単価入力セル").Value = ""
14.         Range("商品名入力セル").Select
15.     ElseIf Target.Address = Range("商品名入力セル").Address Then
16.         Range("単価入力セル").Select
17.     ElseIf Target.Address = Range("単価入力セル").Address Then
18.         Range("商品名入力セル").Select
19.     ElseIf Target.Address = Range("取引先入力セル").Address Then
20.         サブ_マスタ登録 Range("J1048576").End(xlUp).Offset(1), _
21.                     Range("取引先登録セル"), "取引先リスト"
22.         Range("取引先入力セル").Value = ""
23.         Range("取引先入力セル").Select
24.     End If
25.     サブ_後処理
26. End Sub
```

※10行目と20行目はコードが長いので、行継続文字「 _（半角スペース＋半角アンダースコア）」を使って行を複数に分割しています。行継続文字を使わずに1行で記述してもかまいません。
※コンパイルし、上書き保存しておきましょう。

■プロシージャの意味（9～23行目）

```
 9.     セル【商品データチェック】の値が「OK」の場合は
10.         サブルーチン「サブ_マスタ登録」を呼び出す（サブ_マスタ登録の引数Myrangeに商品マス
            タを追加するセルを指定、
11.             引数Copyrangeにセル範囲【商品登録セル】を指定、引数Namaeに「商品リスト」を
                指定）
12.         セル【商品名入力セル】に空文字（「""」）を入力
13.         セル【単価入力セル】に空文字（「""」）を入力
14.         セル【商品名入力セル】を選択
15.     値を変更したセルのセル番地がセル【商品名入力セル】のセル番地と同じ場合は
16.         セル【単価入力セル】を選択
17.     値を変更したセルのセル番地がセル【単価入力セル】のセル番地と同じ場合は
18.         セル【商品名入力セル】を選択
19.     値を変更したセルのセル番地がセル【取引先入力セル】のセル番地と同じ場合は
20.         サブルーチン「サブ_マスタ登録」を呼び出す（サブ_マスタ登録の引数Myrangeに取引先マ
            スタを追加するセルを指定、
21.             引数Copyrangeにセル範囲【取引先登録セル】を指定、引数Namaeに「取引先リスト」
                を指定）
22.         セル【取引先入力セル】に空文字（「""」）を入力
23.         セル【取引先入力セル】を選択
```

210

2 商品マスタの登録確認

次の商品データを入力し、商品マスタに登録されるか確認しましょう。

分類	商品名	単価
スナック類	ジャガイモスナック	150
スナック類	エビせんべい	250
スナック類	チョコスティック	100

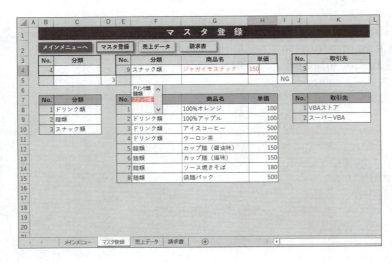

プロシージャの動作を確認します。

①Excelに切り替えます。

②「分類一覧」リストボックスから「スナック類」を選択します。

③セル【商品名入力セル】(セル【G4】)を選択します。

④「ジャガイモスナック」と入力します。

⑤ Enter を押します。

自動的にセル【単価入力セル】(セル【H4】)が選択されます。

⑥「150」と入力します。

⑦ Enter を押します。

※「単価」、「商品名」の順で入力してもかまいません。

入力した商品データが登録され、【商品登録セル】の「No.」(セル【E4】)に「10」と表示されます。

自動的にセル【商品名入力セル】(セル【G4】)が選択されます。

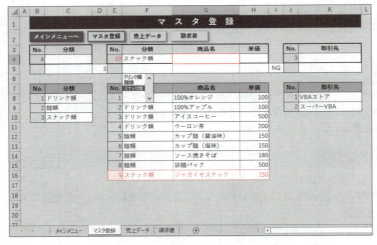

⑧同様に、残りの商品データを登録します。

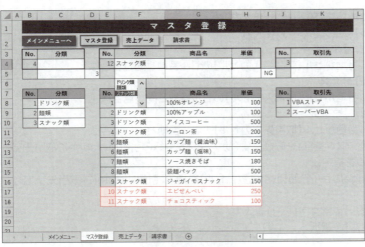

3 取引先マスタの登録確認

次の取引先データを入力し、取引先マスタに登録されるか確認しましょう。

取引先
VBA商店
VBAマート

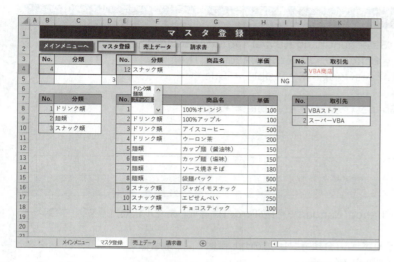

① セル【取引先入力セル】(セル【K4】)を選択します。
②「VBA商店」と入力します。
③ [Enter]を押します。

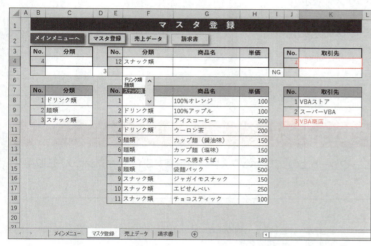

入力した取引先データが登録され、【取引先登録セル】の「No.」(セル【J4】)に「4」と表示されます。
自動的にセル【取引先入力セル】(セル【K4】)が選択されます。

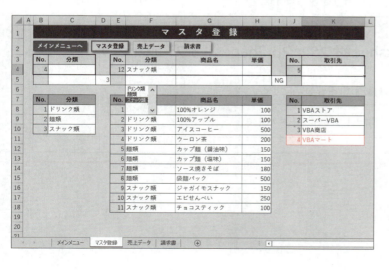

④ 同様に、残りの取引先データを登録します。

6　オブジェクトの表示・非表示

マスタ登録処理の仕上げとして、**「分類一覧」**リストボックスを必要なときだけ表示させます。
SelectionChangeイベントを利用して、セル**【分類選択セル】**を選択したときだけ**「分類一覧」**リストボックスを表示するイベントプロシージャを作成して、動作を確認しましょう。
※VBEに切り替えておきましょう。

■「Worksheet_SelectionChange」イベントプロシージャ

```
1. Private Sub Worksheet_SelectionChange(ByVal Target As Range)
2.     If Target.Address = Range("分類選択セル").Address Then
3.         ActiveSheet.Shapes("分類一覧").Visible = True
4.     Else
5.         ActiveSheet.Shapes("分類一覧").Visible = False
6.     End If
7. End Sub
```

■プロシージャの意味

1. 「Worksheet_SelectionChange(Range型の引数Targetは選択したセル範囲)」イベントプロシージャ開始
2. 　　選択したセルのセル番地がセル**【分類選択セル】**のセル番地と同じ場合は
3. 　　　　「分類一覧」リストボックスを表示
4. 　　それ以外の場合は
5. 　　　　「分類一覧」リストボックスを非表示
6. 　　Ifステートメント終了
7. プロシージャ終了

👆POINT　Shapesプロパティ

「Shapesプロパティ」を使うと、ワークシート上のリストボックスや図形を表すShapeオブジェクトを取得できます。

■Shapesプロパティ

指定した図形(Shapeオブジェクト)を返します。
Worksheetオブジェクトに対して使用します。

構　文	Worksheetオブジェクト.Shapes("オブジェクト名")

例：アクティブシートの図形「楕円 1」を非表示にする

```
ActiveSheet.Shapes("楕円 1").Visible = False
```

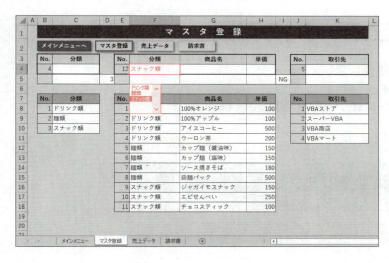

① 「Worksheet_SelectionChange」イベントプロシージャの内容を入力します。
※コンパイルし、上書き保存しておきましょう。
プロシージャの動作を確認します。
② Excelに切り替えます。
③ セル【商品名入力セル】（セル【G4】）を選択します。
「分類一覧」リストボックスが非表示になります。

④ セル【分類選択セル】（セル【F4】）を選択します。
「分類一覧」リストボックスが表示されます。

Let's Try ためしてみよう

ワークシート「マスタ登録」の5行目を非表示にしましょう。

Let's Try Answer

① 《校閲》タブ→《変更》グループの （シート保護の解除）をクリック
② 《パスワード》に「VBA」と入力
※大文字で入力します。
③ 《OK》をクリック
※ ワークシートの保護が解除されます。「サブ_前処理」プロシージャを実行してもかまいません。
④ 行番号【5】を右クリック
⑤ 《非表示》をクリック
⑥ 《校閲》タブ→《変更》グループの（シートの保護）をクリック
⑦ 《シートの保護を解除するためのパスワード》に「VBA」と入力
※大文字で入力します。
⑧ 《OK》をクリック
⑨ 《パスワードをもう一度入力してください。》に「VBA」と入力
※大文字で入力します。
⑩ 《OK》をクリック
※ ワークシートが保護されます。「サブ_後処理」プロシージャを実行してもかまいません。

Step3 売上データ入力処理を作成する

1 売上データ入力処理

「売上日」「取引先」「数量」などの売上データを入力するプロシージャを作成します。登録したマスタデータとユーザーフォームを利用して入力できるように、プロシージャを設計・作成します。
また、入力した売上データの並べ替えや削除もできるようにします。

2 ワークシート「売上データ」の確認

ワークシート**「売上データ」**を確認しましょう。
※ワークシート「売上データ」を選択しておきましょう。
※「売上No.」の表示形式はユーザー定義の「00000」が設定されています。

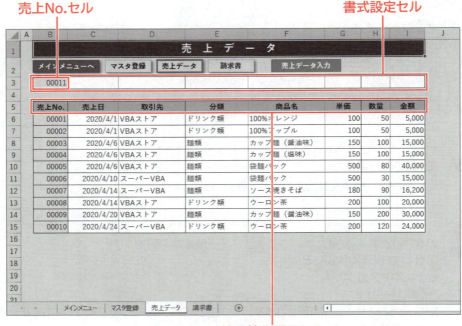

●売上データに関するセル

セル	名前	役割
B3	売上No.セル	次に入力する「売上No.」を入力しておくセル
B3:I3	書式設定セル	売上データを入力する際の書式のコピー元セル
B5:I5	並べ替え項目セル	売上データの並べ替えを実行するセル

3 ユーザーフォーム「売上入力」の確認

ユーザーフォーム「**売上入力**」を確認しましょう。
※VBEに切り替えて、ユーザーフォーム「売上入力」をユーザーフォームウィンドウで表示しておきましょう。

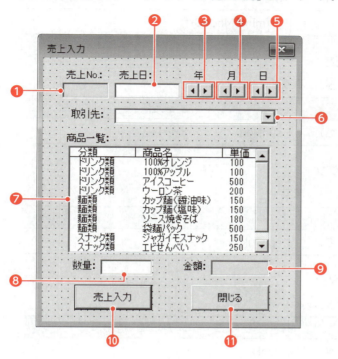

各コントロールの役割とプロパティの設定は次のとおりです。

❶「売上No.」テキストボックス

セル【**売上No.セル**】の値を表示します。

プロパティ	設定値
Name（オブジェクト名）	txtNo
BackColor	&H8000000F&
Locked	True
TabStop	False

> **POINT** 「売上No.」テキストボックスの設定
>
> 「売上No.」テキストボックスには値を入力しないので、次のようなプロパティを設定します。
>
> ●《BackColor》プロパティ
> コントロールの背景色を設定・取得します。「売上No.」テキストボックスは値を入力しないので、背景色にユーザーフォームの背景色を設定して目立たなくしています。
>
> ●《Locked》プロパティ
> コントロールを編集可能にするかどうかを設定・取得します。Trueを設定すると値の編集ができなくなり、Falseを設定すると値の編集ができるようになります。「売上No.」テキストボックスの値は自動的に表示するので、値を入力できないようにTrueを設定しています。
>
> ●《TabStop》プロパティ
> [Tab]を押したときに、コントロールがフォーカスを取得できるかどうかを設定・取得します。Trueを設定するとフォーカスを取得できるようになり、Falseを設定するとフォーカスを取得できなくなります。「売上No.」テキストボックスは値を入力しないので、フォーカスが移動しないようにFalseを設定しています。

❷「売上日」テキストボックス

売上データの**「売上日」**を入力・表示します。

プロパティ	設定値
Name（オブジェクト名）	txtHiduke
IMEMode	2-fmIMEModeOff

❸「年」スピンボタン

「売上日」の年を変更します。

プロパティ	設定値
Name（オブジェクト名）	spnNen

❹「月」スピンボタン

「売上日」の月を変更します。

プロパティ	設定値
Name（オブジェクト名）	spnTuki

❺「日」スピンボタン

「売上日」の日を変更します。

プロパティ	設定値
Name（オブジェクト名）	spnHi

❻「取引先」コンボボックス

売上データの**「取引先」**を選択します。

プロパティ	設定値
Name（オブジェクト名）	cboTorihiki
RowSource	取引先リスト ※ワークシート「マスタ登録」上のセル範囲です。
Style	2-fmStyleDropDownList

👉 POINT 「取引先」コンボボックスの設定

《Style》プロパティはコンボボックスの値の選択方法を設定します。「取引先」コンボボックスでは一覧から選択するので、値の入力はできないように定数「2-fmStyleDropDownList」を設定しています。

● 値の選択方法に指定できる定数

定数	内容
0-fmStyleDropDownCombo	一覧からの選択と値の入力ができる
2-fmStyleDropDownList	一覧からの選択はできるが、値の入力はできない

❼「商品一覧」リストボックス

売上データの**「分類」「商品名」「単価」**を選択します。

プロパティ	設定値
Name（オブジェクト名）	lstSyouhin
ColumnCount	3
ColumnHeads	True
ColumnWidths	60pt；80pt；40pt
RowSource	商品リスト ※ワークシート「マスタ登録」上のセル範囲です。

👆 POINT　複数列のデータを表示する際に設定するプロパティ

リストボックスの《RowSource》プロパティに複数の列を持つセル範囲を指定した場合、次のようなプロパティを設定します。

●《ColumnCount》プロパティ
リストボックスに表示する列の数を設定します。

●《ColumnHeads》プロパティ
列見出しの表示・非表示の状態を設定します。Trueを設定すると表示され、Falseを設定すると非表示になります。
列見出しとして表示されるのは、《RowSource》プロパティに指定したセル範囲の1行上のセルの内容です。

●《ColumnWidths》プロパティ
リストボックスに表示する列の幅を設定します。
複数の列幅を指定する場合は、各列の幅を「；」で区切って指定します。設定する数値の単位は「pt」です。

---

❽「数量」テキストボックス

売上データの**「数量」**を入力します。

プロパティ	設定値
Name（オブジェクト名）	txtSuryou
IMEMode	2-fmIMEModeOff

❾「金額」テキストボックス

「単価」と**「数量」**を乗算した値を表示します。

プロパティ	設定値
Name（オブジェクト名）	txtKingaku
BackColor	&H8000000F&
Locked	True
TabStop	False

❿「売上入力」コマンドボタン

クリックしたときに売上データを入力します。

プロパティ	設定値
Name（オブジェクト名）	cmdOK
Caption	売上入力
Default	True

218

⓫「閉じる」コマンドボタン

クリックしたときにユーザーフォームを閉じます。
※あらかじめユーザーフォームを閉じるプロシージャが設定されています。

プロパティ	設定値
Name（オブジェクト名）	cmdClose
Cancel	True
Caption	閉じる

POINT 《Default》プロパティと《Cancel》プロパティ

コマンドボタンの《Default》プロパティと《Cancel》プロパティを使うと、既定のボタンとキャンセルボタンを設定できます。

●《Default》プロパティ
既定のボタンを設定・取得します。Trueを設定するとそのボタンは既定のボタンとなり、Enterを押すとそのボタンをクリックしたことになります。
※Falseを設定すると設定が解除されます。

●《Cancel》プロパティ
キャンセルボタンを設定・取得します。Trueを設定するとそのボタンはキャンセルボタンとなり、Escを押すとそのボタンをクリックしたことになります。
※Falseを設定すると設定が解除されます。

4 ユーザーフォーム「売上入力」の処理の流れ

売上データを入力できるように、ユーザーフォーム「売上入力」のプロシージャを作成します。売上データの入力に関する処理の流れは次のとおりです。

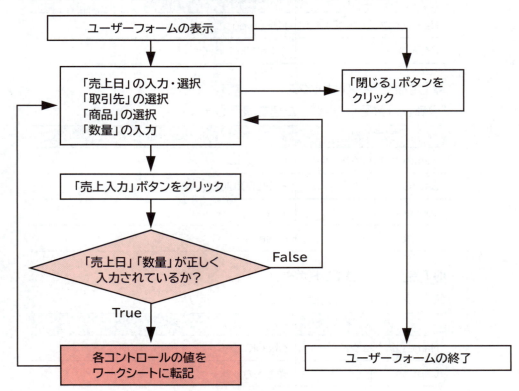

5 ユーザーフォーム「売上入力」の初期化

Initializeイベントを利用してユーザーフォームを表示したときに、次のようにユーザーフォーム「売上入力」を初期化するイベントプロシージャを作成しましょう。

❶ ワークシートの保護を解除する
❷ 「売上No.」テキストボックスにセル【売上No.セル】の値を「00000」の表示形式で表示する
❸ 「売上日」テキストボックスに現在の日付を「yyyy/m/d」の表示形式で表示する
❹ 「取引先」コンボボックスに1番目のデータを表示する
❺ 「商品一覧」リストボックスに1番目のデータを表示する

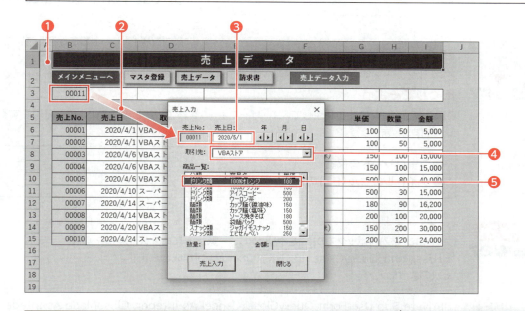

■「UserForm_Initialize」イベントプロシージャ

1. Private Sub UserForm_Initialize()
2.   ActiveSheet.Unprotect Mypass
3.   txtNo.Text = Format(Range("売上No.セル").Value, "00000")
4.   txtHiduke.Text = Format(Date, "yyyy/m/d")
5.   lstSyouhin.ListIndex = 0
6.   cboTorihiki.ListIndex = 0
7. End Sub

■プロシージャの意味

1. 「UserForm_Initialize」イベントプロシージャ開始
2.   パスワードに定数Mypassを指定してアクティブシートの保護を解除
3.   txtNoに、セル【売上No.セル】の値を表示形式「00000」に変換して表示
4.   txtHidukeに、現在の日付を表示形式「yyyy/m/d(西暦年/月/日)」に変換して表示
5.   lstSyouhinに1番目のデータを表示
6.   cboTorihikiに1番目のデータを表示
7. プロシージャ終了

STEP UP ユーザーフォーム起動時に表示されるデータ

「取引先」や「商品」を選択しないまま売上入力が実行されるのを防ぐために、ユーザーフォーム起動時にあらかじめ1番目のデータを表示しています。

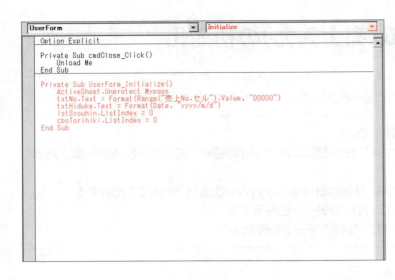

① ユーザーフォーム「売上入力」上をダブルクリックします。

コードウィンドウが表示され、「UserForm_Click」イベントプロシージャが作成されます。

②《プロシージャ》ボックスの ▼ をクリックし、一覧から《Initialize》を選択します。

「UserForm_Initialize」イベントプロシージャが作成されます。

※「UserForm_Click」イベントプロシージャは削除しておきましょう。

③「UserForm_Initialize」イベントプロシージャの内容を入力します。

※コンパイルし、上書き保存しておきましょう。

Let's Try ためしてみよう

QueryCloseイベントを利用して、ユーザーフォームを終了したときに次のような処理をするイベントプロシージャを作成しましょう。

●ワークシートの保護
●タイトルのセル【B1】の選択

Let's Try Answer

①《プロシージャ》ボックスの ▼ をクリックし、一覧から《QueryClose》を選択
※「UserForm_QueryClose」イベントプロシージャが作成されます。
②次のように入力

```
Private Sub UserForm_QueryClose(Cancel As Integer, CloseMode As Integer)
    ActiveSheet.Protect Mypass
    Range("B1").Select
End Sub
```

※コンパイルし、上書き保存しておきましょう。

STEP UP QueryCloseイベント

「QueryCloseイベント」は、ユーザーフォームを閉じるときに発生します。

■QueryCloseイベント

ユーザーフォームを閉じるときに発生します。

```
Private Sub UserForm_QueryClose(Cancel As Integer,CloseMode As Integer)
    ユーザーフォームを閉じるときに実行する処理
    Cancel=整数型の値
    引数CloseModeを使った処理
End Sub
```

引数Cancelに0以外を設定すると、ユーザーフォーム右上の閉じるボタンを使用して閉じることができなくなります。
引数CloseModeは、QueryCloseイベントの原因となるユーザーフォームを閉じた方法を表します。

6 「年」「月」「日」スピンボタンの設定

「売上日」の年月日を変更するスピンボタンを設定しましょう。

1 日付を増減するサブルーチンの作成

売上日は、「売上日」テキストボックスに直接入力することもできますが、スピンボタンを利用して「年」「月」「日」ごとにマウス操作で日付を選択できるようにしたほうが簡単です。日付や時間の増減を処理する関数である「**DateAdd関数**」を使って「**サブ_日付増減**」プロシージャを作成しましょう。

■DateAdd関数

指定した日付に指定した時間間隔を加算した日付を返します。

構文	DateAdd(Interval, Number, Date)

引数	内容	省略
Interval	時間間隔を指定	省略できない
Number	加算する数値を指定	省略できない
Date	加算される日付を指定	省略できない

※引数Numberに負の数値を指定すると、もとの日付から減算されます。

●引数Intervalに指定できる主な時間間隔

設定値	内容
yyyy	引数Numberを年単位で加算
m	引数Numberを月単位で加算
d	引数Numberを日単位で加算

「年」「月」「日」のスピンボタンで共通して使えるようにサブルーチンとして作成し、次のような引数を用意します。

引数名	引数に渡す値	データ型
Tani	日付を増減する時間間隔を指定	String
Zougen	日付を増減する数値を指定	Integer

例えば、「**売上日**」テキストボックスの値が「**2020/5/1**」の場合に、引数Taniに「**d**」を、引数Zougenに「**1**」を指定すると、「**売上日**」テキストボックスの値が「**2020/5/2**」となります。

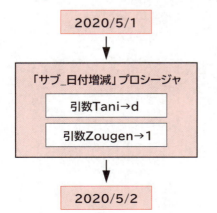

222

「売上日」テキストボックスに入力された値が日付でない場合、「売上日」テキストボックスに現在の日付を入力するようにします。

■「サブ_日付増減」プロシージャ

```
1. Sub サブ_日付増減(Tani As String, Zougen As Integer)
2.     Dim Mydate As Date
3.     If IsDate(txtHiduke.Text) Then
4.         Mydate = DateAdd(Tani, Zougen, txtHiduke.Text)
5.         txtHiduke.Text = Format(Mydate, "yyyy/m/d")
6.     Else
7.         txtHiduke.Text = Format(Date, "yyyy/m/d")
8.     End If
9. End Sub
```

■プロシージャの意味

1. 「サブ_日付増減(文字列型の引数Tani、整数型の引数Zougen)」プロシージャ開始
2. 日付型の変数Mydateを使用することを宣言
3. txtHidukeの値が日付の場合は
4. 　　変数Mydateに、txtHidukeの日付をDateAdd関数で増減した日付を代入
5. 　　txtHidukeに、変数Mydateの日付を表示形式「yyyy/m/d（西暦年/月/日）」に変換して表示
6. それ以外の場合は
7. 　　txtHidukeに、現在の日付を表示形式「yyyy/m/d（西暦年/月/日）」に変換して表示
8. Ifステートメント終了
9. プロシージャ終了

① **「サブ_日付増減」** プロシージャを入力します。

※「サブ_日付増減」プロシージャは、ユーザーフォーム「売上入力」だけで使用するサブルーチンなので、フォームモジュール内に作成します。

※コンパイルし、上書き保存しておきましょう。

2 スピンボタンのイベントプロシージャの作成

「**サブ_日付増減**」プロシージャと、スピンボタンの「**SpinUpイベント**」、「**SpinDownイベント**」を利用して、「**売上日**」テキストボックスの日付を増減するイベントプロシージャを作成します。SpinUpイベントはスピンボタンの右向き（上向き）の矢印をクリックしたときに発生し、SpinDownイベントはスピンボタンの左向き（下向き）の矢印をクリックしたときに発生します。

■SpinUpイベント

スピンボタンの右向き（上向き）の矢印をクリックしたときに発生します。

```
Private Sub オブジェクト名_SpinUp
    右向き（上向き）の矢印をクリックしたときに実行する処理
End Sub
```

■SpinDownイベント

スピンボタンの左向き（下向き）の矢印をクリックしたときに発生します。

```
Private Sub オブジェクト名_SpinUp
    左向き（下向き）の矢印をクリックしたときに実行する処理
End Sub
```

「**年**」スピンボタンの矢印をクリックしたときに、「**売上日**」テキストボックスの年を増減するイベントプロシージャを作成して、動作を確認しましょう。このとき、「**サブ_日付増減**」プロシージャの引数は次のように指定します。

イベント	引数Tani	引数Zougen
SpinUpイベント	yyyy	1
SpinDownイベント	yyyy	-1

「**年**」スピンボタンの矢印をクリックすると、次のように処理されます。

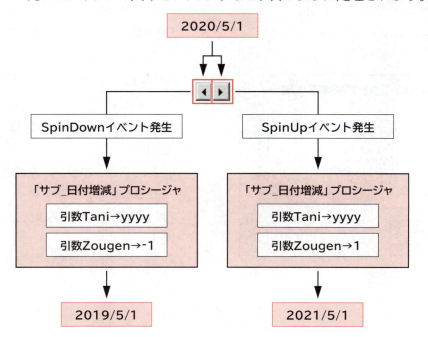

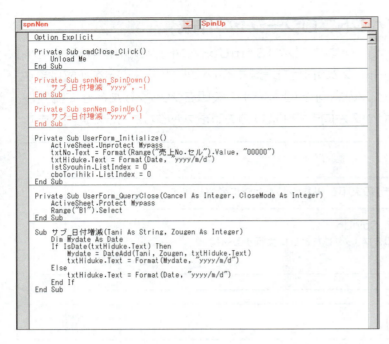

① 《オブジェクト》ボックスの▼をクリックし、一覧から《spnNen》を選択します。

「spnNen_Change」イベントプロシージャが作成されます。

② 《プロシージャ》ボックスの▼をクリックし、一覧から《SpinUp》を選択します。

「spnNen_SpinUp」イベントプロシージャが作成されます。

※「spnNen_Change」イベントプロシージャは削除しておきましょう。

③ 次のように「spnNen_SpinUp」イベントプロシージャの内容を入力します。

```
Private Sub spnNen_SpinUp()
    サブ_日付増減 "yyyy", 1
End Sub
```

④ 《プロシージャ》ボックスの▼をクリックし、一覧から《SpinDown》を選択します。

「spnNen_SpinDown」イベントプロシージャが作成されます。

⑤ 次のように「spnNen_SpinDown」イベントプロシージャの内容を入力します。

```
Private Sub spnNen_SpinDown()
    サブ_日付増減 "yyyy", -1
End Sub
```

※コンパイルし、上書き保存しておきましょう。

プロシージャの動作を確認します。

⑥ ▶(Sub/ユーザーフォームの実行)をクリックします。

「売上日」テキストボックスに、現在の日付が入力されます。

⑦「年」スピンボタンの右向き矢印をクリックします。

「売上日」テキストボックスの日付が「1」年分増加します。

⑧「年」スピンボタンの左向き矢印をクリックします。

「売上日」テキストボックスの日付が「1」年分減少します。

※ユーザーフォームを閉じておきましょう。

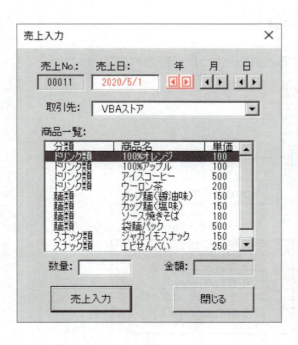

Let's Try ためしてみよう

「月」スピンボタン、「日」スピンボタンの矢印をクリックしたときに、「売上日」テキストボックスの月、日を増減するイベントプロシージャを作成しましょう。

①ユーザーフォーム「売上入力」上をダブルクリック
②《オブジェクト》ボックスの▼をクリックし、一覧から《spnTuki》を選択
③《プロシージャ》ボックスの▼をクリックし、一覧から《SpinUp》を選択
※「spnTuki_Change」イベントプロシージャは削除しておきましょう。
④次のように入力

```
Private Sub spnTuki_SpinUp()
    サブ_日付増減 "m", 1
End Sub
```

⑤《プロシージャ》ボックスの▼をクリックし、一覧から《SpinDown》を選択
⑥次のように入力

```
Private Sub spnTuki_SpinDown()
    サブ_日付増減 "m", -1
End Sub
```

⑦《オブジェクト》ボックスの▼をクリックし、一覧から《spnHi》を選択
⑧《プロシージャ》ボックスの▼をクリックし、一覧から《SpinUp》を選択
※「spnHi_Change」イベントプロシージャは削除しておきましょう。
⑨次のように入力

```
Private Sub spnHi_SpinUp()
    サブ_日付増減 "d", 1
End Sub
```

⑩《プロシージャ》ボックスの▼をクリックし、一覧から《SpinDown》を選択
⑪次のように入力

```
Private Sub spnHi_SpinDown()
    サブ_日付増減 "d", -1
End Sub
```

※コンパイルし、上書き保存しておきましょう。
※ユーザーフォームを実行して日付の増減を確認しましょう。確認後、ユーザーフォームを閉じておきましょう。

7 「金額」テキストボックスの設定

「金額」テキストボックスには、「単価」と「数量」を乗算した値を表示します。

1 金額を計算するサブルーチンの作成

「商品一覧」リストボックスで選択した商品の「単価」と、「数量」テキストボックスで入力した「数量」を乗算して、その値を「金額」テキストボックスに入力する「サブ_売上金額」プロシージャをサブルーチンとして作成しましょう。ただし、「数量」テキストボックスに数値が入力されていない場合は、「金額」テキストボックスに空文字（「""」）を入力します。
「商品一覧」リストボックスで選択した商品のデータを取得するには「Listプロパティ」を使います。

■Listプロパティ

引数Rowで指定した行と引数Columnで指定した列の交点にある値を取得します。

構文	オブジェクト名.List(Row, Column)

※行番号、列番号とも「0」から始まります。

選択しているデータの中から値を取得するには、引数RowにListIndexプロパティを使ってリストボックスのインデックスを指定します。

■「サブ_売上金額」プロシージャ

```
1. Sub サブ_売上金額()
2.     Dim Tanka As Long
3.     Dim Suryou As Long
4.     If IsNumeric(txtSuryou.Text) Then
5.         Tanka = lstSyouhin.List(lstSyouhin.ListIndex, 2)
6.         Suryou = txtSuryou.Text
7.         txtKingaku.Text = Format(Tanka * Suryou, "#,###")
8.     Else
9.         txtKingaku.Text = ""
10.    End If
11. End Sub
```

■プロシージャの意味

1. 「サブ_売上金額」プロシージャ開始
2. 　　長整数型の変数Tankaを使用することを宣言
3. 　　長整数型の変数Suryouを使用することを宣言
4. 　　txtSuryouの値が数値の場合は
5. 　　　　変数TankaにlstSyouhinで選択されているデータの単価を代入
6. 　　　　変数SuryouにtxtSuryouの値を代入
7. 　　　　txtKingakuに変数Tanka×変数Suryouの結果を表示形式「#,###」に変換して表示
8. 　　それ以外の場合は
9. 　　　　txtKingakuに空文字（「""」）を代入
10. 　　Ifステートメント終了
11. プロシージャ終了

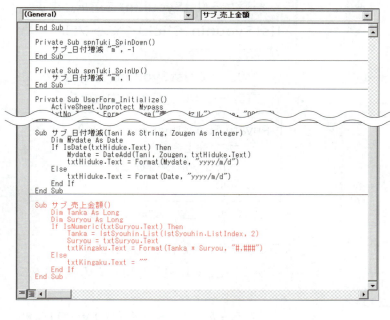

① ユーザーフォーム**「売上入力」**上をダブルクリックします。

② **「サブ_売上金額」**プロシージャを入力します。

※コンパイルし、上書き保存しておきましょう。

2 金額を表示するイベントプロシージャの作成

「数量」テキストボックスの数値を変更したときと**「商品一覧」**リストボックスをクリックしたときに**「サブ_売上金額」**プロシージャを実行するイベントプロシージャを作成して、動作を確認しましょう。**「数量」**テキストボックスのChangeイベントと**「商品一覧」**リストボックスのClickイベントを利用します。

また、商品を選択したあと、すぐに数量を入力できるように**「数量」**テキストボックスにフォーカスを移動します。

■Changeイベント

コントロールの値を変更したときに発生します。

```
Private Sub オブジェクト名_Change
    コントロールの値を変更したときに実行する処理
End Sub
```

① 《オブジェクト》ボックスの ▼ をクリックし、一覧から《txtSuryou》を選択します。

「txtSuryou_Change」イベントプロシージャが作成されます。

② 次のように「txtSuryou_Change」イベントプロシージャの内容を入力します。

```
Private Sub txtSuryou_Change()
    サブ_売上金額
End Sub
```

③ 《オブジェクト》ボックスの ▼ をクリックし、一覧から《lstSyouhin》を選択します。

「lstSyouhin_Click」イベントプロシージャが作成されます。

④ 次のように「lstSyouhin_Click」イベントプロシージャの内容を入力します。

```
Private Sub lstSyouhin_Click()
    サブ_売上金額
    txtSuryou.SetFocus
End Sub
```

※コンパイルし、上書き保存しておきましょう。

プロシージャの動作を確認します。

⑤ ▶ (Sub/ユーザーフォームの実行) をクリックします。

⑥ 「商品一覧」の一覧から「ドリンク類100％アップル　100」を選択します。

※「数量」テキストボックスにフォーカスが移動します。

⑦ 「数量」に「5」と入力します。

「金額」に「500」と表示されます。

⑧ 「商品一覧」の一覧から「スナック類　ジャガイモスナック　150」を選択します。

「金額」に「750」と表示されます。

※ユーザーフォームを閉じておきましょう。

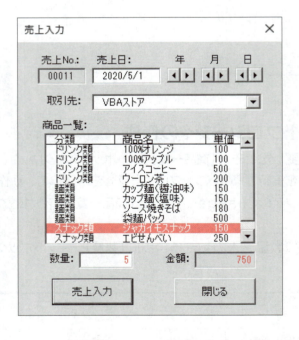

POINT　数量と商品を変更したときのプロシージャの実行

商品を選択したあとに数量を入力すると計算された金額が表示されます。また、数量を入力したあとに商品を選択しなおしても計算された金額が表示されます。このように、「数量」テキストボックスと「商品一覧」リストボックスの両方で「サブ_売上金額」プロシージャを実行させることで、選択した商品と入力した数量の金額を常に表示できます。

8 ワークシートへの転記

「売上入力」ボタンをクリックしたときに、ユーザーフォーム「売上入力」の各コントロールの値をワークシート「売上データ」に転記するイベントプロシージャを作成しましょう。また、「売上日」テキストボックスと「数量」テキストボックスの値が正しく入力されているかどうかをチェックするようにします。

■「cmdOK_Click」イベントプロシージャ

```
1. Private Sub cmdOK_Click()
2.      If Not IsDate(txtHiduke.Text) Then
3.          MsgBox "日付を入力してください。"
4.          txtHiduke.SetFocus
5.          Exit Sub
6.      ElseIf Not IsNumeric(txtSuryou.Text) Then
7.          MsgBox "数値を入力してください。"
8.          txtSuryou.SetFocus
9.          Exit Sub
10.     End If
11.     With Range("B1048576").End(xlUp).Offset(1)
12.         .Value = txtNo.Text
13.         .Offset(, 1).Value = txtHiduke.Text
14.         .Offset(, 2).Value = cboTorihiki.Text
15.         .Offset(, 3).Value = lstSyouhin.List(lstSyouhin.ListIndex, 0)
16.         .Offset(, 4).Value = lstSyouhin.List(lstSyouhin.ListIndex, 1)
17.         .Offset(, 5).Value = lstSyouhin.List(lstSyouhin.ListIndex, 2)
18.         .Offset(, 6).Value = txtSuryou.Text
19.         .Offset(, 7).Value = txtKingaku.Text
20.         Range("書式設定セル").Copy
21.         .PasteSpecial Paste:=xlPasteFormats
22.         Application.CutCopyMode = False
23.     End With
24.     Range("売上No.セル").Value = Range("売上No.セル").Value + 1
25.     txtNo.Text = Format(Range("売上No.セル").Value, "00000")
26.     txtSuryou.Text = ""
27.     txtSuryou.SetFocus
28. End Sub
```

■プロシージャの意味

1. 「cmdOK_Click」イベントプロシージャ開始
2. txtHidukeの値が日付でない場合は
3. メッセージ「日付を入力してください。」を表示
4. txtHidukeにフォーカスを移動
5. プロシージャを抜け出す
6. txtSuryouの値が数値でない場合は
7. メッセージ「数値を入力してください。」を表示
8. txtSuryouにフォーカスを移動
9. プロシージャを抜け出す
10. Ifステートメント終了
11. セル【B1048576】の上端セルの1行下のセルの
12. 値にtxtNoの値を代入
13. 1列右のセルに、txtHidukeの値を入力
14. 2列右のセルに、cboTorihikiの値を入力
15. 3列右のセルに、lstSyouhinで選択されたデータの「分類」を入力
16. 4列右のセルに、lstSyouhinで選択されたデータの「商品名」を入力
17. 5列右のセルに、lstSyouhinで選択されたデータの「単価」を入力
18. 6列右のセルに、txtSuryouの値を入力
19. 7列右のセルに、txtKingakuの値を入力
20. セル範囲【書式設定セル】をコピー
21. 書式だけを貼り付け
22. コピーモードを解除
23. Withステートメント終了
24. セル【売上No.セル】にセル【売上No.セル】+1の結果を入力
25. txtNoにセル【売上No.セル】の値を表示形式「00000」に変換して表示
26. txtSuryouに空文字(「""」)を入力
27. txtSuryouにフォーカスを移動
28. プロシージャ終了

```
Private Sub cmdOK_Click()
    If Not IsDate(txtHiduke.Text) Then
        MsgBox "日付を入力してください。"
        txtHiduke.SetFocus
        Exit Sub
    ElseIf Not IsNumeric(txtSuryou.Text) Then
        MsgBox "数量を入力してください。"
        txtSuryou.SetFocus
        Exit Sub
    End If
    With Range("B1048576").End(xlUp).Offset(1)
        .Value = txtNo.Text
        .Offset(, 1).Value = txtHiduke.Text
        .Offset(, 2).Value = cboTorihiki.Text
        .Offset(, 3).Value = lstSyouhin.List(lstSyouhin.ListIndex, 0)
        .Offset(, 4).Value = lstSyouhin.List(lstSyouhin.ListIndex, 1)
        .Offset(, 5).Value = lstSyouhin.List(lstSyouhin.ListIndex, 2)
        .Offset(, 6).Value = txtSuryou.Text
        .Offset(, 7).Value = txtKingaku.Text
        Range("書式設定セル").Copy
        .PasteSpecial Paste:=xlPasteFormats
        Application.CutCopyMode = False
    End With
    Range("売上No.セル").Value = Range("売上No.セル").Value + 1
    txtNo.Text = Format(Range("売上No.セル").Value, "00000")
    txtSuryou.Text = ""
    txtSuryou.SetFocus
End Sub

Private Sub lstSyouhin_Click()
    サブ_売上金額
    txtSuryou.SetFocus
End Sub

Private Sub spnHi_SpinDown()
    サブ_日付増減 "md", -1
End Sub

Private Sub spnHi_SpinUp()
    サブ_日付増減 "d", 1
End Sub

Private Sub spnNen_SpinDown()
    サブ_日付増減 "yyyy", -1
End Sub
```

① ユーザーフォーム**「売上入力」**上をダブルクリックします。

②《**オブジェクト**》ボックスの▼をクリックし、一覧から《**cmdOK**》を選択します。

「**cmdOK_Click**」イベントプロシージャが作成されます。

③ 「**cmdOK_Click**」イベントプロシージャの内容を入力します。

※コンパイルし、上書き保存しておきましょう。

9 売上データの入力

次の売上データを入力しましょう。

売上日	取引先	商品一覧（分類　商品名　単価）			数量
2020/4/24	VBA商店	ドリンク類	ウーロン茶	200	100
2020/5/1	VBA商店	ドリンク類	100%オレンジ	100	200
2020/5/1	VBA商店	ドリンク類	100%アップル	100	200
2020/5/7	VBAマート	スナック類	ジャガイモスナック	150	100
2020/5/7	VBAマート	スナック類	チョコスティック	100	60

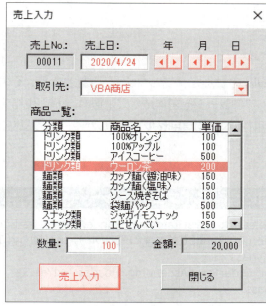

プロシージャの動作を確認します。

①Excelに切り替えます。

②「**売上データ入力**」ボタンをクリックします。

ユーザーフォーム「**売上入力**」が表示されます。

③スピンボタンをクリックして、「**売上日**」を「**2020/4/24**」に変更します。

④「**取引先**」の ▼ をクリックし、一覧から「**VBA商店**」を選択します。

⑤「**商品一覧**」の一覧から「**ドリンク類　ウーロン茶　200**」を選択します。

⑥「**数量**」に「**100**」と入力します。

⑦「**売上入力**」ボタンをクリックします。

売上データが入力されます。

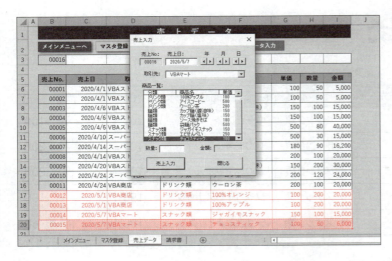

⑧同様に、残りの売上データを入力します。
※ユーザーフォームを閉じておきましょう。

10 売上データの並べ替え

売上データのセル範囲【並べ替え項目セル】のセルをダブルクリックしたときに、その項目の昇順で売上データを並べ替えるイベントプロシージャを作成して、動作を確認しましょう。Intersectメソッドを使って、セル範囲【並べ替え項目セル】のセルがダブルクリックされたかどうかを調べます。

※VBEに切り替えておきましょう。

■「Worksheet_BeforeDoubleClick」イベントプロシージャ

```
1. Private Sub Worksheet_BeforeDoubleClick(ByVal Target As Range, Cancel As Boolean)
2.     If Not Application.Intersect(Target, Range("並べ替え項目セル")) Is Nothing Then
3.         ActiveSheet.Unprotect Mypass
4.         Target.Sort Key1:=Target, Order1:=xlAscending, Header:=xlYes
5.         ActiveSheet.Protect Mypass
6.         Cancel = True
7.     End If
8. End Sub
```

■プロシージャの意味

1. 「Worksheet_BeforeDoubleClick(Range型の引数Targetはダブルクリックしたセル、ブール型の引数Cancel)」イベントプロシージャ開始
2. ダブルクリックしたセルとセル範囲【並べ替え項目セル】の共有セルがある場合は
3. パスワードに定数Mypassを指定してアクティブシートの保護を解除
4. ダブルクリックしたセルを含む連続するセル範囲を並べ替え(並べ替えフィールドは引数Target、昇順、先頭行を見出しとする)
5. パスワードに定数Mypassを設定してアクティブシートを保護
6. 引数CancelにTrueを代入(編集モードをキャンセル)
7. Ifステートメント終了
8. プロシージャ終了

①プロジェクトエクスプローラーの《Sheet3（売上データ）》をダブルクリックします。

②《オブジェクト》ボックスの ▼ をクリックし、一覧から《Worksheet》を選択します。

「Worksheet_SelectionChange」イベントプロシージャが作成されます。

③《プロシージャ》ボックスの ▼ をクリックし、一覧から《BeforeDoubleClick》を選択します。

「Worksheet_BeforeDoubleClick」イベントプロシージャが作成されます。

※「Worksheet_SelectionChange」イベントプロシージャは削除しておきましょう。

④「Worksheet_BeforeDoubleClick」イベントプロシージャの内容を入力します。

※コンパイルし、上書き保存しておきましょう。

プロシージャの動作を確認します。

⑤Excelに切り替えます。

⑥売上データの列見出しの「商品名」をダブルクリックします。

売上データが「商品名」の昇順で並べ替えられます。

※売上データの列見出しの「売上No.」をダブルクリックして、「売上No.」の昇順で並べ替えておきましょう。

POINT　Intersectメソッドの条件分岐

Intersectメソッドは、選択したセル範囲（引数Target）とセル範囲【並べ替え項目セル】の共有セルがない場合に、Nothingを返します。Nothingを返すと並べ替えは行われません。そのため、条件に合うセルが見つかったかどうかを判断するには、オブジェクト変数を比較する「Is演算子」を用いて「If Not Intersect～Is Nothing」といった条件式を使用します。引数Targetとセル範囲【並べ替え項目セル】が共有セルである場合は、Trueを返すので、並べ替えを行います。

11 売上データの削除

売上データの「**売上No.**」のセルを右クリックしたときに、その売上データを削除するイベントプロシージャを作成して、動作を確認しましょう。
※VBEに切り替えておきましょう。

■「Worksheet_BeforeRightClick」イベントプロシージャ

```
 1. Private Sub Worksheet_BeforeRightClick(ByVal Target As Range, Cancel As Boolean)
 2.     If Target.Column = 2 And Target.Row >= 6 And Target.Value <> "" Then
 3.         If MsgBox("この売上データを削除します。", vbOKCancel) = vbOK Then
 4.             ActiveSheet.Unprotect Mypass
 5.             Target.Resize(1, 8).Delete Shift:=xlShiftUp
 6.             ActiveSheet.Protect Mypass
 7.         End If
 8.         Cancel = True
 9.     End If
10. End Sub
```

■プロシージャの意味

1. 「Worksheet_BeforeRightClick(Range型の引数Targetは右クリックしたセル、ブール型の引数 Cancel)」イベントプロシージャ開始
2. 右クリックしたセルの列番号が2、かつ行番号が6以上、かつ値が空文字(「""」)でない場合は
3. 《OK》《キャンセル》ボタンを持つメッセージボックスにメッセージ「この売上データを削除します。」を表示し、《OK》がクリックされた場合は
4. パスワードに定数Mypassを指定してアクティブシートの保護を解除
5. 引数Targetを基準に1行8列のセル範囲を削除し、削除後は上方向へ移動
6. パスワードに定数Mypassを設定してアクティブシートを保護
7. Ifステートメント終了
8. 引数CancelにTrueを代入(ショートカットメニューの表示をキャンセル)
9. Ifステートメント終了
10. プロシージャ終了

👆POINT ColumnプロパティとRowプロパティ

指定したセルの列番号を調べるには「Columnプロパティ」を、行番号を調べるには「Rowプロパティ」を使います。

■Columnプロパティ

指定したセルの列番号を数値で返します。

構 文	Rangeオブジェクト.Column

■Rowプロパティ

指定したセルの行番号を数値で返します。

構 文	Rangeオブジェクト.Row

この実習では、右クリックしたセルの行番号と列番号を調べて、「売上No.」のセルが右クリックされたかどうかを判断しています。さらに、そのセルの値が空文字（「""」）以外の場合だけ売上データを削除しています。

「Target.Column = 2」のセル範囲
※2列目（セル範囲【B1：B1048576】）を表しています。

「Target.Row >= 6」のセル範囲
※6行目以降（セル範囲【A6：XFD1048576】）を表しています。

	A	B	C	D	E	F	G	H	I	J
1				売 上 デ ー タ						
2		メインメニューへ	マスタ登録	売上データ	請求書	売上データ入力				
3		00016								
4										
5		売上No.	売上日	取引先	分類	商品名	単価	数量	金額	
6		00001	2020/4/1	VBAストア	ドリンク類	100%オレンジ	100	50	5,000	
7		00002	2020/4/1	VBAストア	ドリンク類	100%アップル	100	50	5,000	
8		00003	2020/4/6	VBAストア	麺類	カップ麺（醤油味）	150	100	15,000	
9		00004	2020/4/6	VBAストア	麺類	カップ麺（塩味）	150	100	15,000	
10		00005	2020/4/6	VBAストア	麺類	袋麺パック	500	80	40,000	
11		00006	2020/4/10	スーパーVBA	麺類	袋麺パック	500	30	15,000	
12		00007	2020/4/14	スーパーVBA	麺類	ソース焼きそば	180	90	16,200	
13		00008	2020/4/14	VBAストア	ドリンク類	ウーロン茶	200	100	20,000	
14		00009	2020/4/20	VBAストア	麺類	カップ麺（醤油味）	150	200	30,000	
15		00010	2020/4/24	スーパーVBA	ドリンク類	ウーロン茶	200	120	24,000	
16		00011	2020/4/24	VBA商店	ドリンク類	ウーロン茶	200	100	20,000	
17		00012	2020/5/1	VBA商店	ドリンク類	100%オレンジ	100	200	20,000	
18		00013	2020/5/1	VBA商店	ドリンク類	100%アップル	100	200	20,000	
19		00014	2020/5/7	VBAマート	スナック類	ジャガイモスナック	150	100	15,000	
20		00015	2020/5/7	VBAマート	スナック類	チョコスティック	100	60	6,000	
21										
22										
23										

メインメニュー マスタ登録 売上データ 請求書 ⊕

「Target.Column = 2 And Target.Row >= 6」のセル範囲
※セル範囲【B1：B1048576】とセル範囲【A6：XFD1048576】の重なる範囲を表しています。

👆 POINT Deleteメソッド

「Deleteメソッド」を使うと、指定したセルを削除します。

■Deleteメソッド

指定したセルを削除して、引数Shiftで指定した方向にシフトします。

構 文	Rangeオブジェクト.Delete([Shift])

●引数Shiftに指定できる定数

定数	内容
xlShiftToLeft	削除後、左方向へセルをシフト
xlShiftUp	削除後、上方向へセルをシフト

※引数Shiftを省略すると、削除したセル範囲の形に応じて自動的にシフトします。

236

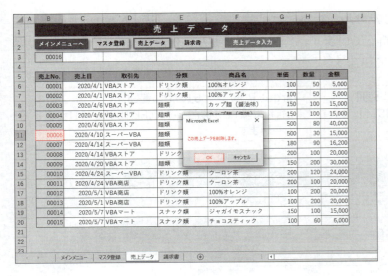

①《プロシージャ》ボックスの ▼ をクリックし、一覧から《BeforeRightClick》を選択します。

「Worksheet_BeforeRightClick」イベントプロシージャが作成されます。

②「Worksheet_BeforeRightClick」イベントプロシージャの内容を入力します。

※コンパイルし、上書き保存しておきましょう。

プロシージャの動作を確認します。

③Excelに切り替えます。

④売上データの「No.」が「00006」のセルを右クリックします。

※行列番号など関係のない箇所を右クリックするとエラーが発生します。エラーが発生したときは《終了》をクリックします。

メッセージが表示されます。

⑤《OK》をクリックします。

売上データが削除され、上方向にシフトします。

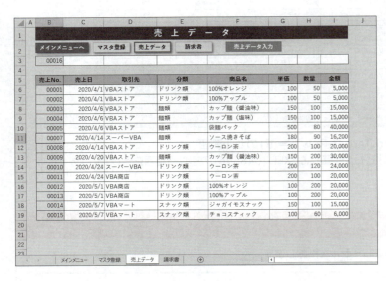

Let's Try ためしてみよう

ワークシート「売上データ」の3～4行目を非表示にしましょう。

Let's Try Answer

①《校閲》タブ→《変更》グループの (シート保護の解除)をクリック
②《パスワード》に「VBA」と入力
※大文字で入力します。
③《OK》をクリック
※ワークシートの保護が解除されます。「サブ_前処理」プロシージャを実行してもかまいません。
④3～4行目を選択
⑤《ホーム》タブ→《セル》グループの 書式 (書式)→《表示設定》の《非表示/再表示》→《行を表示しない》をクリック
⑥《校閲》タブ→《変更》グループの (シートの保護)をクリック
⑦《シートの保護を解除するためのパスワード》に「VBA」と入力
※大文字で入力します。
⑧《OK》をクリック
⑨《パスワードをもう一度入力してください。》に「VBA」と入力
※大文字で入力します。
⑩《OK》をクリック
※ワークシートが保護されます。「サブ_後処理」プロシージャを実行してもかまいません。

Step4 請求書発行処理を作成する

1 請求書発行処理

指定した条件の売上データを取り出して請求書を発行するプロシージャを作成します。ユーザーフォームを利用して条件の指定ができるようにプロシージャを設計・作成します。また、請求書の印刷に関するプロシージャも作成します。

2 ワークシート「請求書」の確認

ワークシート**「請求書」**を確認しましょう。
※ワークシート「請求書」を選択しておきましょう。

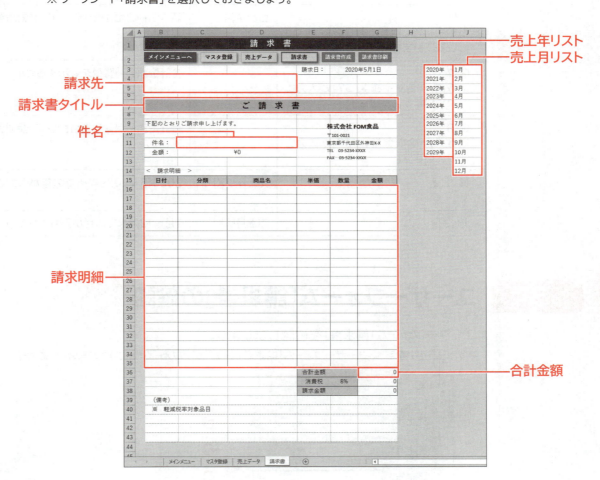

●請求書に関するセル

セル	名前	役割
B4	請求先	請求書の請求先を表示するセル
F3 ※数式「=TODAY()」が入力されています。		請求日として本日の日付を表示するセル
B7	請求書タイトル	請求書のタイトルを表示するセル
C11	件名	請求書の件名を表示するセル
C12 ※数式「=G38」が入力されています。		請求金額を表示するセル
B16：G35	請求明細	請求書の詳細を表示するセル
D16：D35 ※軽減税率対象項目を示す「※」を末尾に表示するようにユーザー定義が設定されています。		商品名を表示するセル
G36 ※数式「=SUM(G16：G35)」が入力されています。	合計金額	請求明細の金額を合計して、合計金額を表示するセル
G37 ※数式「=合計金額＊F37」が入力されています。		合計金額の消費税を表示するセル
G38 ※数式「=合計金額＋G37」が入力されています。		合計金額と消費税を合計して、請求金額を表示するセル
I3：I12	売上年リスト	2020年～2029年までの年が入力されているセル
J3：J14	売上月リスト	1月～12月までの月が入力されているセル

3 ユーザーフォーム「請求書」の確認

ユーザーフォーム**「請求書」**を確認しましょう。

※VBEに切り替えて、ユーザーフォーム「請求書」をユーザーフォームウィンドウで表示しておきましょう。

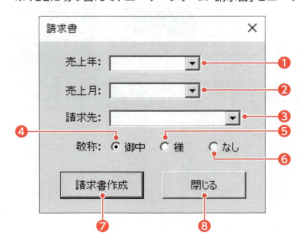

各コントロールの役割とプロパティの設定は次のとおりです。

❶「売上年」コンボボックス

「売上年」を選択します。

プロパティ	設定値
Name（オブジェクト名）	cboNen
ListRows	10
RowSource	売上年リスト ※ワークシート「請求書」上のセル範囲です。
Style	2-fmStyleDropDownList

> **👆POINT** 《ListRows》プロパティの設定
>
> 《ListRows》プロパティはコンボボックスで一度に表示できるデータの行数を設定します。「売上年」コンボボックスの《ListRows》プロパティに「10」を指定して、10年分を一度に表示できるようにしています。

❷「売上月」コンボボックス

「売上月」を選択します。

プロパティ	設定値
Name（オブジェクト名）	cboTuki
ListRows	12
RowSource	売上月リスト ※ワークシート「請求書」上のセル範囲です。
Style	2-fmStyleDropDownList

❸「請求先」コンボボックス

「請求先」を選択します。

プロパティ	設定値
Name（オブジェクト名）	cboSeikyu
RowSource	取引先リスト ※ワークシート「マスタ登録」上のセル範囲です。
Style	2-fmStyleDropDownList

❹「御中」オプションボタン

請求先の敬称に「御中」を付けるときに選択します。

プロパティ	設定値
Name（オブジェクト名）	opt1
Caption	御中
Value	True

❺「様」オプションボタン

請求先の敬称に「様」を付けるときに選択します。

プロパティ	設定値
Name（オブジェクト名）	opt2
Caption	様
Value	False

❻「なし」オプションボタン

請求先の敬称を付けないときに選択します。

プロパティ	設定値
Name（オブジェクト名）	opt3
Caption	なし
Value	False

❼「請求書作成」コマンドボタン

クリックしたときに請求書を作成します。

プロパティ	設定値
Name（オブジェクト名）	cmdOK
Caption	請求書作成
Default	True

❽「閉じる」コマンドボタン

クリックしたときにユーザーフォームを閉じます。
※あらかじめユーザーフォームを閉じるプロシージャが設定されています。

プロパティ	設定値
Name（オブジェクト名）	cmdClose
Cancel	True
Caption	閉じる

4 ユーザーフォーム「請求書」の処理の流れ

ユーザーフォーム**「請求書」**のプロシージャを作成します。請求書を作成する処理の流れは次のとおりです。

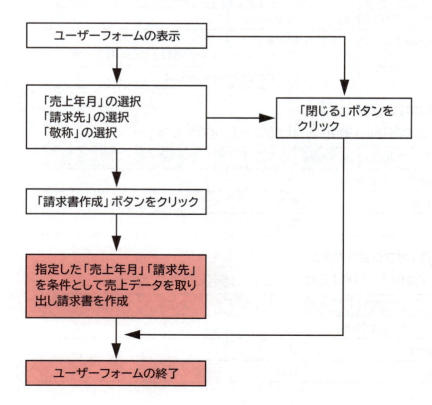

5 ユーザーフォーム「請求書」の初期化

Initializeイベントを利用してユーザーフォームを表示したときに、次のようにユーザーフォーム「**請求書**」を初期化するイベントプロシージャを作成しましょう。

- 「売上年」コンボボックスに現在の年を表示する
- 「売上月」コンボボックスに現在の月を表示する
- 「請求先」コンボボックスに1番目のデータを表示する

■「UserForm_Initialize」イベントプロシージャ

```
1. Private Sub UserForm_Initialize()
2.     cboNen.Text = Year(Date) & "年"
3.     cboTuki.Text = Month(Date) & "月"
4.     cboSeikyu.ListIndex = 0
5. End Sub
```

■プロシージャの意味

1. 「UserForm_Initialize」イベントプロシージャ開始
2. cboNenに現在の年と文字列「年」を連結した値を表示
3. cboTukiに現在の月と文字列「月」を連結した値を表示
4. cboSeikyuに1番目のデータを表示
5. プロシージャ終了

① ユーザーフォーム「**請求書**」上をダブルクリックします。

コードウィンドウが表示され、「**UserForm_Click**」イベントプロシージャが作成されます。

② 《**プロシージャ**》ボックスの ▼ をクリックし、一覧から《**Initialize**》を選択します。

「**UserForm_Initialize**」イベントプロシージャが作成されます。

※「UserForm_Click」イベントプロシージャは削除しておきましょう。

③ 「**UserForm_Initialize**」イベントプロシージャの内容を入力します。

※コンパイルし、上書き保存しておきましょう。

ユーザーフォームを実行して、プロシージャの動作を確認します。

④ ▶ （Sub/ユーザーフォームの実行）をクリックします。

ユーザーフォーム「**請求書**」が表示されます。

⑤ 「**売上年**」に現在の年、「**売上月**」に現在の月、「**請求先**」に1番目のデータが表示されていることを確認します。

※ユーザーフォームを閉じておきましょう。

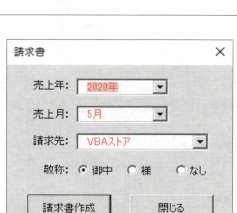

6 ワークシートへの転記

「**請求書作成**」ボタンのClickイベントを利用して、次のように請求書を作成するイベントプロシージャを作成しましょう。

> ❶ユーザーフォーム「請求書」で指定した売上年月と請求先を条件とする
> ❷❶の条件で売上データを取り出してワークシートへ転記
> ❸ユーザーフォーム「請求書」上の設定に合わせて請求先と件名を表示

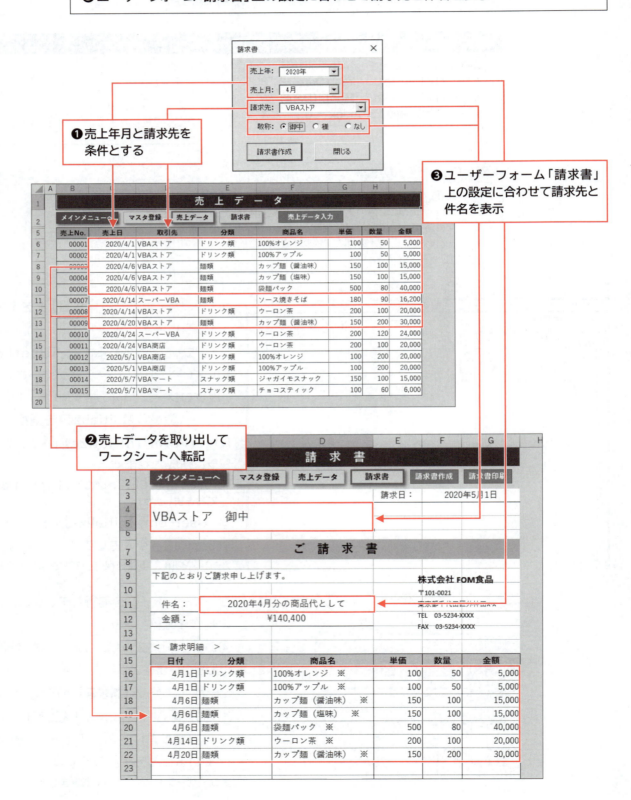

売上データを取り出してワークシート「**請求書**」に転記するとき、「**取引先**」は転記しません。そのため、「**売上日**」を転記したあと、「**分類**」、「**商品名**」、「**単価**」、「**数量**」、「**金額**」をまとめて転記します。

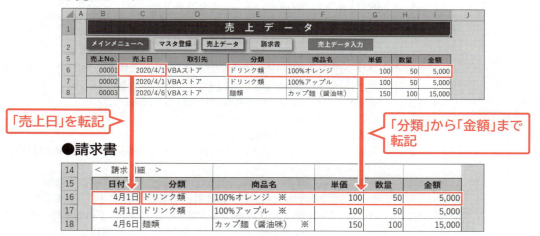

●売上データ

「売上日」を転記

「分類」から「金額」まで転記

●請求書

■「cmdOK_Click」イベントプロシージャ

```
1. Private Sub cmdOK_Click()
2.     Dim Urange As Range
3.     Dim Srange As Range
4.     Dim Nen As Integer
5.     Dim Tuki As Integer
6.     Dim Seikyu As String
7.     Dim Keisyo As String
8.     Set Urange = Worksheets("売上データ").Range("C6")
9.     Set Srange = Range("B16")
10.    Nen = Val(cboNen.Text)
11.    Tuki = Val(cboTuki.Text)
12.    Seikyu = cboSeikyu.Text
13.    Keisyo = IIf(opt1.Value = True, "御中", IIf(opt2.Value = True, "様", ""))
14.    ActiveSheet.Unprotect Mypass
15.    Range("請求先,件名,請求明細").Value = ""
16.    Do Until Urange.Value = ""
17.        If Year(Urange.Value) = Nen And Month(Urange.Value) = Tuki _
               And Urange.Offset(, 1).Value = Seikyu Then
18.            Srange.Value = Urange.Value
19.            Srange.Offset(, 1).Resize(1, 5).Value = Urange.Offset(, 2).Resize(1, 5).Value
20.            Set Srange = Srange.Offset(1)
21.        End If
22.        If Srange.Row > 35 Then Exit Do
23.        Set Urange = Urange.Offset(1)
24.    Loop
25.    If Range("合計金額").Value > 0 Then
26.        Range("請求先").Value = Seikyu & "　" & Keisyo
27.        Range("件名").Value = Nen & "年" & Tuki & "月分の商品代として"
28.    Else
29.        MsgBox "請求する売上データが見つかりませんでした。"
30.    End If
31.    Range("請求先").Select
32.    ActiveSheet.Protect Mypass
33.    Set Urange = Nothing
34.    Set Srange = Nothing
35.    Unload Me
36. End Sub
```

※17行目はコードが長いので、行継続文字「 _(半角スペース+半角アンダースコア)」を使って行を複数に分割しています。行継続文字を使わずに1行で記述してもかまいません。

■プロシージャの意味

1. 「cmdOK_Click」イベントプロシージャ開始
2. 　　Range型のオブジェクト変数Urangeを使用することを宣言
3. 　　Range型のオブジェクト変数Srangeを使用することを宣言
4. 　　整数型の変数Nenを使用することを宣言
5. 　　整数型の変数Tukiを使用することを宣言
6. 　　文字列型の変数Seikyuを使用することを宣言
7. 　　文字列型の変数Keisyoを使用することを宣言
8. 　　オブジェクト変数Urangeにワークシート「売上データ」のセル【C6】への参照を代入
9. 　　オブジェクト変数Srangeにセル【B16】への参照を代入
10. 　　変数Nenに「cboNen」の値を数値に変換して代入
11. 　　変数Tukiに「cboTuki」の値を数値に変換して代入
12. 　　変数Seikyuに「cboSeikyu」の値を代入
13. 　　変数Keisyoに「opt1」がオンの場合は「御中」、「opt2」がオンの場合は「様」、「opt3」がオンの場合は空文字（「""」）を代入
14. 　　パスワードに定数Mypassを指定してアクティブシートの保護を解除
15. 　　セル【請求先】、セル【件名】、セル範囲【請求明細】に空文字（「""」）を入力
16. 　　オブジェクト変数Urangeの値が空文字（「""」）になるまで処理を繰り返す
17. 　　　　オブジェクト変数Urangeの年と変数Nenの値が同じ、
　　　　　　かつオブジェクト変数Urangeの月と変数Tukiの値が同じ、
　　　　　　かつオブジェクト変数Urangeの1列右（取引先）の値と変数Seikyuが同じ場合は
18. 　　　　　　オブジェクト変数Srangeにオブジェクト変数Urangeの値を入力
19. 　　　　　　オブジェクト変数Srangeの1列右から5列分（「分類」～「金額」）のセル範囲にオブジェクト変数Urangeの2列右から5列分（「分類」～「金額」）のセル範囲の値を入力
20. 　　　　　　オブジェクト変数Srangeに1行下のセルへの参照を代入
21. 　　　　Ifステートメント終了
22. 　　　　オブジェクト変数Srangeの行番号が「35」より大きい場合は繰り返し処理を抜け出す
23. 　　　　オブジェクト変数Urangeに1行下のセルへの参照を代入
24. 　　14行目に戻る
25. 　　セル【合計金額】の値が0より大きい場合は
26. 　　　　セル【請求先】に変数Seikyuと空白（「　」）と変数Keisyoを連結した値を入力
27. 　　　　セル【件名】に変数Nenと変数Tukiと文字列を連結した値を入力
28. 　　それ以外の場合は
29. 　　　　メッセージ「請求する売上データが見つかりませんでした。」を表示
30. 　　Ifステートメント終了
31. 　　セル【請求先】を選択
32. 　　パスワードに定数Mypassを設定してアクティブシートを保護
33. 　　オブジェクト変数Urangeを初期化
34. 　　オブジェクト変数Srangeを初期化
35. 　　ユーザーフォームを閉じる
36. プロシージャ終了

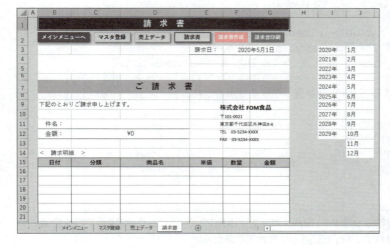

①《オブジェクト》ボックスの▼をクリックし、一覧から《cmdOK》を選択します。
「cmdOK_Click」イベントプロシージャが作成されます。
②「cmdOK_Click」イベントプロシージャの内容を入力します。
※コンパイルし、上書き保存しておきましょう。
プロシージャの動作を確認します。
③Excelに切り替えます。
④「請求書作成」ボタンをクリックします。

ユーザーフォーム**「請求書」**が表示されます。

⑤**「売上年」**の▼をクリックし、一覧から**「2020年」**を選択します。
⑥**「売上月」**の▼をクリックし、一覧から**「4月」**を選択します。
⑦**「請求先」**の▼をクリックし、一覧から**「VBAストア」**を選択します。
⑧**「敬称」**の**「御中」**を◉にします。
⑨**「請求書作成」**ボタンをクリックします。

「VBAストア」の「2020年4月」の請求書が作成されます。

STEP UP 20件を超える請求データがある場合

この実習で作成する請求書は、請求明細を16行目から35行目までに入力するように設計されているため、プロシージャの22行目にある「If Srange.Row > 35 Then Exit Do」で35行目を超えた時点で処理を抜け出すようにしています。したがって、21件目以降の請求データは請求書に表示されません。

A	B	C	D	E	F	G	H
19	4月6日	麺類	カップ麺（塩味）※	150	100	15,000	
20	4月6日	麺類	袋麺パック　※	500	80	40,000	
21	4月10日	ドリンク類	ウーロン茶　※	200	100	20,000	
22	4月10日	スナック類	ジャガイモスナック　※	150	200	30,000	
23	4月10日	スナック類	チョコスティック　※	100	50	5,000	
24	4月14日	麺類	カップ麺（醤油味）※	150	100	15,000	
25	4月14日	ドリンク類	100%オレンジ　※	100	50	5,000	
26	4月14日	ドリンク類	100%アップル　※	100	50	5,000	
27	4月14日	ドリンク類	ウーロン茶　※	200	100	20,000	
28	4月17日	麺類	袋麺パック　※	200	120	24,000	
29	4月20日	スナック類	エビせんべい　※	250	30	7,500	
30	4月20日	麺類	カップ麺（塩味）※	150	100	15,000	
31	4月22日	スナック類	ジャガイモスナック　※	150	50	7,500	
32	4月22日	スナック類	チョコスティック　※	100	80	8,000	
33	4月24日	ドリンク類	100%オレンジ　※	100	100	10,000	
34	4月24日	ドリンク類	100%アップル　※	100	100	10,000	
35	4月24日	ドリンク類	ウーロン茶　※	200	140	28,000	
36				合計金額		290,000	
37				消費税	8%	23,200	
38				請求金額		313,200	
39	（備考）						

20件を超える請求データに対応する請求書が必要な場合は、請求書発行処理の再検討が必要です。例えば、次のような改良が考えられます。

- 20件の請求データを入力した時点で請求書を印刷して、21件目からの請求データで新たに請求書を作成する
- 21件目からの請求データは行を追加して入力し、20件ごとに改ページを入れるようにする
- 21件目以降の請求データを入力する場所をあらかじめ作成しておき、そこに入力する

7 請求書の印刷

作成した請求書を印刷する「**請求書印刷**」プロシージャを作成して、動作を確認しましょう。請求書は、次のような手順で印刷します。

※VBEに切り替えておきましょう。

●印刷する請求データの有無を確認する
●請求書を印刷する
●請求書の控えを印刷する

オブジェクトを印刷するには「**PrintOutメソッド**」を使います。

■PrintOutメソッド

選択されたブック、シート、グラフなどのオブジェクトを印刷します。

構 文	オブジェクト.PrintOut([From][, To][, Copies][, Preview][, ActivePrinter][, PrintToFile][, Collate][, PrToFileName][, IgnorePrintAreas])

引数	内容	省略
From	印刷開始ページ番号を指定	省略できる ※省略した場合、先頭のページから印刷が開始されます。
To	印刷終了ページ番号を指定	省略できる ※省略した場合、最後のページで印刷が終了します。
Copies	印刷部数を指定	省略できる ※省略した場合、印刷部数は1部になります。
Preview	プレビューあり（True）、なし（False）を指定	省略できる ※省略した場合、プレビューなし（False）が指定されます。
ActivePrinter	プリンター名を指定	省略できる ※省略した場合、通常使うプリンターが指定されます。
PrintToFile	ファイルへ出力する（True）、しない（False）を指定	省略できる ※省略した場合、ファイルに出力しない（False）が指定されます。
Collate	部単位で印刷（True）、ページ単位で印刷（False）を指定	省略できる ※省略した場合、ページ単位（False）が指定されます。
PrToFileName	引数PrintToFileがTrueの場合に出力ファイル名を指定	省略できる ※省略した場合、ファイル名を指定するダイアログボックスが表示されます。
IgnorePrintAreas	設定されている印刷範囲を無視して印刷（True）、印刷範囲で印刷（False）を指定	省略できる ※省略した場合、印刷範囲で印刷（False）が指定されます。

■「請求書印刷」プロシージャ

```
 1. Sub 請求書印刷()
 2.      If Range("合計金額").Value = 0 Then
 3.          MsgBox "印刷する請求データがありません。"
 4.          Exit Sub
 5.      End If
 6.      ActiveSheet.Unprotect Mypass
 7.      On Error Resume Next
 8.      ActiveSheet.PrintOut Preview:=True
 9.      On Error GoTo 0
10.      If MsgBox("請求書の控えを印刷しますか？", vbYesNo) = vbYes Then
11.          Range("請求書タイトル").Value = "請　求　書　（控）"
12.          On Error Resume Next
13.          ActiveSheet.PrintOut Preview:=True
14.          On Error GoTo 0
15.          Range("請求書タイトル").Value = "ご　請　求　書"
16.      End If
17.      Range("請求先,件名,請求明細").Value = ""
18.      ActiveSheet.Protect Mypass
19. End Sub
```

■プロシージャの意味

```
 1. 「請求書印刷」プロシージャ開始
 2.      セル【合計金額】の値が0の場合は
 3.          メッセージ「印刷する請求データがありません。」の表示
 4.          プロシージャを抜け出す
 5.      Ifステートメント終了
 6.      パスワードに定数Mypassを指定してアクティブシートの保護を解除
 7.      エラーを無視する（エラートラップを有効）
 8.      印刷プレビューを表示してアクティブシートを印刷
 9.      エラートラップを無効
10.      《はい》《いいえ》ボタンを持つメッセージボックスにメッセージ「請求書の控えを印刷しますか？」
         を表示し、《はい》がクリックされた場合は
11.          セル【請求書タイトル】に「請　求　書　（控）」を入力
12.          エラーを無視する（エラートラップを有効）
13.          印刷プレビューを表示してアクティブシートを印刷
14.          エラートラップを無効
15.          セル【請求書タイトル】に「ご　請　求　書」を入力
16.      Ifステートメント終了
17.      セル【請求先】、セル【件名】、セル範囲【請求明細】に空文字（「""」）を入力
18.      パスワードに定数Mypassを設定してアクティブシートを保護
19. プロシージャ終了
```

STEP UP 印刷の実行時エラーの回避

プリンターの状態や設定によっては、「ActiveSheet.PrintOut Preview：=True」の実行時に実行時エラーが発生する場合があります。この実習では、On Error Resume Nextステートメントで、印刷時に発生する実行時エラーを回避しています。また、印刷後にOn Error GoTo 0ステートメントでエラートラップを無効にしています。

248

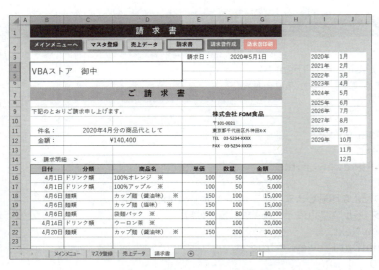

① プロジェクトエクスプローラーの標準モジュール**「登録と印刷」**をダブルクリックします。

②**「請求書印刷」**プロシージャを入力します。

※コンパイルし、上書き保存しておきましょう。

プロシージャの動作を確認します。

③ Excelに切り替えます。

④**「請求書印刷」**ボタンをクリックします。

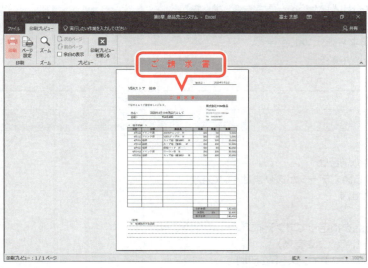

「ご請求書」の印刷プレビューが表示されます。

⑤ （印刷）をクリックします。

請求書が印刷されます。

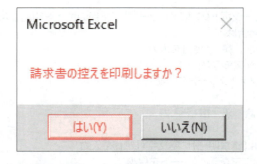

メッセージが表示されます。

⑥《はい》をクリックします。

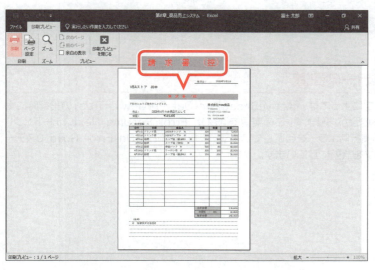

「請求書（控）」の印刷プレビューが表示されます。

⑦ （印刷）をクリックします。

請求書控えが印刷されます。

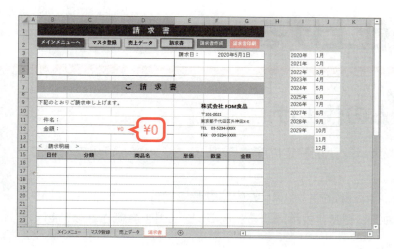

ワークシート「**請求書**」に戻ります。

⑧ 金額が「**¥0**」になっていることを確認します。

⑨「**請求書印刷**」ボタンをクリックします。

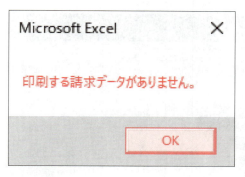

⑩ メッセージが表示されることを確認します。

⑪《**OK**》をクリックします。

Let's Try ためしてみよう

ワークシート「請求書」のI～J列を非表示にしましょう。

Let's Try Answer

①《校閲》タブ→《変更》グループの （シート保護の解除）をクリック
②《パスワード》に「VBA」と入力
※大文字で入力します。
③《OK》をクリック
※ワークシートの保護が解除されます。「サブ_前処理」プロシージャを実行してもかまいません。
④I～J列を選択
⑤《ホーム》タブ→《セル》グループの 書式 -（書式）→《表示設定》の《非表示/再表示》→《列を表示しない》をクリック
⑥《校閲》タブ→《変更》グループの （シートの保護）をクリック
⑦《シートの保護を解除するためのパスワード》に「VBA」と入力
※大文字で入力します。
⑧《OK》をクリック
⑨《パスワードをもう一度入力してください。》に「VBA」と入力
※大文字で入力します。
⑩《OK》をクリック
※ワークシートが保護されます。「サブ_後処理」プロシージャを実行してもかまいません。

Step5 システムを仕上げる

1 商品売上システムの仕上げ

商品売上システムの仕上げとして、画面設定に関するプロシージャやシステムを終了するプロシージャを作成します。

画面設定に関するプロシージャを商品売上システムの起動時に実行させ、使用しないリボン、余分なウィンドウオプションなどを非表示にすることで、Excelを意識させない商品売上システムを完成させます。

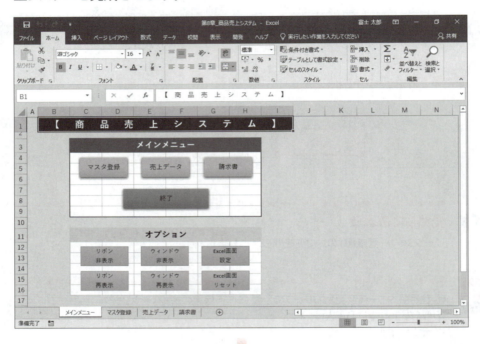

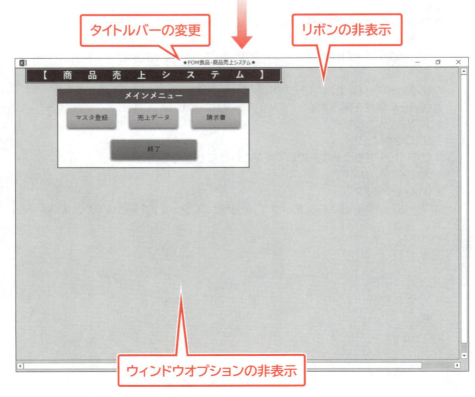

タイトルバーの変更

リボンの非表示

ウィンドウオプションの非表示

2 画面設定に関するプロシージャの作成

商品売上システムの画面設定に関する次のようなプロシージャを作成します。

● 表示しているリボンを非表示にするプロシージャ
● ウィンドウオプション（ワークシートの枠線や行列番号、シート見出し）を非表示にする
  プロシージャ
● 数式バー、ステータスバーの非表示やExcelのタイトルバーの変更など、Excelの画面
  を設定するプロシージャ

同時に、これらの画面設定を元に戻すプロシージャも作成します。

1 リボンを非表示にするプロシージャの作成

「ExecuteExcel4Macroメソッド」を使うと、Excel4.0マクロ関数を実行できます。
※Excel4.0マクロ関数は、Excelバージョン4.0で使われていたマクロを実行するための関数です。

■ExecuteExcel4Macroメソッド

Excel4.0マクロ関数を実行することで、関数の結果を返し、値の設定・取得ができます。

構　文	Applicationオブジェクト.ExecuteExcel4Macro(String)

引数StringにはExcel4.0マクロ関数名を「＝」なしで指定します。引数String内に「"」を使うとき
は、2重に「"」を記述します。

リボンを非表示にするには、Excel4.0マクロ関数の「**Show.Toolbar関数**」を使います。

■Show.Toolbar関数

リボンの表示・非表示を設定します。

構　文	Show.Toolbar("Ribbon",設定値)

設定値にFalseを指定するとリボンを非表示にします。Trueを指定するとリボンを表示します。

ExecuteExcel4Macroメソッドを利用し、リボンを非表示にするプロシージャを作成して、
動作を確認しましょう。
※VBEに切り替えておきましょう。

■「リボン非表示」プロシージャ

```
1. Sub リボン非表示()
2.     Application.ExecuteExcel4Macro "Show.Toolbar(""Ribbon"",False)"
3. End Sub
```

■プロシージャの意味

```
1. 「リボン非表示」プロシージャ開始
2.     リボンを非表示
3. プロシージャ終了
```

252

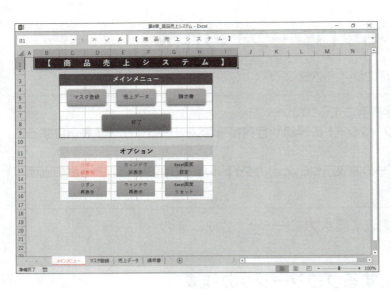

① プロジェクトエクスプローラーの標準モジュール「**システムの仕上げ**」をダブルクリックします。

②「**リボン非表示**」プロシージャを入力します。
※コンパイルし、上書き保存しておきましょう。
プロシージャの動作を確認します。

③ Excelに切り替えます。

④ ワークシート「**メインメニュー**」を選択します。

⑤「**リボン非表示**」ボタンをクリックします。
※作成したプロシージャを実行するように、あらかじめ登録されています。
リボンが非表示になります。

2 リボンを再表示するプロシージャの作成

非表示にしたリボンを表示する「**リボン再表示**」プロシージャを作成して、動作を確認しましょう。
※VBEに切り替えておきましょう。

■「リボン再表示」プロシージャ

1. Sub リボン再表示()
2. 　　Application.ExecuteExcel4Macro "Show.Toolbar(""Ribbon"",True)"
3. End Sub

■プロシージャの意味

1. 「リボン再表示」プロシージャ開始
2. 　　リボンを表示
3. プロシージャ終了

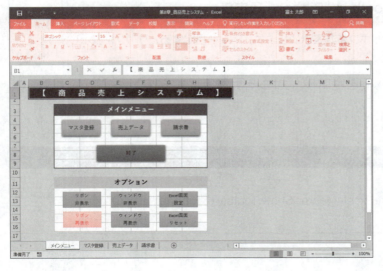

①「**リボン再表示**」プロシージャを入力します。
※「リボン非表示」プロシージャをコピーして修正すると効率的です。
※コンパイルし、上書き保存しておきましょう。
プロシージャの動作を確認します。

② Excelに切り替えます。

③「**リボン再表示**」ボタンをクリックします。
※作成したプロシージャを実行するように、あらかじめ登録されています。
リボンが再表示されます。

3 ウィンドウオプションを非表示にするプロシージャの作成

ウィンドウオプションの表示・非表示の状態を設定するには、Windowオブジェクトのプロパティを使います。Windowオブジェクトとは、開いているExcelブックのウィンドウを表すオブジェクトです。アクティブウィンドウを取得するには「ActiveWindowプロパティ」を使います。

■ActiveWindowプロパティ

アクティブウィンドウ（Windowオブジェクト）を返します。

構 文	ActiveWindow

ウィンドウオプションを設定するには、次のようなWindowオブジェクトのプロパティを使います。

■DisplayGridlinesプロパティ

ワークシートの枠線の表示・非表示の状態を設定・取得します。Trueを設定すると枠線は表示され、Falseを設定すると枠線は非表示になります。

構 文	Windowオブジェクト.DisplayGridlines

■DisplayHeadingsプロパティ

ワークシートの行列番号の表示・非表示の状態を設定・取得します。Trueを設定すると行列番号は表示され、Falseを設定すると行列番号は非表示になります。

構 文	Windowオブジェクト.DisplayHeadings

■DisplayWorkbookTabsプロパティ

シート見出しの表示・非表示の状態を設定・取得します。Trueを設定するとシート見出しは表示され、Falseを設定するとシート見出しは非表示になります。

構 文	Windowオブジェクト.DisplayWorkbookTabs

👆 POINT　ウィンドウオプションの設定

枠線や行列番号などの設定は、現在選択されているワークシートだけが対象となります。したがって、すべてのワークシートの枠線や行列番号などを非表示にするには、ブック内のワークシートをひとつずつ選択してからウィンドウオプションを設定します。
また、シート見出しはウィンドウに対して設定されるので、「ActiveWindow.DisplayWorkbookTabs ＝ False」を実行すると、そのウィンドウのシート見出しは非表示になります。

254

ActiveWindowプロパティを利用し、ウィンドウオプションを非表示にするプロシージャを作成して、動作を確認しましょう。

※VBEに切り替えておきましょう。

■「ウィンドウ非表示」プロシージャ

```
1. Sub ウィンドウ非表示()
2.    Dim Mysheet As Worksheet
3.    For Each Mysheet In Worksheets
4.        Mysheet.Select
5.        Mysheet.Protect Mypass
6.        With ActiveWindow
7.            .DisplayGridlines = False
8.            .DisplayHeadings = False
9.        End With
10.   Next Mysheet
11.   Worksheets("メインメニュー").Select
12.   ActiveWindow.DisplayWorkbookTabs = False
13. End Sub
```

■プロシージャの意味

1. 「ウィンドウ非表示」プロシージャ開始
2. 　　ワークシート型のオブジェクト変数Mysheetを使用することを宣言
3. 　　すべてのワークシートに対して処理を繰り返す
4. 　　　　ワークシートを選択
5. 　　　　パスワードに定数Mypassを設定してワークシートを保護
6. 　　　　アクティブウィンドウの
7. 　　　　　　枠線を非表示
8. 　　　　　　行列番号を非表示
9. 　　　　Withステートメント終了
10. 　　オブジェクト変数Mysheetに次のワークシートへの参照を代入し、3行目に戻る
11. 　　ワークシート「メインメニュー」を選択
12. 　　アクティブウィンドウのシート見出しを非表示
13. プロシージャ終了

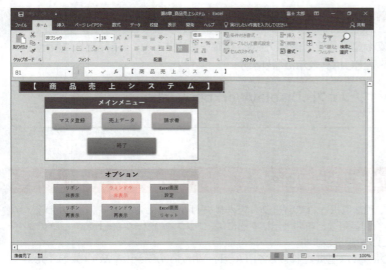

①「**ウィンドウ非表示**」プロシージャを入力します。

※コンパイルし、上書き保存しておきましょう。

プロシージャの動作を確認します。

②Excelに切り替えます。

③「**ウィンドウ非表示**」ボタンをクリックします。

※作成したプロシージャを実行するように、あらかじめ登録されています。

すべてのワークシートの枠線と行列番号が非表示になります。また、シート見出しも非表示になります。

※メインメニューから「マスタ登録」、「売上データ」、「請求書」のボタンをクリックし、各ワークシートの枠線と行列番号が非表示になっていることを確認しておきましょう。

4 ウィンドウオプションを再表示するプロシージャの作成

非表示にしたウィンドウオプションをすべて表示させる**「ウィンドウ再表示」**プロシージャを作成して、動作を確認しましょう。

※VBEに切り替えておきましょう。

■「ウィンドウ再表示」プロシージャ

```
1. Sub ウィンドウ再表示()
2.    Dim Mysheet As Worksheet
3.    For Each Mysheet In Worksheets
4.       Mysheet.Select
5.       With ActiveWindow
6.          .DisplayGridlines = True
7.          .DisplayHeadings = True
8.       End With
9.    Next Mysheet
10.   Worksheets("メインメニュー").Select
11.   ActiveWindow.DisplayWorkbookTabs = True
12. End Sub
```

■プロシージャの意味

1. 「ウィンドウ再表示」プロシージャ開始
2. 　　ワークシート型のオブジェクト変数Mysheetを使用することを宣言
3. 　　すべてのワークシートに対して処理を繰り返す
4. 　　　　ワークシートを選択
5. 　　　　アクティブウィンドウの
6. 　　　　　　枠線を表示
7. 　　　　　　行列番号を表示
8. 　　　　Withステートメント終了
9. 　　オブジェクト変数Mysheetに次のワークシートへの参照を代入し、3行目に戻る
10. 　　ワークシート「メインメニュー」を選択
11. 　　アクティブウィンドウのシート見出しを表示
12. プロシージャ終了

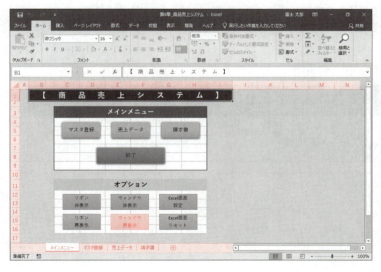

①**「ウィンドウ再表示」**プロシージャを入力します。

※「ウィンドウ非表示」プロシージャをコピーして修正すると効率的です。
※コンパイルし、上書き保存しておきましょう。

プロシージャの動作を確認します。

②Excelに切り替えます。

③**「ウィンドウ再表示」**ボタンをクリックします。

※作成したプロシージャを実行するように、あらかじめ登録されています。

すべてのワークシートの枠線と行列番号が再表示されます。また、シート見出しも再表示されます。

※各ワークシートの枠線と行列番号が再表示されていることを確認しておきましょう。

256

5 Excelの画面を設定するプロシージャの作成

数式バー、ステータスバーの表示・非表示やExcelのタイトルバーに表示する文字列を設定するには、次のようなApplicationオブジェクトのプロパティを使います。

■DisplayFormulaBarプロパティ

数式バーの表示・非表示の状態を設定・取得します。Trueを設定すると数式バーは表示され、Falseを設定すると数式バーは非表示になります。

| 構文 | Applicationオブジェクト.DisplayFormulaBar |

■DisplayStatusBarプロパティ

ステータスバーの表示・非表示の状態を設定・取得します。Trueを設定するとステータスバーは表示され、Falseを設定するとステータスバーは非表示になります。

| 構文 | Applicationオブジェクト.DisplayStatusBar |

■Captionプロパティ

タイトルバーに表示する文字列を設定・取得します。空文字(「""」)を設定すると既定の文字列「Excel」が表示されます。

| 構文 | Applicationオブジェクト.Caption |

POINT ブック名とアプリケーション名の表示

タイトルバーにはブック名(第8章_商品売上システム)とアプリケーション名(Excel)が表示されます。ブック名はアクティブウィンドウのタイトルバーとして表示されます。アプリケーション名はアプリケーションウィンドウのタイトルバーとして表示されます。
ブック名とアプリケーション名を変更するには、それぞれのWindowオブジェクトのCaptionプロパティを使います。

数式バー、ステータスバーを非表示にし、タイトルバーに「★FOM食品・商品売上システム★」
と表示するプロシージャを作成して、動作を確認しましょう。
※VBEに切り替えておきましょう。

■「Excel画面設定」プロシージャ

1. Sub Excel画面設定()
2.   With Application
3.   .DisplayFormulaBar = False
4.   .DisplayStatusBar = False
5.   .Caption = "★FOM食品・商品売上システム★"
6.   End With
7.   ActiveWindow.Caption = ""
8. End Sub

■プロシージャの意味

1. 「Excel画面設定」プロシージャ開始
2.   Excelの
3.   数式バーを非表示
4.   ステータスバーを非表示
5.   タイトルバーに表示されるアプリケーション名を「★FOM食品・商品売上システム★」に設定
6.   Withステートメント終了
7.   タイトルバーに表示されるファイル名を空文字(「""」)に設定
8. プロシージャ終了

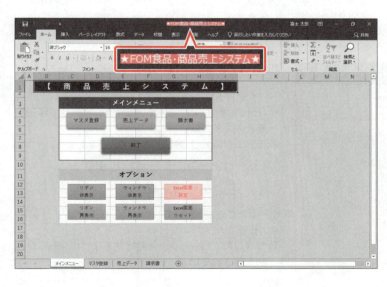

①「Excel画面設定」プロシージャを入力します。
※コンパイルし、上書き保存しておきましょう。
プロシージャの動作を確認します。
②Excelに切り替えます。
③「Excel画面設定」ボタンをクリックします。
※作成したプロシージャを実行するように、あらかじめ登録されています。
数式バー、ステータスバーが非表示になり、タイトルバーに「★FOM食品・商品売上システム★」と表示されます。

 STEP UP タイトルバーに表示する文字列

タイトルバーには、ActiveWindow.Captionとしてブック名(第8章_商品売上システム)、Application.Captionとしてアプリケーション名(Excel)が表示されています。
「Excel」を非表示にするために、Application.Captionに空文字「""」を設定しても、既定の文字列として「Excel」が表示されてしまいます。
そのため、ActiveWindow.Captionに空文字「""」、Application.Captionに「★FOM食品・商品売上システム★」を設定しています。

258

6 Excelの画面をリセットするプロシージャの作成

数式バー、ステータスバーを表示して、タイトルバーの文字列を元に戻す「Excel画面リセット」プロシージャを作成して、動作を確認しましょう。
※VBEに切り替えておきましょう。

■「Excel画面リセット」プロシージャ

```
1. Sub Excel画面リセット()
2.     With Application
3.         .DisplayFormulaBar = True
4.         .DisplayStatusBar = True
5.         .Caption = ""
6.     End With
7.     ActiveWindow.Caption = Left(ThisWorkbook.Name, Len(ThisWorkbook.Name) - 5)
8. End Sub
```

■プロシージャの意味

1. 「Excel画面リセット」プロシージャ開始
2. Excelの
3. 　　数式バーを表示
4. 　　ステータスバーを表示
5. 　　タイトルバーに表示されるアプリケーション名に空文字(「"")を設定し、既定の文字列(「Excel」)を表示
6. Withステートメント終了
7. ブック名から後ろの5文字を除いた文字列(「第8章_商品売上システム」)をタイトルバーに表示
8. プロシージャ終了

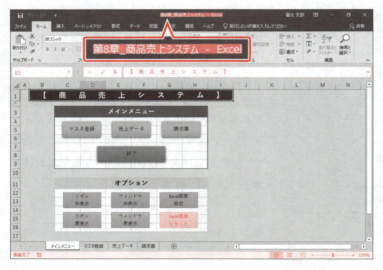

① 「Excel画面リセット」プロシージャを入力します。
※「Excel画面設定」プロシージャをコピーして修正すると効率的です。
※コンパイルし、上書き保存しておきましょう。
プロシージャの動作を確認します。
② Excelに切り替えます。
③ 「Excel画面リセット」ボタンをクリックします。
※作成したプロシージャを実行するように、あらかじめ登録されています。
数式バー、ステータスバーが再表示され、タイトルバーに「第8章_商品売上システム － Excel」と表示されます。

STEP UP ブック名を元に戻す

タイトルバーに表示するブック名を元に戻すには、WindowオブジェクトのCaptionプロパティにブック名を設定します。ただし、WorkbookオブジェクトのNameプロパティはExcelファイルの拡張子「.xlsm」を含めたブック名を返すので、Len関数を使って「ThisWorkbook.Name」で取得したブック名の文字数を求め、後ろの5文字を除いた文字列をCaptionプロパティに設定しています。
※Len関数は、文字数を取得するVBA関数です。

Let's Try ためしてみよう

ワークシート「メインメニュー」の11～16行目を非表示にしましょう。

Let's Try Answer

①《校閲》タブ→《変更》グループの 🔲 (シート保護の解除) をクリック
②《パスワード》に「VBA」と入力し、《OK》をクリック
※大文字で入力します。
※ワークシートの保護が解除されます。「サブ_前処理」プロシージャを実行してもかまいません。
③11～16行目を選択
④《ホーム》タブ→《セル》グループの 🔲 書式▼ (書式)→《表示設定》の《非表示/再表示》→《行を表示しない》
　をクリック
⑤《校閲》タブ→《変更》グループの 🔲 (シートの保護) をクリック
⑥《シートの保護を解除するためのパスワード》に「VBA」と入力し、《OK》をクリック
※大文字で入力します。
⑦《パスワードをもう一度入力してください。》に「VBA」と入力し、《OK》をクリック
※大文字で入力します。
※ワークシートが保護されます。「サブ_後処理」プロシージャを実行してもかまいません。

3 システムの起動に関するプロシージャの作成

作成した画面設定に関するプロシージャを使って、商品売上システムの起動時のプロシージャを作成します。

1 画面設定をするイベントプロシージャの作成

商品売上システムを開いたときに、画面設定をするイベントプロシージャを作成しましょう。
※VBEに切り替えておきましょう。

■「Workbook_Open」イベントプロシージャ

1. Private Sub Workbook_Open()
2. 　　Application.ScreenUpdating = False
3. 　　リボン非表示
4. 　　ウィンドウ非表示
5. 　　Excel画面設定
6. 　　Application.ScreenUpdating = True
7. End Sub

■プロシージャの意味

1.「Workbook_Open」イベントプロシージャ開始
2. 　　画面の更新を無効に設定
3. 　　サブルーチン「リボン非表示」を呼び出す
4. 　　サブルーチン「ウィンドウ非表示」を呼び出す
5. 　　サブルーチン「Excel画面設定」を呼び出す
6. 　　画面の更新を有効に設定
7. プロシージャ終了

①プロジェクトエクスプローラーの《ThisWorkbook》をダブルクリックします。
②《オブジェクト》ボックスの 🔽 をクリックし、一覧から《Workbook》を選択します。
「Workbook_Open」イベントプロシージャが作成されます。
③「Workbook_Open」イベントプロシージャの内容を入力します。
※コンパイルし、上書き保存しておきましょう。

260

2 印刷処理前のリボンの再表示

リボンを非表示にすると、請求書印刷で印刷プレビューを確認したあとにリボンの 印刷（印刷）をクリックすることができません。

印刷プレビューを表示する前にリボンを再表示し、印刷が終わったらリボンを非表示にするようにプロシージャを修正しましょう。

①プロジェクトエクスプローラの標準モジュール**「登録と印刷」**をダブルクリックします。
②次のように修正します。

```
Sub 請求書印刷()
    If Range("合計金額").Value = 0 Then
        MsgBox "印刷する請求データがありません。"
        Exit Sub
    End If
    リボン再表示
    ActiveSheet.Unprotect Mypass
    On Error Resume Next
    ActiveSheet.PrintOut Preview:=True
    On Error GoTo 0
    If MsgBox("請求書の控えを印刷しますか?", vbYesNo) = vbYes Then
        Range("請求書タイトル").Value = "請　求　書　(控)"
        On Error Resume Next
        ActiveSheet.PrintOut Preview:=True
        On Error GoTo 0
        Range("請求書タイトル").Value = "ご　請　求　書"
    End If
    Range("請求先,件名,請求明細").Value = ""
    ActiveSheet.Protect Mypass
    リボン非表示
End Sub
```

※コンパイルし、上書き保存しておきましょう。

---

4 システムの終了に関するプロシージャの作成

「終了」ボタンをクリックしたときに商品売上システムを終了させるプロシージャを作成します。このとき、通常のExcelの操作では終了できないようにします。

1 商品売上システムを終了するプロシージャの作成

「終了」ボタンをクリックしたかどうかを判断するために、ブール型のパブリック変数Owariを宣言します。終了する際に、《はい》《いいえ》《キャンセル》のボタンを持つメッセージボックスを表示し、《はい》《いいえ》がクリックされたときに、変数Owariに**「True」**を代入して、商品売上システムを終了します。

商品売上システムを終了すると、非表示にしたリボン、ワークシートの枠線、行列番号、ステータスバーは表示されて元に戻ります。しかし、商品売上システムを終了しても数式バーは非表示のままで元に戻りません。また複数のブックが開いていた場合、タイトルバーが元に戻らないので、終了するときに画面をリセットするようにします。

```
┌─────────────────────────────────────────────────┐
│ 商品売上システムの終了                    ✕      │
│                                                   │
│ 商品売上システムを保存しますか？                 │
│                                                   │
│   ┌ はい(Y) ┐  ┌ いいえ(N) ┐  ┌ キャンセル ┐    │
│   └─────────┘  └───────────┘  └────────────┘    │
└─────────────────────────────────────────────────┘
```

```
┌──────────────────────────┐        ┌──────────────────────────┐
│ ワークシート「メインメニュー」を選択 │        │      プロシージャ終了      │
└──────────────────────────┘        └──────────────────────────┘
┌──────────────────────────┐
│      画面を元に戻す       │
└──────────────────────────┘
┌──────────────────────────┐
│  変数Owariに「True」を代入  │
└──────────────────────────┘

        ◇ 変数Msgkekkaの値が      False
          「vbYes」か？ ◇ ─────────────┐
             │ True                      │
┌──────────────────────────┐   ┌──────────────────────────┐
│   ブックを保存して閉じる    │   │  ブックを保存しないで閉じる   │
└──────────────────────────┘   └──────────────────────────┘

┌──────────────────────────┐
│    商品売上システムの終了    │
└──────────────────────────┘
```

■「システム終了」プロシージャ

```
1. Sub システム終了()
2.    Dim Msgkekka As VbMsgBoxResult
3.    Msgkekka = MsgBox("商品売上システムを保存しますか？", _
4.             vbYesNoCancel, "商品売上システムの終了")
5.    If Msgkekka = vbCancel Then
6.        Exit Sub
7.    End If
8.    メニュー_メイン
9.    Excel画面リセット
10.   Owari = True
11.   If Msgkekka = vbYes Then
12.       ThisWorkbook.Close SaveChanges:=True
13.   Else
14.       ThisWorkbook.Close SaveChanges:=False
15.   End If
16. End Sub
```

※3行目はコードが長いので、行継続文字「 _（半角スペース＋半角アンダースコア）」を使って行を複数に分割しています。行継続文字を使わずに1行で記述してもかまいません。

262

■プロシージャの意味

1. 「システム終了」プロシージャ開始
2. VbMsgBoxResult型の変数Msgkekkaを使用することを宣言
3. 変数Msgkekkaにメッセージボックスでクリックされたボタンの種類を代入（メッセージ「商品売上システムを保存しますか？」を表示、
4. ボタンは《はい》《いいえ》《キャンセル》を表示、タイトルは「商品売上システムの終了」を表示）
5. 変数Msgkekkaがvb Cancelの場合（《キャンセル》がクリックされた場合）は
6. プロシージャを抜け出す
7. Ifステートメント終了
8. サブルーチン「メニュー_メイン」を呼び出す
9. サブルーチン「Excel画面リセット」を呼び出す
10. 変数OwariにTrueを代入
11. 変数Msgkekkaがvb Yesの場合（《はい》がクリックされた場合）は
12. 変更を保存して、実行中のプロシージャが記述されているブックを閉じる
13. それ以外の場合は
14. 変更を保存しないで、実行中のプロシージャが記述されているブックを閉じる
15. Ifステートメント終了
16. プロシージャ終了

①プロジェクトエクスプローラーの標準モジュール**「システムの仕上げ」**をダブルクリックします。

②次のように、宣言セクションに変数Owariの宣言を入力します。

```
Public Owari As Boolean
```

③**「システム終了」**プロシージャを入力します。

※コンパイルし、上書き保存しておきましょう。

STEP UP 変数Owari

変数Owariは、標準モジュール内だけでなく、次の実習で作成する「Workbook_BeforeClose」イベントプロシージャでも利用するため、パブリック変数として宣言セクション内に記述します。

STEP UP VbMsgBoxResult型

VbMsgBoxResult型は、MsgBox関数の戻り値（クリックされたボタンの種類を表す値）のデータ型です。この実習では、変数MsgkekkaをVbMsgBoxResult型の変数として宣言し、MsgBox関数の戻り値を代入しています。この場合、変数の型と代入する値の型を合わせます。コード入力時に自動メンバー表示が有効になって戻り値がリストで表示されるので、コードを効率的に記述できます。

---

2 Excelの操作を制御するイベントプロシージャの作成

BeforeCloseイベントを利用して、通常のExcelの操作で商品売上システムを終了できないようにするイベントプロシージャを作成して、動作を確認しましょう。パブリック変数Owariの値が**「True」**ではない場合は、**「終了」**ボタンがクリックされていないので商品売上システムを終了しないようにします。

■「Workbook_BeforeClose」イベントプロシージャ

1. Private Sub Workbook_BeforeClose(Cancel As Boolean)
2. 　　　If Owari = False Then
3. 　　　　　Cancel = True
4. 　　　ElseIf Workbooks.Count = 1 Then
5. 　　　　　Application.Quit
6. 　　　End If
7. End Sub

■プロシージャの意味

1. 「Workbook_BeforeClose(ブール型の引数Cancel)」イベントプロシージャ開始
2. 　　　変数Owariの値が「False」の場合は
3. 　　　　　ブックを閉じる操作をキャンセル
4. 　　　それ以外の場合で、開いているブックの数が「1」の場合は
5. 　　　　　Excelを終了
6. 　　　Ifステートメント終了
7. プロシージャ終了

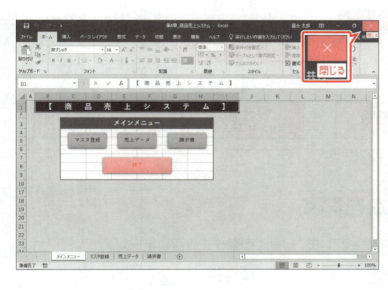

①プロジェクトエクスプローラーの《ThisWorkbook》をダブルクリックします。

②《オブジェクト》ボックスの ▼ をクリックし、一覧から《Workbook》を選択します。

③《プロシージャ》ボックスの ▼ をクリックし、一覧から《BeforeClose》を選択します。

「Workbook_BeforeClose」イベントプロシージャが作成されます。

④「Workbook_BeforeClose」イベントプロシージャの内容を入力します。

※コンパイルし、上書き保存しておきましょう。

プロシージャの動作を確認します。

⑤Excelに切り替えます。

⑥ × (閉じる)をクリックします。

⑦Excelの操作では終了できないことを確認します。

⑧「終了」ボタンをクリックします。

※作成したプロシージャを実行するように、あらかじめ登録されています。

メッセージが表示されます。

⑨《はい》をクリックします。

※商品売上システムが保存されて終了します。
※ほかのブックを開いていない場合は、Excelが終了します。

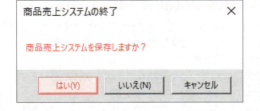

264

POINT 通常のExcelの操作で終了できない仕組み

通常のExcelの操作で商品売上システムを終了しようとすると、「Workbook_BeforeClose」イベントプロシージャが実行されます。これを利用して、変数Owariの値がFalseの場合、「Workbook_BeforeClose」イベントプロシージャの引数CancelにTrueを代入し、ブックを閉じる操作はキャンセルされるようにします。なお、ブール型の変数の既定値はFalseなので、別のプロシージャで変数OwariにTrueを代入しない限り商品売上システムを終了できません。

また、ブックを閉じる際に、開いているブックの数がひとつの場合（ほかのブックを開いておらず、商品売上システムだけを開いていた場合）は、「Application.Quit」でExcelを終了させています。

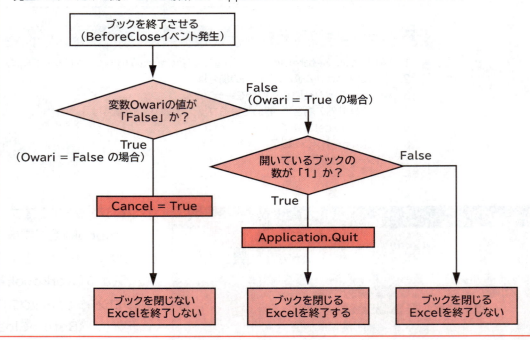

5 商品売上システムを開く

ブック「第8章_商品売上システム」を開いて、起動時の動作を確認しましょう。

① ブック「第8章_商品売上システム」を開きます。

Excelの画面が自動的に設定され、商品売上システムが開きます。

※「終了」ボタンをクリックして保存せずに終了しておきましょう。

POINT 「Workbook_Open」イベントプロシージャを無効にしてブックを開く

商品売上システムを開くと「Workbook_Open」イベントプロシージャが自動的に実行されるので、プロシージャの変更ができなくなります。あとでプロシージャの変更が必要になったときは、「Workbook_Open」イベントプロシージャを無効にしてブックを開きます。

「Workbook_Open」イベントプロシージャを無効にしてブックを開く方法は、次のとおりです。

◆Excelを起動→《他のブックを開く》→ Shift を押しながらブックを開く

※《Microsoft Excelのセキュリティに関する通知》ダイアログボックスが表示される場合は、《マクロを有効にする》をクリックします。

総合問題

Exercise

総合問題1	………………………………………………………………	267
総合問題2	………………………………………………………………	269
総合問題3	………………………………………………………………	271
総合問題4	………………………………………………………………	274

総合問題1

 解答 ▶ P.5

第8章で作成した商品売上システムに機能を追加しましょう。

※ブック「総合問題1」～ブック「総合問題4」は第8章で作成した商品売上システムです。ただし、実習中の操作をわかりやすくするため、「Workbook_Open」イベントプロシージャのコードと、「請求書印刷」プロシージャ内の「リボン再表示」「リボン非表示」のコードを実行しないように、コメントにしてあります。

 ブック「総合問題1」を開いて、ワークシート「マスタ登録」を選択しておきましょう。

※解答は、FOM出版のホームページで提供しています。P.3「4 学習ファイルと解答の提供について」を参照してください。
※メッセージバーの《コンテンツの有効化》をクリックしておきましょう。

次のように、分類マスタを変更する処理を作成しましょう。

●マスタ登録

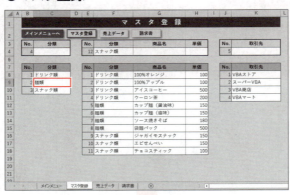

変更する分類をダブルクリック

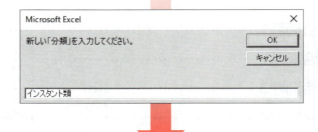

新しい分類を入力

●マスタ登録　　●売上データ

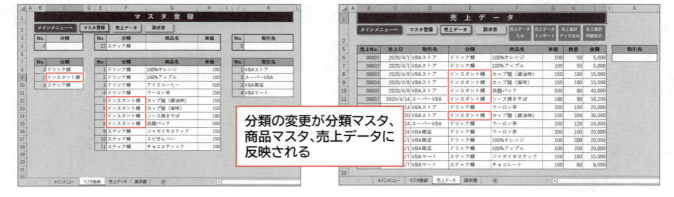

分類の変更が分類マスタ、商品マスタ、売上データに反映される

①BeforeDoubleClickイベントを利用して、ワークシート**「マスタ登録」**の分類マスタの**「分類」**を変更し、次のようなプロシージャを作成しましょう。また、商品マスタと売上データの**「分類」**にも、分類の変更を反映させるようにします。

●共有セルを確認し、InputBoxを表示
・ダブルクリックしたセルとセル範囲【分類リスト】の共有セルがある場合は、「新しい「分類」を入力してください。」と表示するInputBoxを表示し、入力された新しい分類を変数Newbunruiに代入する。共有セルがない場合は処理を中止する。
・ダブルクリック後、セルが編集モードにならないようにする。

●商品マスタの分類を変更
・変更前の分類(ダブルクリックしたセルの値)を変数Oldbunruiに代入、ダブルクリックしたセルに変数Newbunrui(新しい分類)を入力する。

●商品マスタ・売上データの分類を変更
・変数Oldbunruiと変数Newbunruiを使って、分類を変更する。
・売上データ変更前にワークシート「売上データ」の保護を解除し、変更後に保護をする。(パスワードの定数Mypass)

Hint! 1.商品マスタの「分類」(ワークシート「マスタ登録」のF列)、売上データの「分類」(ワークシート「売上データ」のE列)の変更はReplaceメソッドを利用します。
2.ワークシート「マスタ登録」に対して「サブ_前処理」プロシージャを実行し、画面の更新の無効、イベントの停止、ワークシートの保護を解除します。
3.ワークシート「マスタ登録」に対して「サブ_後処理」プロシージャを実行し、画面の更新の有効、イベントの開始、ワークシートを保護します。

②分類マスタの**「麺類」**を**「インスタント類」**に変更しましょう。

※ワークシート「メインメニュー」の「終了」ボタンをクリックし、ブックを保存して閉じておきましょう。

総合問題2

解答 ▶ P.6

 ブック「総合問題2」を開いて、ワークシート「売上データ」を選択しておきましょう。
※メッセージバーの《コンテンツの有効化》をクリックしておきましょう。

次のように、売上データをインポートする処理を作成しましょう。

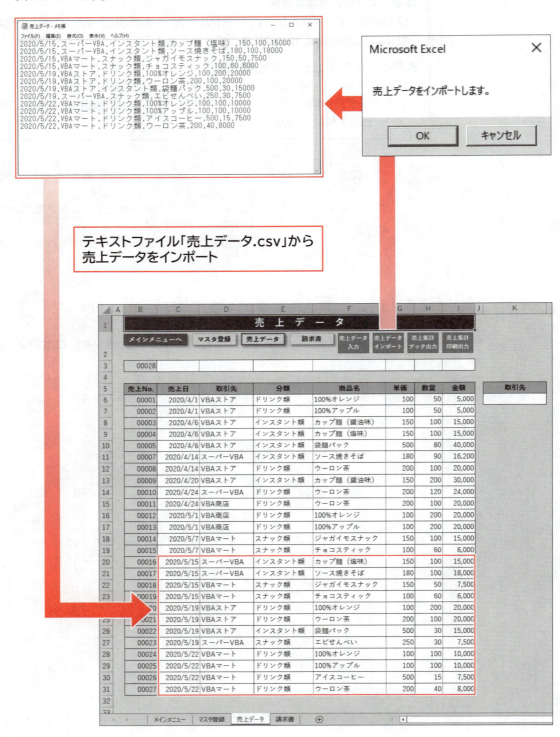

①Microsoft Scripting Runtimeへの参照を設定しましょう。

②標準モジュール「Module1」に、FSOを利用して、テキストファイル「売上データ.csv」から売上データをインポートする次のような「売上データインポート」プロシージャを作成しましょう。テキストファイル「売上データ.csv」は実行中のプロシージャが記述されたブックが保存されているフォルダー内にあります。

> ●インポート実行前
> ・「売上データをインポートします。」のメッセージを表示して《OK》がクリックされた場合は処理を開始し、《キャンセル》がクリックされた場合は処理を中止する。
> ・ワークシート「売上データ」の保護を解除する。(パスワードの定数Mypass)
>
> ●インポート処理
> ・テキストファイル「売上データ.csv」を開き、1行目から最後の行まで1行ずつ読み込む。
> ・読み込んだ1行分の文字列はSplit関数を使って「,」で分割し、配列変数Uriageに代入する。
> ・現在入力されている売上データの最終行の1行下のセルから「売上No.」と配列変数Uriageの値を入力する。
> ・インポートしたデータの1行目の「売上No.」は、セル【売上No.セル】の値を入力、1行分入力するたびにセル【売上No.セル】の値に1を加算する。
> ・すべてのデータを読み込んだら、セル範囲【書式設定セル】をコピーして、売上データが入力されているセルに書式だけを貼り付ける。
>
> ●インポート実行後
> ・ワークシートのタイトル(セル【B1】)を選択する。
> ・ワークシート「売上データ」の保護を設定する。(パスワードの定数Mypass)
> ・「売上データをインポートしました。」のメッセージを表示する。

 1.Newキーワードを使って、FSOオブジェクトのインスタンスを生成します。
2.テキストファイルは、OpenTextFileメソッドを利用し読み込みモードで開きます。

③「売上データインポート」ボタンをクリックして、テキストファイル「売上データ.csv」から売上データをインポートしましょう。
※「売上データインポート」ボタンには、作成したプロシージャを実行するようにあらかじめ登録されています。

④ワークシート「売上データ」の3～4行目を非表示にしましょう。パスワード「VBA」でワークシートの保護を解除し、非表示にしたらパスワード「VBA」を設定してワークシートを保護します。

※ワークシート「メインメニュー」の「終了」ボタンをクリックし、ブックを保存して閉じておきましょう。

総合問題3

解答 ▶ P.9

 ブック「総合問題3」を開いて、ワークシート「売上データ」を選択しておきましょう。
※メッセージバーの《コンテンツの有効化》をクリックしておきましょう。

次のように、「**取引先**」ごとに売上データをブックに出力する処理を作成しましょう。

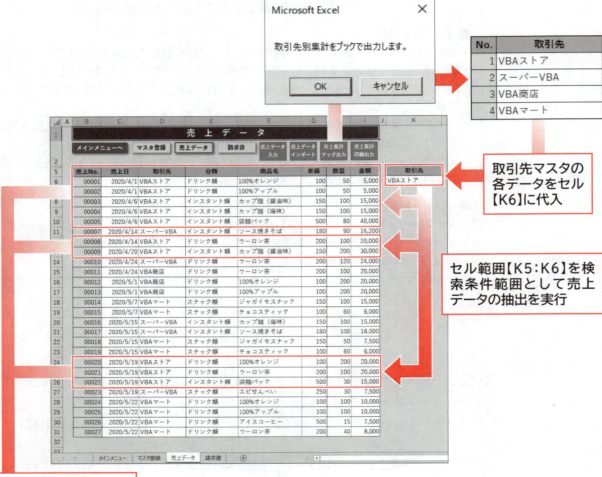

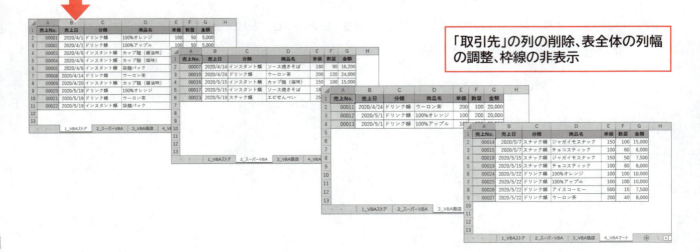

①標準モジュール「**Module1**」に、売上データを取引先ごとに抽出して、新しいブックの各シートに取り出す次のような「**売上集計ブック出力**」プロシージャを作成しましょう。

●実行前
- 「取引先別集計をブックで出力します。」のメッセージを表示して《OK》がクリックされた場合は処理を開始し、《キャンセル》がクリックされた場合は処理を中止する。
- 処理中は画面の更新を無効にする。
- ワークシート「売上データ」の保護を解除する。(パスワードの定数Mypass)

●抽出の実行
- オブジェクト変数Mysheetにワークシート「売上データ」への参照を代入し、オブジェクト変数Mybookに新しいブックへの参照を代入して操作する。
- 取引先マスタの各データをワークシート「売上データ」のセル【K6】に代入する。
- 取引先ごとのデータを新しいブックの各ワークシートに抽出し、各ワークシートの名前は、「No._取引先名」とする。
  データの抽出はAdvancedFilterメソッドを使って実行し、引数は次のように指定する。

引数	設定値
Action	定数xlFilterCopy
CriteriaRange	オブジェクト変数Mysheetのセル範囲【K5:K6】
CopyToRange	オブジェクト変数Mybookのセル【A1】

●抽出結果のワークシートを整える
- 「取引先」の列を削除し、A～G列の幅を自動調整して、枠線を非表示にする。

●抽出データの保存
- 売上データを出力したブックは、現在のブックが保存されているフォルダー内に「取引先別売上.xlsx」という名前で保存する。その際、1枚目のワークシートを選択してから保存する。
- すでに「取引先別売上.xlsx」が開いていると、操作中のブックを「取引先別売上.xlsx」という名前で保存したときにエラーが発生するので、閉じる操作にエラートラップを設定しておく。エラートラップは、事前に「取引先別売上.xlsx」が開いていると仮定して記述する。
- ブックを保存する際、DisplayAlertsプロパティを使って警告のメッセージを表示させないようにし、保存後、警告のメッセージの設定を戻す。

●実行後
- ワークシート「売上データ」の保護を設定する。(パスワードの定数Mypass)
- 画面の更新を有効にする。
- 「ブック形式での出力が終了しました。」のメッセージを表示する。

Hint! 1.分類マスタのセル範囲【取引先リスト】に登録されている数だけ、処理を繰り返すようにします。
2.On Error GoToステートメントとResumeステートメントを利用し、売上データを取り出すワークシートが存在せずエラーが発生した場合は、ワークシートの最後に新しいワークシートを追加して、元の処理に戻るようにします。

272

②「**売上集計ブック出力**」ボタンをクリックして、売上データの取引先別集計をブック形式で
出力しましょう。

※「売上集計ブック出力」ボタンには、作成したプロシージャを実行するようにあらかじめ登録されています。

③ワークシート「**売上データ**」のK列を非表示にしましょう。パスワード「**VBA**」でワークシー
トの保護を解除し、非表示にしたらパスワード「**VBA**」を設定してワークシートを保護し
ます。

※ワークシート「メインメニュー」の「終了」ボタンをクリックし、ブックを保存して閉じておきましょう。

総合問題4

 解答 ▶ P.13

 ブック「総合問題4」を開いて、ワークシート「売上データ」を選択しておきましょう。
※メッセージバーの《コンテンツの有効化》をクリックしておきましょう。

次のように、分類ごとに売上データを印刷する処理を作成しましょう。

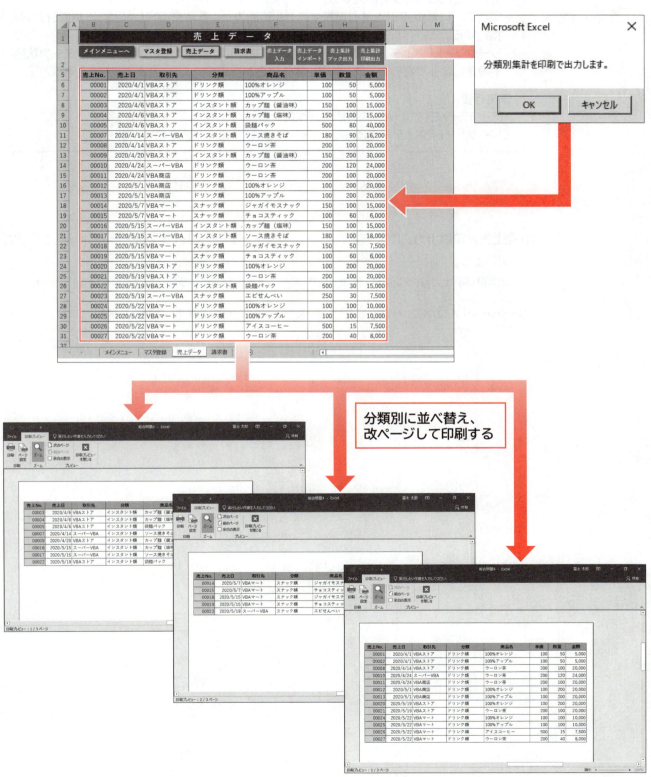

分類別に並べ替え、改ページして印刷する

274

①標準モジュール「**Module1**」に、売上データを分類ごとに印刷する次のような「**売上集計印刷出力**」プロシージャを作成しましょう。

●**実行前**
・「分類別集計を印刷で出力します。」のメッセージを表示して《OK》がクリックされた場合は処理を開始し、《キャンセル》がクリックされた場合は処理を中止する。
・ワークシート「売上データ」の保護を解除する。(パスワードの定数Mypass)

●**分類ごとに印刷**
・売上データを「分類」の昇順で並べ替える。
・分類ごとに改ページを挿入する。
・印刷範囲にセル【B5】を含む連続するセル範囲のセル番地を指定し、行タイトルに5行目を指定する。
・ワークシート「売上データ」を印刷プレビューで確認し印刷する。その際、プリンターの状態や設定によって実行時エラーが発生する場合があるのでエラートラップを設定する。

●**実行後**
・売上データを「売上No.」の昇順で並べ替える。
・ワークシート「売上データ」の保護を設定する。(パスワードの定数Mypass)

Hint! ワークシートのすべての改ページを解除してから、分類ごとに改ページを挿入します。

②「**売上集計印刷出力**」ボタンをクリックして、売上データの分類別集計を印刷形式で出力しましょう。

※「売上集計印刷出力」ボタンには、作成したプロシージャを実行するようにあらかじめ登録されています。

※ワークシート「メインメニュー」の「終了」ボタンをクリックし、ブックを保存して閉じておきましょう。

付 録

Appendix

Step1	ステートメント一覧	277
Step2	プロパティ一覧	279
Step3	メソッド一覧	282
Step4	関数一覧	285
Step5	イベント一覧	287

Step 1 ステートメント一覧

付録

本書で学習したステートメントは、次のとおりです。
※［　］は省略可能な指定項目または引数を表します。

ステートメント	内容
Constステートメント	定数を宣言し、データ型と値を指定します。 構文 Const 定数名 As データ型 ＝ 値
Dimステートメント	変数を宣言し、データ型を指定します。 構文 Dim 変数名 As データ型
Do Until～Loopステートメント	条件が成立するまで、処理を繰り返します。最初に条件を判断します。 構文 Do Until 条件 　　　　処理 　　Loop
Do While～Loopステートメント	条件が成立している間、処理を繰り返します。最初に条件を判断します。 構文 Do While 条件 　　　　処理 　　Loop
Do～Loop Untilステートメント	条件が成立するまで、処理を繰り返します。最後に条件を判断するため、処理は最低1回実行されます。 構文 Do 　　　　処理 　　Loop Until 条件
Do～Loop Whileステートメント	条件が成立している間、処理を繰り返します。最後に条件を判断するため、処理は最低1回実行されます。 構文 Do 　　　　処理 　　Loop While 条件
Endステートメント	プロシージャを終了させ、同時にすべてのモジュールレベル変数とプロシージャレベル変数を初期化します。 構文 End
Exitステートメント	For～Nextステートメントを抜け出します。 構文 Exit For Do～Loopステートメントを抜け出します。 構文 Exit Do Subプロシージャを抜け出します。 構文 Exit Sub
For Each～Nextステートメント	コレクション内のすべてのオブジェクトに対して処理を繰り返します。 構文 For Each オブジェクト変数 In コレクション 　　　　オブジェクトに対する処理 　　Next［オブジェクト変数］
For～Nextステートメント	カウンタ変数に初期値から最終値までが代入される間、処理を繰り返し実行します。増減値によってカウンタ変数の値が変化し、最終値を超えると処理が終了します。 構文 For カウンタ変数 ＝ 初期値 To 最終値［Step 増減値］ 　　　　処理 　　Next［カウンタ変数］

ステートメント	内容

If〜Then〜ElseIfステートメント	条件が複数ある場合に、それぞれの条件に応じて別の処理を実行します。
	
	構文 If 条件1 Then
	　　条件1が成立した場合の処理
	ElseIf 条件2 Then
	　　条件2が成立した場合の処理
	　　　　⋮
	Else
	　　いずれの条件も成立しなかった場合の処理
	End If

If〜Then〜Elseステートメント	条件が成立した場合と成立しなかった場合で別の処理を実行します。
	
	構文 If 条件 Then
	　　条件が成立した場合の処理
	Else
	　　条件が成立しなかった場合の処理
	End If

If〜Thenステートメント	条件が成立した場合に処理を実行します。 構文 If 条件 Then 　　条件が成立した場合の処理 End If
On Error GoTo 0ステートメント	現在実行中のエラートラップを無効にします。
On Error GoToステートメント	実行時エラーが発生した場合、指定した「行ラベル」のエラー処理ルーチンに制御を移します。 構文 On Error GoTo 行ラベル
On Error Resume Nextステートメント	実行時エラーが発生しても処理を中断せずに、次のステートメントから処理を継続します。
Option Explicitステートメント	変数の宣言を強制します。
Publicステートメント	パブリック変数を宣言します。 構文 Public 変数名 As データ型
Resume Nextステートメント	実行時エラーの原因となったステートメントの次のステートメントへ制御を戻します。
Resumeステートメント	実行時エラーの原因となったステートメントへ制御を戻します。
Select Caseステートメント	ひとつの条件をチェックして、その値に応じた処理を実行します。 構文 Select Case 条件 　　Case 条件A 　　　　条件の値が条件Aを満たしている場合の処理 　　Case 条件B 　　　　条件の値が条件Bを満たしている場合の処理 　　　　　　⋮ 　　Case Else 　　　　どの条件にも一致しなかった場合の処理 End Select
Setステートメント	オブジェクト変数にオブジェクトへの参照を代入します。 構文 Set オブジェクト変数 ＝ オブジェクト
Unloadステートメント	ユーザーフォームを終了します。 構文 Unload ユーザーフォーム名
Withステートメント	指定したオブジェクトに対して、複数の異なるプロパティを設定します。 構文 With オブジェクト名 　　.プロパティ＝設定値 　　.プロパティ＝設定値 　　　　⋮ End With

Step2 プロパティ一覧

付録

本書で学習したプロパティは、次のとおりです。
※[ ]は省略可能な指定項目または引数を表します。

プロパティ	内容
ActiveSheetプロパティ	現在選択されているシートを返します。 **構文** [Applicationオブジェクト.]ActiveSheet
ActiveWindowプロパティ	アクティブウィンドウ(Windowオブジェクト)を返します。 **構文** ActiveWindow
Addressプロパティ	セル番地を取得します。 **構文** Rangeオブジェクト.Address(RowAbsolute,ColumnAbsolute)
AtEndOfStreamプロパティ	読み込み位置がテキストファイルの末尾かどうかを調べます。 **構文** TextStreamオブジェクト.AtEndOfStream
Captionプロパティ	タイトルバーに表示する文字列を設定・取得します。 **構文** Applicationオブジェクト.Caption
Cellsプロパティ	ワークシート上のセルを返します。 **構文** Cells(行番号,列番号) すべてのセルを返します。 **構文** Cells
ColorIndexプロパティ	オブジェクトの色をExcel既定のカラーパレットのインデックス番号で設定・取得します。 **構文** オブジェクト.ColorIndex＝インデックス番号
Colorプロパティ	オブジェクトの色をRGB値または組み込み定数で設定・取得します。 **構文** オブジェクト.Color＝RGB値 または 組み込み定数
Columnsプロパティ	列を表すRangeオブジェクトを取得します。 **構文** Columns(列番号)
Columnプロパティ	指定したセルの列番号を数値で返します。 **構文** Rangeオブジェクト.Column
Countプロパティ	オブジェクトの数を取得します。 **構文** オブジェクト.Count
CurrentRegionプロパティ	アクティブセルから、上下左右に連続するセルすべてを返します。 **構文** Rangeオブジェクト.CurrentRegion
CutCopyModeプロパティ	コピーモードの状態を設定・取得します。 **構文** Applicationオブジェクト.CutCopyMode
DisplayAlertsプロパティ	警告メッセージの表示・非表示の状態を設定・取得します。 **構文** Applicationオブジェクト.DisplayAlerts

プロパティ	内容
DisplayFormulaBarプロパティ	数式バーの表示・非表示の状態を設定・取得します。 **構文** Applicationオブジェクト.DisplayFormulaBar
DisplayGridlinesプロパティ	ワークシートの枠線の表示・非表示の状態を設定・取得します。 **構文** Windowオブジェクト.DisplayGridlines
DisplayHeadingsプロパティ	ワークシートの行列番号の表示・非表示の状態を設定・取得します。 **構文** Windowオブジェクト.DisplayHeadings
DisplayStatusBarプロパティ	ステータスバーの表示・非表示の状態を設定・取得します。 **構文** Applicationオブジェクト.DisplayStatusBar
DisplayWorkbookTabsプロパティ	シート見出しの表示・非表示の状態を設定・取得します。 **構文** Windowオブジェクト.DisplayWorkbookTabs
Drivesプロパティ	ドライブ（Driveオブジェクト）の集合体（Drivesコレクション）を返します。 **構文** FSOオブジェクト.Drives
EnableEventsプロパティ	シートやブックのイベントの状態を設定・取得します。 **構文** Applicationオブジェクト.EnableEvents
Endプロパティ	終端のセルを返します。 **構文** Rangeオブジェクト.End(方向)
Fontプロパティ	Fontオブジェクトを取得します。 **構文** Rangeオブジェクト.Font
Hiddenプロパティ	行や列の表示・非表示の状態を設定・取得します。 **構文** 行や列を表すRangeオブジェクト.Hidden
HPageBreaksプロパティ	ワークシートのすべての水平改ページ（HPageBreaksコレクション）を取得します。 **構文** Worksheetオブジェクト.HPageBreaks
Interiorプロパティ	オブジェクトの塗りつぶし属性を設定します。 **構文** オブジェクト.Interior
ListIndexプロパティ	リストボックスやコンボボックスで選択されている項目のインデックス番号を設定・取得します。 **構文** オブジェクト名.ListIndex
Listプロパティ	引数Rowで指定した行と引数Columnで指定した列の交点にある値を取得します。 **構文** オブジェクト名.List(Row,Column)
Nameプロパティ	オブジェクトの名前を設定・取得します。 **構文** オブジェクト.Name
NumberFormatプロパティ	セルの表示形式を設定・取得します。 **構文** Rangeオブジェクト.NumberFormat
Offsetプロパティ	基準となるセルからの相対的なセルの位置を返します。 **構文** Rangeオブジェクト.Offset(行番号,列番号)

280

プロパティ	内容
Pathプロパティ	ブックが保存されているフォルダーの絶対パスを取得します。 **構文** **Workbookオブジェクト.Path**
PrintAreaプロパティ	ページ設定の印刷範囲を設定・取得します。 **構文** **Worksheetオブジェクト.PageSetupオブジェクト.PrintArea**
PrintTitleRowsプロパティ	ページ設定の行タイトルを設定・取得します。 **構文** **Worksheetオブジェクト.PageSetupオブジェクト.PrintTitleRows**
Rangeプロパティ	セルまたはセル範囲を返します。 **構文** **Range("セル番地")**
Resizeプロパティ	取得したセル範囲のサイズを変更します。 **構文** **Rangeオブジェクト.Resize(RowSize,ColumnSize)**
Rowsプロパティ	行を表すRangeオブジェクトを取得します。 **構文** **Rows(行番号)**
Rowプロパティ	指定したセルの行番号を数値で返します。 **構文** **Rangeオブジェクト.Row**
ScreenUpdatingプロパティ	画面の更新状態を設定・取得します。 **構文** **Applicationオブジェクト.ScreenUpdating**
Shapesプロパティ	指定した図形を返します。 **構文** **Worksheetオブジェクト.Shapes("オブジェクト名")**
Textプロパティ	テキストボックス、リストボックス、コンボボックスの値を設定・取得します。 **構文** **オブジェクト名.Text**
ThisWorkbookプロパティ	実行中のプロシージャが記述されているブックを取得します。 **構文** **ThisWorkbook**
Valueプロパティ	セルに入力されている値を返します。また、セルに入力したい値を設定することもできます。 **構文** **Rangeオブジェクト.Value** オプションボタンやチェックボックスのオン・オフを設定・取得します。 **構文** **オブジェクト名.Value**
Visibleプロパティ	オブジェクトの表示・非表示の状態を設定・取得します。 **構文** **オブジェクト.Visible**
VPageBreaksプロパティ	ワークシートのすべての垂直改ページ(VPageBreaksコレクション)を取得します。 **構文** **Worksheetオブジェクト.VPageBreaks**
WorksheetFunctionプロパティ	ワークシート関数の親オブジェクトであるWorksheetFunctionオブジェクトを返します。 **構文** **WorksheetFunction**
Worksheetsプロパティ	ブック内のすべてのワークシートや特定のワークシートを返します。 **構文** **Worksheets("ワークシート名")**

Step3 メソッド一覧

本書で学習したメソッドは、次のとおりです。
※[ ]は省略可能な指定項目または引数を表します。

メソッド	内容
Addメソッド	オブジェクトを追加します。 構文 オブジェクト.Add
AdvancedFilterメソッド	指定したセル範囲からデータを抽出します。 構文 Rangeオブジェクト.AdvancedFilter(Action[,CriteriaRange] [,CopyToRange][,Unique])
AutoFitメソッド	行高や列幅を内容に合わせて自動調整します。 構文 行や列を表すRangeオブジェクト.AutoFit
ClearContentsメソッド	セルの値をクリアします。 構文 Rangeオブジェクト.ClearContents
ClearFormatsメソッド	セルの書式をクリアします。 構文 Rangeオブジェクト.ClearFormats
Clearメソッド	セルの値や書式などをすべてクリアします。 構文 Rangeオブジェクト.Clear
Closeメソッド	ブックを閉じます。 構文 Workbookオブジェクト.Close([SaveChanges]) すべてのブックを閉じます。 構文 Workbooksコレクション.Close テキストファイルを閉じます。 構文 TextStreamオブジェクト.Close
CopyFileメソッド	ファイルをコピーします。 構文 FSOオブジェクト.CopyFile(Source,Destination)
Copyメソッド	セルをコピーします。 構文 Rangeオブジェクト.Copy ワークシートをコピーします。 構文 Worksheetオブジェクト.Copy([Before][,After])
CreateFolderメソッド	フォルダーを新たに作成します。 構文 FSOオブジェクト.CreateFolder(Foldername)
DeleteFileメソッド	ファイルを削除します。 構文 FSOオブジェクト.DeleteFile(FileSpec)
DeleteFolderメソッド	フォルダーとそのフォルダー内のすべてのファイルを削除します。 構文 FSOオブジェクト.DeleteFolder(FolderSpec)

282

メソッド	内容
Deleteメソッド	オブジェクトを削除します。 **構文** オブジェクト.Delete セルを削除して、引数Shiftで指定した方向にシフトします。 **構文** Rangeオブジェクト.Delete([Shift])
ExecuteExcel4Macroメソッド	Excel4.0マクロ関数を実行することで、関数の結果を返し、値の設定・取得ができます。 **構文** Applicationオブジェクト.ExecuteExcel4Macro(String)
FileExistsメソッド	ファイルが存在するかどうかを調べます。 **構文** FSOオブジェクト.FileExists(FileSpec)
FindNextメソッド	前回と同じ条件で次のデータを検索します。 **構文** Rangeオブジェクト.FindNext(After)
Findメソッド	セル範囲からデータを検索します。 **構文** Rangeオブジェクト.Find(What[,LookIn][,LookAt][,MatchByte])
FolderExistsメソッド	フォルダーが存在するかどうかを調べます。 **構文** FSOオブジェクト.FolderExists(FolderSpec)
GetOpenFilenameメソッド	《ファイルを開く》ダイアログボックスを表示して、選択したファイルの絶対パスを取得します。 **構文** Applicationオブジェクト.GetOpenFilename([FileFilter])
Intersectメソッド	共有セルを返します。 **構文** Applicationオブジェクト.Intersect(Arg1,Arg2,…)
Moveメソッド	ワークシートを移動します。 **構文** Worksheetオブジェクト.Move([Before][,After])
OpenTextFileメソッド	テキストファイルをTextStreamオブジェクトとして開きます。 **構文** FSOオブジェクト.OpenTextFile(FileName[,IOMode][,Create])
Openメソッド	ブックを開きます。 **構文** Workbooksコレクション.Open(Filename)
PasteSpecialメソッド	指定したセルにコピーしたセルを貼り付けます。 **構文** Rangeオブジェクト.PasteSpecial([Paste])
PrintOutメソッド	選択されたブック、シート、グラフなどのオブジェクトを印刷します。 **構文** オブジェクト.PrintOut([From][,To][,Copies][,Preview] [,ActivePrinter][,PrintToFile][,Collate][,PrToFileName] [,IgnorePrintAreas])
Printメソッド	イミディエイトウィンドウに値を表示します。 **構文** Debug.Print 値
Protectメソッド	ワークシートを保護します。 **構文** Worksheetオブジェクト.Protect([Password])
Quitメソッド	Excelを終了します。 **構文** Applicationオブジェクト.Quit

メソッド	内容
ReadAllメソッド	読み込み位置からテキストファイルの末尾までの文字列を読み込み、その文字列を返します。 構文 TextStreamオブジェクト.ReadAll
ReadLineメソッド	読み込み位置のある行の文字列を読み込み、その文字列を返します。 構文 TextStreamオブジェクト.ReadLine
Replaceメソッド	データを置換します。 構文 Rangeオブジェクト.Replace(What,Replacement[,LookAt] [,MatchByte])
ResetAllPageBreaksメソッド	ワークシート上のすべての水平・垂直改ページを解除します。 構文 Worksheetオブジェクト.ResetAllPageBreaks
SaveAsメソッド	ブックを別名で保存します。 構文 Workbookオブジェクト.SaveAs(Filename)
Saveメソッド	ブックを上書き保存します。 構文 Workbookオブジェクト.Save
Selectメソッド	オブジェクトを選択します。 構文 オブジェクト.Select
SetFocusメソッド	コントロールにフォーカスを移動します。 構文 オブジェクト名.SetFocus
Showメソッド	ユーザーフォームを表示します。 構文 ユーザーフォーム名.Show
SkipLineメソッド	読み込み位置をひとつ下の行の先頭に移動します。 構文 TextStreamオブジェクト.SkipLine
Sortメソッド	セル範囲を並べ替えます。 構文 Rangeオブジェクト.Sort([Key1][,Order1][,Key2][,Order2][,Key3] [,Order3][,Header])
Unprotectメソッド	ワークシートの保護を解除します。 構文 Worksheetオブジェクト.Unprotect([Password])
WriteBlankLinesメソッド	指定した数だけ改行を書き込みます。 構文 TextStreamオブジェクト.WriteBlankLines(Lines)
WriteLineメソッド	文字列と最後に改行を書き込みます。 構文 TextStreamオブジェクト.WriteLine(String)
Writeメソッド	文字列を書き込みます。 構文 TextStreamオブジェクト.Write(String)

Step4 関数一覧

付録

本書で学習した関数は、次のとおりです。

※[ ]は省略可能な指定項目または引数を表します。

関数	内容
Chr関数	指定した文字コードに対応する文字を返します。 **構文** Chr(Charcode)
DateAdd関数	指定した日付に指定した時間間隔を加算した日付を返します。 **構文** DateAdd(Interval,Number,Date)
DateDiff関数	指定した日付や時刻の差を、指定した単位で返します。 **構文** DateDiff(Interval,Date1,Date2)
DateSerial関数	指定した年、月、日から日付を返します。 **構文** DateSerial(Year,Month,Day)
Date関数	現在の日付を返します。 **構文** Date
Day関数	指定した日付の日を表す値を返します。 **構文** Day(Date)
Format関数	表示形式を設定した文字列を返します。 **構文** Format(Expression,Format)
IIf関数	条件式が真(True)の場合は引数Truepartの値を、偽(False)の場合は引数Falsepartの値を返します。 **構文** IIf(Expr,Truepart,Falsepart)
InputBox関数	ダイアログボックスにメッセージとテキストボックスを表示します。 **構文** InputBox(Prompt[,Title][,Default])
InStr関数	特定の文字列を検索して、その位置を返します。 **構文** InStr([Start],String1,String2)
IsDate関数	指定した値が日付かどうかを判断します。 **構文** IsDate(Expression)
IsNumeric関数	指定した値が数値かどうかを判断します。 **構文** IsNumeric(Expression)
Join関数	配列の各要素を、区切り文字で結合し、ひとつの文字列を作成します。 **構文** Join(Sourcearray[,Delimiter])
Left関数	指定した文字数分の文字列を左端から取り出します。 **構文** Left(String,Length)
LTrim関数	文字列から先頭のスペースを削除した文字列を返します。 **構文** LTrim(String)

関数	内容
Mid関数	指定した文字数分の文字列を指定した位置から取り出します。 構文 Mid(String,Start[,Length])
Month関数	指定した日付の月を表す値を返します。 構文 Month(Date)
MsgBox関数	メッセージボックスにメッセージを表示します。 構文 MsgBox(Prompt[,Buttons][,Title])
Now関数	現在の日付と時刻を返します。 構文 Now
Replace関数	特定の文字列を別の文字列に置換します。 構文 Replace(Expression,Find,Replace)
Right関数	指定した文字数分の文字列を右端から取り出します。 構文 Right(String,Length)
RTrim関数	文字列から末尾のスペースを削除した文字列を返します。 構文 RTrim(String)
Split関数	文字列を区切り文字で区切って分割し、配列を作成します。 構文 Split(Expression[,Delimiter])
StrConv関数	文字列を指定した種類に変換します。 構文 StrConv(String,Conversion)
Time関数	現在の時刻を返します。 構文 Time
Trim関数	文字列から先頭と末尾のスペースを削除した文字列を返します。 構文 Trim(String)
Val関数	文字列を数値に変換します。 構文 Val(String)
Year関数	指定した日付の年を表す値を返します。 構文 Year(Date)

Step5 イベント一覧

本書で学習したイベントは、次のとおりです。

●主なシートのイベント

イベント	発生条件
Activateイベント	シートがアクティブになったときに発生します。
BeforeDeleteイベント	シートを削除したときに発生します。
BeforeDoubleClickイベント	セルをダブルクリックしたときに発生します。
BeforeRightClickイベント	セルを右クリックしたときに発生します。
Changeイベント	セルの値を変更したときに発生します。
SelectionChangeイベント	セルの選択範囲を変更したときに発生します。

●主なブックのイベント

イベント	発生条件
AfterSaveイベント	ブックを保存した後に発生します。
BeforeCloseイベント	ブックを閉じる前に発生します。
BeforeSaveイベント	ブックを保存する前に発生します。
NewSheetイベント	新しいシートを作成したときに発生します。
Openイベント	ブックを開いたときに発生します。

●主なユーザーフォームのイベント

イベント	発生条件
Changeイベント	コントロールの値を変更したときに発生します。
Clickイベント	コントロールをクリックしたときに発生します。
Initializeイベント	ユーザーフォームを表示したときに発生します。
QueryCloseイベント	ユーザーフォームを閉じるときに発生します。
SpinDownイベント	スピンボタンの左向き（下向き）矢印をクリックしたときに発生します。
SpinUpイベント	スピンボタンの右向き（上向き）矢印をクリックしたときに発生します。

索 引

Index

索引

索引

A

Activateイベント……………………… 92,93,287
Activateメソッド……………………………… 11
ActiveCellプロパティ………………………… 10
ActiveSheetプロパティ…………………… 10,279
ActiveWindowプロパティ………………… 254,279
ActiveWorkbookプロパティ………………… 10
Addressプロパティ……………………… 47,97,279
Addメソッド……………………11,50,51,59,66,282
AdvancedFilterメソッド…………………… 45,282
AfterSaveイベント……………………… 102,287
AtEndOfLineプロパティ…………………… 152
AtEndOfStreamプロパティ…………… 152,159,279
AutoFitメソッド…………………………… 42,282

B

BackColorプロパティ……………………… 216
BeforeCloseイベント……………… 102,104,287
BeforeDeleteイベント…………………… 93,287
BeforeDoubleClickイベント…………… 93,98,287
BeforeRightClickイベント…………… 93,100,287
BeforeSaveイベント……………………… 102,287
ByRef…………………………………………… 96
ByVal……………………………………… 93,96

C

Callステートメント…………………………… 28
Cancelプロパティ……………………………… 219
Captionプロパティ………………… 116,257,279
Cellsプロパティ……………………………… 10,279
Changeイベント………………… 93,96,228,287
Chr関数……………………………………… 77,285
ClearContentsメソッド…………………… 36,282
ClearFormatsメソッド……………………… 36,282
Clearメソッド………………………………… 36,282
Clickイベント……………………………… 136,287
Closeメソッド………… 66,67,152,153,282
ColorIndexプロパティ……………………… 35,279
Colorプロパティ…………………………… 9,34,279
ColumnCountプロパティ…………………… 218
ColumnHeadsプロパティ…………………… 218
Columnsプロパティ………………………… 40,279
ColumnWidthsプロパティ………………… 218
Columnプロパティ……………… 152,235,279

Const ステートメント

Constステートメント……………………… 18,277
CopyFileメソッド…………………………… 149,282
Copyメソッド……………………………… 37,52,282
Countプロパティ…………………………… 9,41,279
CreateFolderメソッド……………………… 147,282
CSVファイル…………………………………… 158
CSVファイルの書き込み……………………… 162
CSVファイルの読み込み……………………… 158
CurrentRegionプロパティ………………… 35,279
CutCopyModeプロパティ…………………… 37,279

D

DateAdd関数………………………………… 222,285
DateDiff関数………………………………… 80,285
DateSerial関数……………………………… 80,285
Date関数……………………………………… 76,285
Day関数……………………………………… 78,285
Debugオブジェクト…………………………… 178
Defaultプロパティ…………………………… 219
DeleteFileメソッド………………………… 149,282
DeleteFolderメソッド……………………… 147,282
Deleteメソッド……………………… 11,236,283
Dimステートメント………………………… 12,277
DisplayAlertsプロパティ………………… 108,279
DisplayFormulaBarプロパティ………… 257,280
DisplayGridlinesプロパティ…………… 254,280
DisplayHeadingsプロパティ…………… 254,280
DisplayStatusBarプロパティ………… 257,280
DisplayWorkbookTabsプロパティ…… 254,280
Do Until～Loopステートメント………… 22,277
Do While～Loopステートメント………… 22,277
Do～Loop Untilステートメント………… 22,277
Do～Loop Whileステートメント………… 22,277
Drivesプロパティ…………………………… 145,280
Driveオブジェクト…………………………… 143

E

EnableEventsプロパティ………………… 200,280
Endステートメント………………………… 15,277
Endプロパティ……………………………… 34,280
Excel4.0マクロ関数………………………… 252
Excelの一般機能を使った集計……………… 189
Excelの画面の設定………………………… 257
Excelの画面のリセット……………………… 259
Excelの操作の制御………………………… 263

ExecuteExcel4Macroメソッド ·················· 252,283
Exit Subステートメント··························· 172
Exitステートメント······························ 25,277

F

FileExistsメソッド····························· 149,283
FileSystemObjectオブジェクト ·············· 143
Fileオブジェクト ······························· 143
FindNextメソッド······························ 47,283
Findメソッド ································· 47,283
FolderExistsメソッド····························· 147,283
Folderオブジェクト ···························· 143
Fontプロパティ ······························ 34,280
For Each～Nextステートメント ·············· 23,277
For～Nextステートメント ·················· 22,277
Format関数 ·································· 81,285
FSO ··· 143
Functionプロシージャ···························· 8

G

GetOpenFilenameメソッド ···················· 63,283

H

Heightプロパティ······························· 118
Hiddenプロパティ····························· 43,280
HPageBreaksコレクション· ····················· 59
HPageBreaksプロパティ ··················· 59,280

I

If～Then～ElseIfステートメント ·············· 20,278
If～Then～Elseステートメント ··············· 20,278
If～Thenステートメント ·················· 20,278
IIf関数································ 138,285
IMEModeプロパティ ····················· 124
INDEX関数 (ワークシート関数) ·············· 197
Initializeイベント·························· 134,287
InputBox関数 ····························· 108,285
InStr関数 ··························· 70,285
Interiorプロパティ···························· 280
Intersectメソッド ··················· 94,283
Intersectメソッドの条件分岐 ··············· 234
IsDate関数································ 81,285
IsNumeric関数 ······················· 81,285
Is演算子 ································ 49

J

Join関数··························· 83,285

L

Left関数················· 71,285
Lineプロパティ················· 152
ListIndexプロパティ············· 137,280
ListRowsプロパティ················· 240
Listプロパティ················· 227,280
Lockedプロパティ················· 216
LTrim関数················· 74,285

M

Meキーワード················· 140
Microsoft Scripting Runtime················· 144
Microsoft Scripting Runtimeへの参照設定 ····· 144
Mid関数 ················· 71,286
Month関数················· 78,286
Moveメソッド ················· 52,283
MsgBox関数 ················· 106,286

N

Nameプロパティ ················· 53,116,204,280
NewSheetイベント················· 102,107,287
Newキーワード ················· 145
Nothingキーワード················· 17
Not演算子 ················· 43
Now関数················· 76,286
NumberFormatプロパティ················· 33,280

O

Offsetプロパティ················· 280
Offsetプロパティの引数の省略 ················· 25
On Error GoTo 0ステートメント················· 171,278
On Error GoToステートメント ················· 172,278
On Error Resume Nextステートメント········ 170,278
OpenTextFileメソッド················· 151,283
Openイベント················· 102,287
Openメソッド ················· 61,283
Option Explicitステートメント················· 12,278

P

Pathプロパティ ················· 61,281
PasteSpecialメソッド ················· 37,283
PrintAreaプロパティ················· 56,281
PrintOutメソッド ················· 11,247,283
PrintTitleRowsプロパティ················· 56,281
Printメソッド ················· 178,283
Privateプロシージャ ················· 92
Protectメソッド ················· 54,283
Publicステートメント················· 13,19,278

290

Q

QueryCloseイベント ························ 221,287
Quitメソッド ······························· 11,283

R

Rangeオブジェクト ····························· 9
Rangeオブジェクトの取得方法 ·············· 10
Rangeコレクション ··························· 9
Rangeプロパティ ························· 10,281
ReadAllメソッド ·················· 152,153,284
ReadLineメソッド ················· 152,153,284
Replace関数 ······························ 70,286
Replaceメソッド ·························· 49,284
ResetAllPageBreaksメソッド ············ 60,284
Resizeプロパティ ························· 39,281
Resume Nextステートメント ·········· 176,278
Resumeステートメント ··············· 175,278
Right関数 ································· 71,286
RowSourceプロパティ ···················· 128
Rowsプロパティ ·························· 40,281
Rowプロパティ ························· 235,281
RTrim関数 ································ 74,286

S

SaveAsメソッド ·························· 65,284
Saveメソッド ···························· 65,284
ScreenUpdatingプロパティ ············ 200,281
Select Caseステートメント ············· 21,278
SelectionChangeイベント ·············· 93,287
Selectメソッド ·························· 11,284
SetFocusメソッド ······················ 139,284
Setステートメント ····················· 16,278
Shapesプロパティ ······················ 213,281
Show.Toolbar関数 ······················· 252
Showメソッド ·························· 141,284
SkipLineメソッド ················· 152,159,284
Sortメソッド ···························· 44,284
SpinDownイベント ····················· 224,287
SpinUpイベント ······················· 224,287
Split関数 ································ 83,286
StrConv関数 ····························· 73,286
Styleプロパティ ························· 217
Subプロシージャ ··························· 8

T

TabStopプロパティ ······················ 216
TextStreamオブジェクト ·············· 143,151
Textプロパティ ························· 136,281
ThisWorkbookプロパティ ··········· 10,61,281

Time関数 ································ 76,286
Trim関数 ································ 74,286

U

Unloadステートメント ················· 140,278
Unprotectメソッド ······················ 55,284

V

Valueプロパティ ················· 9,124,136,281
Val関数 ································ 179,286
VBA ······································· 7
VBA関数 ································· 69
VBE ······································· 7
VBEの起動 ·································· 7
VbMsgBoxResult型 ······················ 263
Visibleプロパティ ·················· 9,55,281
VPageBreaksプロパティ ················· 60,281

W

Widthプロパティ ························ 118
Withステートメント ·············· 58,205,278
Workbooksコレクション ···················· 9
Workbooksプロパティ ····················· 10
Workbookオブジェクト ···················· 9
Workbookオブジェクトの取得方法 ·········· 10
WorksheetFunctionプロパティ ·········· 85,281
Worksheetsコレクション ···················· 9
Worksheetsプロパティ ················· 10,281
Worksheetオブジェクト ················· 9,92
Worksheetオブジェクトの取得方法 ·········· 10
WriteBlankLinesメソッド ·········· 152,155,284
WriteLineメソッド ··············· 152,155,284
Writeメソッド ·················· 152,155,284

Y

Year関数 ································ 78,286

あ

値のクリア（セル）······················ 36
値をチェックする関数 ···················· 81
後処理の作成 ··························· 202
アプリケーションの終了 ················· 265

い

移動（ワークシート）··················· 52
イベント ································ 89
イベントの開始 ························ 202

イベントの停止 ················· 200,208	改ページの追加 ·············· 59
イベントの無効 ················· 95	書き込み（CSVファイル）·············· 162
イベントプロシージャ ················· 89	書き込み（テキストファイル）·············· 155
イベントプロシージャの作成 ················· 90	書き込み位置（テキストファイル）·············· 156
イベントプロシージャの作成場所 ················· 89	画面更新の無効 ·············· 200
イベントプロシージャを無効にしてブックを開く········ 265	画面更新の有効 ·············· 202
イミディエイトウィンドウ ················· 178	画面設定 ·············· 260
印刷の実行時エラーの回避 ················· 248	画面設定に関するプロシージャ ·············· 252
印刷範囲の解除 ················· 58	関数 ·············· 69
印刷範囲の設定 ················· 56	関数の種類 ·············· 69
インスタンス ················· 145	関数の戻り値 ·············· 69
インスタンスの生成 ················· 145	
インデックス（配列変数）················· 26	

う

ウィンドウオプションの再表示 ················· 256	
ウィンドウオプションの設定 ················· 254	
ウィンドウオプションの非表示 ················· 254	

き

ウォッチウィンドウ ················· 181	基準となるコントロールの変更 ·············· 132
ウォッチウィンドウの確認 ················· 183	既定のイベント ·············· 92,103,135
ウォッチ式 ················· 181	行数の取得 ·············· 41
ウォッチ式の削除 ················· 183	行の取得 ·············· 40
ウォッチ式の追加 ················· 182	行の表示・非表示 ·············· 43
売上データ入力処理 ················· 215	共有セル ·············· 94
売上データの削除 ················· 235	行ラベル ·············· 172
売上データの並べ替え ················· 233	行列番号の表示・非表示 ·············· 254
売上データの入力 ················· 232	金額の計算 ·············· 227
上書き保存（ブック）················· 65	金額の表示 ·············· 228

え

く

	区切り文字 ·············· 83
	グリッドの間隔 ·············· 132

け

エラー処理ルーチン ················· 172	警告メッセージの表示・非表示 ·············· 108
エラートラップ ················· 168	現在の時刻を求める関数 ·············· 76
	現在の日付を求める関数 ·············· 76

お

	検索 ·············· 47
	検索条件の指定 ·············· 46
	検索の終了 ·············· 48

同じサイズに揃える（コントロール）················· 132	

こ

オブジェクト ················· 9	
オブジェクトの表示・非表示 ················· 213	コードウィンドウ ·············· 7,8
オブジェクト変数 ················· 16	コピー（セル）·············· 37
《オブジェクト》ボックス ················· 90,115	コピー（ワークシート）·············· 52
オブジェクト名の設定 ················· 116	コピーモード ·············· 37
オブジェクトモジュール ················· 8,89	コマンドボタン ·············· 112
オプションボタン ················· 112	コマンドボタンの追加 ·············· 119
オプションボタンの追加 ················· 124	固有オブジェクト型変数 ·············· 16
親オブジェクトの省略 ················· 146	コレクション ·············· 9
親プロシージャ ················· 28	コンテナ ·············· 11
	コントロール ·············· 111

か

《開発》タブの表示 ················· 7	コントロールの値の転記 ·············· 136
改ページの解除 ················· 60	コントロールのサイズの変更 ·············· 131

292

索引

コントロールの削除 ······························· 121
コントロールの整列 ······························· 132
コントロールの追加 ······························· 119
コントロールの名前の付け方 ················· 121
コンパイルエラー ································· 167
コンボボックス ····································· 112
コンボボックスの設定 ························· 217
コンボボックスの追加 ························· 130

さ

サブルーチン ······································· 28
サブルーチンの自動クイックヒントの表示 ····· 31
サブルーチンの呼び出し ························· 28
参照設定の有効範囲 ····························· 144

し

シートのイベント ································· 93
シートのオブジェクトモジュール ············· 89
シートのオブジェクトモジュールの表示 ······· 90
シート見出しの表示・非表示 ················· 254
シートを作成したときの処理 ················· 107
システム作成の手順 ····························· 185
システム全体の流れの検討 ··················· 188
システムの起動に関するプロシージャ ······· 260
システムの終了に関するプロシージャ ······· 261
実行時エラー ······························· 167,169
集計処理の検討 ································· 189
終端セルの設定 ·································· 34
出力処理の検討 ································· 189
取得専用のプロパティ ···························· 9
商品売上システムの概要 ····················· 186
商品売上システムの確認 ····················· 191
商品売上システムの仕上げ ··················· 251
商品売上システムの終了 ····················· 261
商品売上システムの処理の検討 ··············· 188
商品売上システムの設計 ····················· 190
商品マスタの登録 ······························· 209
書式のクリア（セル） ·························· 36
信頼できる場所の追加 ·························· 31

す

垂直改ページの設定 ····························· 60
数式バーの表示・非表示 ····················· 257
ステータスバーの表示・非表示 ··············· 257
ステートメント ····································· 8
ステップモード ································· 183
スペースを削除する関数 ························· 73
すべてのブックを閉じる ························· 67

せ

請求書の印刷 ····································· 247
請求書発行処理 ································· 238
制御構造 ··· 20
制御文字 ··· 77
整列（コントロール） ························· 132
セキュリティの警告 ····························· 31
絶対パスの取得 ·································· 63
セルの値が空文字の場合 ····················· 207
セルの値のクリア ······························· 36
セルの値を変更したときの処理 ··············· 96
セルのコピー ····································· 37
セルの書式 ··· 33
セルの書式のクリア ····························· 36
セルの名前の確認 ······························· 195
セルの貼り付け ·································· 37
セルの表示形式 ·································· 33
セルのロックの解除 ····························· 198
セル範囲のサイズ変更 ·························· 39
セル番地の比較 ·································· 97
セルをダブルクリックしたときの処理 ········· 98
セルを右クリックしたときの処理 ············· 100
宣言セクション ···································· 13
選択範囲を変更したときの処理 ··············· 93

そ

総称オブジェクト型変数 ························· 16

た

タイトルバーに表示する文字列 ··············· 258
タイトルバーのアプリケーション名の表示 ····· 257
タイトルバーのブック名の表示 ··············· 257
代入演算子 ··· 9
高さの設定 ··· 118
タブオーダー ····································· 133
タブオーダーの設定 ····························· 133

ち

チェックボックス ································· 112
チェックボックスの追加 ························· 126
置換 ··· 49
抽出 ··· 45
抽出する項目の選択 ····························· 46

つ

通貨型 ··· 19
《ツールボックス》 ······························· 119
《ツールボックス》の再表示 ··················· 119

て

定数	18
定数の値の変更	19
データチェックのセル	198
データ登録後の処理	207
データの検索	47
データの置換	49
データの抽出	45
データの並べ替え	44,233
テキストファイルの書き込み	155
テキストファイルの取得	151
テキストファイルの読み込み	153
テキストボックス	112
テキストボックスの追加	123
《デバッグ》ツールバー	180

と

取引先マスタの登録	209

な

名前付き引数	38
名前を付けて保存（ブック）	65
並べ替え	44,233
並べ替えの範囲	44

に

入力可能なダイアログボックスの表示	108
入力規則の確認	195
入力処理の検討	189

ね

年月日から日付を取り出す	80

は

配列	26
配列とバリアント型の変数	84
配列に関する関数	83
配列変数	26
パスワードの設定	199
幅の設定	118
パブリック変数	13
貼り付け（セル）	37

ひ

比較演算子	21
引数	11,29
引数付きサブルーチン	29
引数を（）で囲む	69
日付から年月日を取り出す関数	78
日付の増減	222
日付や時刻の期間を求める	80
必要な機能の検討	186
必要なデータの検討	187
非表示にするセル範囲	198
表示形式	33
表示形式の設定	81
表示文字列の設定	116
標準モジュール	8
開く（ブック）	61

ふ

ファイルシステムオブジェクト	143
ファイルの操作	149
フォーカスの移動	139
フォルダーの操作	147
フォントの設定	34
ブックのイベント	102
ブックの上書き保存	65
ブックのオブジェクトモジュール	89
ブックの新規作成	66
ブックの名前を付けて保存	65
ブックの保護	55
ブックの保存	65
ブック名を元に戻す	259
ブックを閉じる	66,67
ブックを閉じる前の処理	104
ブックを開いたときの処理	102
ブックを開く	61
プロシージャ	8
《プロシージャ》ボックス	90
プロシージャレベル変数	13
プロジェクト	8
プロジェクトエクスプローラー	7,8
プロパティ	9
プロパティウィンドウ	7
プロパティウィンドウの領域の変更	116
プロパティの値の設定	9
プロパティの値を取得して変数に代入	9
プロパティの設定	115
プロパティ名	115
《プロパティリスト》タブ	115
分類マスタの登録	207

294

へ

変数 ……………………………………… 9,12
変数の値の破棄 …………………………… 15
変数の値の変更 ………………………… 183
変数の有効期間 …………………………… 13
変数の有効範囲 …………………………… 13

ほ

保存（ブック）……………………………… 65

ま

前処理の作成 …………………………… 200
マスタ …………………………………… 186
マスタ登録処理 ………………………… 195
マスタ登録の作成 ……………………… 203
マスタの登録 …………………………… 199

め

メソッド …………………………………… 11
メソッドの実行 …………………………… 11
メッセージの表示 ……………………… 106

も

モジュール ………………………………… 8
モジュールレベル変数 …………………… 13
文字列型の変数の比較 …………………… 64
文字列内のすべてのスペースの削除 …… 75
文字列の一部を取り出す関数 …………… 70
文字列連結演算子 ………………………… 41
文字列を検索する関数 …………………… 70
文字列を数値に変換 …………………… 179
文字列を置換する関数 …………………… 70
文字列を変換する関数 …………………… 73
戻り値（関数）……………………………… 69

ゆ

ユーザー定義関数 ………………………… 69
ユーザーフォーム ……………………… 7,111
ユーザーフォームウィンドウ ………… 114
ユーザーフォームのオブジェクト名 … 114
ユーザーフォームのサイズの変更 …… 118
ユーザーフォームの作成手順 ………… 113
ユーザーフォームの実行 ……… 117,135
ユーザーフォームの終了 ……………… 140
ユーザーフォームの初期化 ……… 220,242
ユーザーフォームの追加 ……………… 114
ユーザーフォームの表示 ……………… 141

ユーザーフォームモジュール ………… 8
有効期間 …………………………………… 13
有効範囲 …………………………………… 13

よ

要素数（配列変数）………………………… 26
読み込み（CSVファイル）……………… 158
読み込み（テキストファイル）………… 153
読み込み位置（テキストファイル）…… 154

ら

ラベル …………………………………… 112
ラベルの追加 …………………………… 122

り

リスト機能の確認 ……………………… 197
リストボックス ………………………… 112
リストボックスの追加 ………………… 128
リボンの再表示 ………………………… 261
リボンの非表示 ………………………… 252

れ

列の取得 ………………………………… 40
列の表示・非表示 ………………………… 43
列幅の調整 ………………………………… 42
連続するセルの選択 ……………………… 35

ろ

論理演算子 ………………………………… 21

わ

ワークシート関数 ………………………… 69
ワークシート関数の利用 ………………… 85
ワークシート上のボタン ……………… 192
ワークシートの移動 ……………………… 52
ワークシートの行列番号の表示・非表示 …… 254
ワークシートの切り替え ……………… 191
ワークシートのコピー …………………… 52
ワークシートの追加 ……………………… 50
ワークシートの表示・非表示 …………… 55
ワークシートの保護 ……………… 54,199
ワークシートの保護の解除 ……… 55,200
ワークシートの枠線の表示・非表示 …… 254
ワークシートへの転記 …………… 230,243
ワークシートを利用した入力画面 …… 189

よくわかる
Microsoft® Excel® 2019/2016/2013
VBAプログラミング実践
(FPT1922)

2020年 4 月 2 日　初版発行

著作／制作：富士通エフ・オー・エム株式会社

発行者：大森　康文

発行所：FOM出版（富士通エフ・オー・エム株式会社）
　　　　〒105-6891　東京都港区海岸 1 - 16 - 1　ニューピア竹芝サウスタワー
　　　　https://www.fujitsu.com/jp/fom/

印刷／製本：株式会社サンヨー

表紙デザインシステム：株式会社アイロン・ママ

●本書は、構成・文章・プログラム・画像・データなどのすべてにおいて、著作権法上の保護を受けています。
　本書の一部あるいは全部について、いかなる方法においても複写・複製など、著作権法上で規定された権利を侵害
　する行為を行うことは禁じられています。
●本書に関するご質問は、ホームページまたは郵便にてお寄せください。
＜ホームページ＞
　上記ホームページ内の「FOM出版」から「QAサポート」にアクセスし、「QAフォームのご案内」から所定のフォームを
　選択して、必要事項をご記入の上、送信してください。
＜郵便＞
　次の内容を明記の上、上記発行所の「FOM出版 デジタルコンテンツ開発部」まで郵送してください。
　・テキスト名　　　・該当ページ　　　・質問内容（できるだけ詳しく操作状況をお書きください）
　・ご住所、お名前、電話番号
　　※ご住所、お名前、電話番号など、お知らせいただきました個人に関する情報は、お客様ご自身とのやり取りのみ
　　　に使用させていただきます。ほかの目的のために使用することは一切ございません。
　なお、次の点に関しては、あらかじめご了承ください。
　・ご質問の内容によっては、回答に日数を要する場合があります。
　・本書の範囲を超えるご質問にはお答えできません。　　・電話やFAXによるご質問には一切応じておりません。
●本製品に起因してご使用者に直接または間接的損害が生じても、富士通エフ・オー・エム株式会社はいかなる責任
　も負わないものとし、一切の賠償などは行わないものとします。
●本書に記載された内容などは、予告なく変更される場合があります。
●落丁・乱丁はお取り替えいたします。

© FUJITSU FOM LIMITED 2020
Printed in Japan

FOM出版のシリーズラインアップ

定番の よくわかる シリーズ

「よくわかる」シリーズは、長年の研修事業で培ったスキルをベースに、ポイントを押さえたテキスト構成になっています。すぐに役立つ内容を、丁寧に、わかりやすく解説しているシリーズです。

資格試験の よくわかるマスター シリーズ

「よくわかるマスター」シリーズは、IT資格試験の合格を目的とした試験対策用教材です。

■MOS試験対策　　　　　　　　　　　■情報処理技術者試験対策

ITパスポート試験　　　基本情報技術者試験

FOM出版テキスト 最新情報 のご案内

FOM出版では、お客様の利用シーンに合わせて、最適なテキストをご提供するために、様々なシリーズをご用意しています。

https://www.fom.fujitsu.com/goods/

FAQのご案内
[テキストに関する よくあるご質問]

FOM出版テキストのお客様Q&A窓口に皆様から多く寄せられたご質問に回答を付けて掲載しています。

https://www.fom.fujitsu.com/goods/faq/